高等学校计算机应用规划教材

Java 简明教程

（第二版）

孙鸿飞　编著

U0336715

清华大学出版社

北　京

内 容 简 介

本书以 Java 为描述语言,详细介绍计算机语言的结构化编程和面向对象编程。全书共分 13 章,主要内容包括: Java 入门、Java 编程基础、Java 程序基本结构、方法与数组、类和对象、继承、多态与接口、字符串、Java 异常处理机制、多线程编程、Java 输入输出流、图形用户界面开发、Java 游戏开发基础以及游戏开发实例等。

本书结构清晰、内容翔实、语言简练流畅、案例新颖、针对性强。每章最后都配有思考和练习题,选择题、填空题和简答题有助于读者对所学知识的理解与掌握,编程题则可以提高读者的动手实践能力。本书既可以作为高等院校相关专业的教材,也可以作为从事 Java 程序设计与开发工作的专业技术人员的参考书。

本书配套的电子课件、习题答案和实例源文件可以到 http://www.tupwk.com.cn/downpage 网站下载,也可以扫描前言中的二维码下载。

图书在版编目(CIP)数据

Java 简明教程 / 孙鸿飞 编著. —2 版. —北京:清华大学出版社,2019
(高等学校计算机应用规划教材)
ISBN 978-7-302-53544-7

Ⅰ. ①J… Ⅱ. ①孙… Ⅲ. ①JAVA 语言-程序设计-高等学校-教材 Ⅳ. ①TP312.8

中国版本图书馆 CIP 数据核字(2019)第 172684 号

责任编辑:胡辰浩
封面设计:孔祥峰
版式设计:妙思品位
责任校对:成凤进
责任印制:沈　露

出版发行:清华大学出版社
　　　　　网　　　址:http://www.tup.com.cn,http://www.wqbook.com
　　　　　地　　　址:北京清华大学学研大厦 A 座　　　　邮　　编:100084
　　　　　社 总 机:010-62770175　　　　　　　　　　　邮　　购:010-62786544
　　　　　投稿与读者服务:010-62776969,c-service@tup.tsinghua.edu.cn
　　　　　质 量 反 馈:010-62772015,zhiliang@tup.tsinghua.edu.cn
印 装 者:三河市君旺印务有限公司
经　　销:全国新华书店
开　　本:185mm×260mm　　　印　张:22　　　　　字　　数:577 千字
版　　次:2013 年 3 月第 1 版　　2019 年 9 月第 2 版　　印　　次:2019 年 9 月第 1 次印刷
印　　数:1~3000
定　　价:68.00 元

产品编号:083401-01

前　言

Java 语言自问世以来一直受到大学生和广大软件开发人员的青睐。目前，许多高校已改变先讲授 Pascal 语言或 C 语言，再让学生选修 Java 语言的惯例，开始让学生在大学低年级就学习 Java 语言。还有不少高校甚至对非计算机专业的大一新生也开设了 Java 课程。但目前，市面上大多数 Java 教程在讲述面向对象技术时都忽视了对 Java 语言基础的介绍，片面追求技术的新、奇、特，无法满足编程初学者的入门需要。

本书旨在突破市面上大多数 Java 教材的局限，尝试用一种语言来充分阐述两种编程思想，即结构化程序设计和面向对象程序设计，以满足普通初学者的需要。事实上，结构化程序设计是面向对象程序设计的基础，面向对象程序的基本组成还是结构化程序。面向对象程序设计引入了类的概念，使得编程人员可以站在设计类(而不是方法)的高度，对程序进行设计和实现，同时必须重视结构化程序设计基本功的锻炼，因为类的设计恰恰是建立在结构化设计的基础之上的。因此，本书以 Java 语言为工具，从结构化程序设计和面向对象程序设计两种不同编程思想的角度，分别对 Java 编程的相关基础知识予以介绍，希望能对广大编程爱好者尤其是初学者有所裨益。

全书共分 13 章，各章主要内容如下。

第 1 章是 Java 入门，简要介绍 Java 的诞生、Java 语言的特点、Java 开发工具以及 Java 程序的开发步骤等。

第 2 章是 Java 编程基础，主要介绍 Java 的基本数据类型、基本程序语句、条件表达式、运算符以及复合语句等。

第 3 章是 Java 程序基本结构，详细介绍结构化程序设计的 3 种基本流程结构：顺序结构、分支结构和循环结构。

第 4 章是方法和数组，主要介绍方法的概念和定义、方法的调用、变量的作用域、数组以及方法的参数等。

第 5 章开始介绍面向对象编程，首先介绍类和对象，详细介绍类的概念和定义、对象的创建与使用、访问控制符和包等。

第 6 章是继承、多态与接口，详细介绍继承与多态技术、抽象类和接口、实例成员与类成员、内部类、嵌套接口等知识。

第 7 章是字符串，主要介绍 Java 提供的 String 和 StringBuffer 类，以及字符分析器 StringTokenizer 的使用。

第 8 章是异常处理，主要介绍 Java 的异常处理机制、捕获并处理异常、自定义异常，以及 JDK 7 新增的异常特性等。

第 9 章是多线程编程，详细介绍线程的概念、多线程的创建、线程的生命周期及状态、线程同步、线程优先级和调度等。

第 10 章是 Java 输入输出流，详细介绍 Java 输入输出流的概念、文件处理类、字节流类、字符流类等。

第 11 章是图形用户界面开发，详细介绍 AWT 组件集中的常用组件，包括容器类组件、布局类组件、普通组件以及事件处理机制等。此外，该章还将简要介绍 Swing 组件集。

第 12 章是 Java 游戏开发基础，介绍游戏编程的相关基本知识，包括图形环境的坐标体系、图形图像的绘制、各种坐标变换、动画的生成和动画闪烁的消除等。

第 13 章是游戏开发实例，以《星球大战》这款游戏为例介绍 Java 游戏的开发过程，同时还介绍独立应用程序和小应用程序两种不同形式的游戏开发。

本书内容丰富、结构合理、思路清晰、语言简练流畅、案例新颖、针对性强。每一章的开始部分概述该章的作用和内容，指出该章的学习目标；正文部分结合每章的知识点和关键技术，穿插了大量极富实用价值的程序案例，每一章的末尾有本章小结，总结该章的内容、重点及难点；同时安排了有针对性的思考和练习，帮助读者巩固所学内容，提高读者的实际动手能力。

本书主要面向 Java 语言的初、中级学者，适合作为高等院校相关课程以及 Java 程序开发培训机构的培训教材，也可作为从事 Java 程序设计与开发人员的参考资料。

本书共 13 章，东北电力大学的孙鸿飞编写了全书并最终统稿。由于作者水平有限，本书难免有不足之处，欢迎广大读者批评指正。我们的信箱是 huchenhao@263.net，电话是 010-62796045。

本书配套的电子课件、习题答案和实例源文件可以到 http://www.tupwk.com.cn/downpage 网站下载，也可以扫描下方的二维码下载。

作　者

2019 年 6 月

目 录

CB 第1章 CB

Java 入门

Java 是一种跨平台的面向对象程序设计语言，自问世以来，受到越来越多开发者的喜爱。它不仅吸收了 C++语言的各种优点，而且摒弃了 C++里难以理解的多继承、指针等概念，因此 Java 语言具有功能强大和简单易用等特征。本章将从 Java 的起源讲起，详细介绍 Java 的发展历程、Java 的特点、Java 开发工具以及 Java 程序开发的基本步骤，并创建一个简单的 HelloWorld 程序。

本章的学习目标：
- 了解 Java 语言的历史和特点
- 理解 Java 与其他编程语言的关系
- 掌握 Java 程序的基本构成
- 了解流行的 Java 程序集成开发环境
- 掌握 Java 程序的一般开发步骤
- 掌握 JDK 的安装与配置

1.1 概述

Java 是由美国 Sun 公司(现已被 Oracle 公司收购)开发的支持面向对象程序设计的计算机语言。它最大的优势就是借助于虚拟机机制实现的跨平台特性，实现所谓的"一次编译，随处运行"，使移植工作变得不再复杂。也正因为如此，Java 迅速流行起来，成为一种深受广大开发者喜欢的编程语言。目前，随着 Java ME、Java SE 和 Java EE 的发展，Java 已经不仅仅是一门简单的计算机开发语言了，它已经拓展出一系列的业界先进技术。

Microsoft、IBM、DEC、Adobe、SiliconGraphics、HP、Toshiba、Netscape 和 Apple 等大公司均已购买 Java 的许可证，Microsoft 还在其 IE 浏览器中增加了对 Java 的支持。另外，众多的软件开发商也开发了许多支持 Java 的软件产品，如美国 Borland 公司的 JBuilder，蓝色巨人 IBM 的 Eclipse 和 Visual Age for Java，Sun 公司的 NetBeans 与 Sun Java Studio 5，以及 BEA 公司的 WebLogic Workshop 等。数据库厂商 Sybase 也在开发支持 HTML 和 Java 的 CGI(Common Gateway Interface)，Oracle 公司甚至将自己的数据库产品用 Java 进行开发。Intranet 正在成为企业信息系统的最佳解决方案，它是 Internet 的延伸和扩展，具有便宜、易于使用和管理等优点，用户不管使用何种类型的机器和操作系统，界面都是统一的 Web 浏览器，而数据库、Web 页面(HTML 和用 Java 编写的 JSP、Servlet 等)、中间件(Java Bean 或 Enterprise Java Bean 等)则位于 WWW 和应用服务器上。开发人员只需要维护一个软件版本，管理人员也省去了为用户安装、升级客户端以及培训人员的烦琐，用户则只需要一个操作系统和一个 Intranet 浏览器，即采用

B/S(浏览器/服务器)模式，B/S 与 C/S(客户端/服务器)模式的显著不同之处在于其是"瘦客户端"的，即程序运行对客户端的要求降至很低的水平，一般将使用 C/S 模式开发的软件称为两层架构的，而将使用 B/S 模式开发的软件称为三层(或多层)架构的，Java EE 系列技术就是致力于帮助客户构建多层架构的应用。Java ME、Java SE 和 Java EE 的侧重点各有不同，现将其列举如下。

- Java ME(Java Micro Edition)是 Java 的微型版，常用于嵌入式设备及消费类电器(如手机等)上的开发。
- Java SE(Java Standard Edition)是 Java 的标准版，用于针对普通 PC 的标准应用程序开发，现已改名为 Java SE。
- Java EE(Java Enterprise Edition)是 Java 的企业版，用来针对企业级应用服务的开发。

Java ME、Java SE、Java EE 是 Java 针对不同的应用而提供的不同服务，即提供不同类型的类库。初学者一般可从 Java SE 入手学习 Java 语言。Java SE 是一个优秀的开发环境，开发者可以基于这一环境创建功能丰富的交互式应用，并且可以把这些应用配置到其他平台上。

Java SE 是多种不同风格软件的开发基础，包括客户端 Java 小程序和应用程序，以及独立的服务器应用程序等，同时 Java SE 也是 Java ME 和 Java EE 的基础。事实上，大部分非企业级软件还是在 Java SE 上开发和部署得比较多。首先，这是因为很多的应用软件都是在 Java SE 上开发的；其次，Java SE 和 Java EE 是兼容的，企业版是对标准版的扩充，在 Java SE 版本上开发的软件，拿到企业版上一样可以运行；最后，通常的手机及嵌入式设备的应用开发还是在 Java SE 环境中完成的，因为毕竟 Java ME 提供的只是微型版的一个环境，而人们完全可以在 Java SE 上将这个环境虚拟出来，然后将开发出来的应用软件拿到微型版的实际环境中去运行。

1.1.1 Java 的起源与发展

早在 1990 年 12 月，Sun 公司就由 Patrick Naughton、Mike Sheridan 和 James Gosling 成立了一个叫做 Green Team 的小组。该小组的主要目标是要发展一种分散式系统架构，使其能在消费类电子产品作业平台上执行，如 PDA、手机、资讯家电(IA，全称 Internet/Information Appliance)等。1992 年 9 月 3 日，Green Team 发表了一款名为 Star 7 的机器，它有点像现在人们熟悉的 PDA(个人数字助理)，不过它有着比 PDA 更强大的功能，如无线通信(Wireless Network)、5 寸彩色的 LCD、PCMCIA 界面等。

Java 语言的前身 Oak 就是在那个时候诞生的，其主要目的当然是用来撰写在 Star 7 上运行的应用程序。为什么叫 Oak 呢？原因是 James Gosling 办公室的窗外，正好有一棵橡胶树(Oak)，顺手就取了这么个名字。Java 所提供的一些特性，在 Oak 中就已经具备了，像安全性、网络通信、面向对象、垃圾收集(Garbage Collected)、多线程等。Oak 是一门相当优秀的程序语言。为什么 Oak 会改名为 Java 呢？这是因为当时 Oak 在去注册商标时，发现已经有另外一家公司使用了 Oak 这个名字。既然 Oak 这个名字不能用，那要取啥新名字呢？工程师们喝着咖啡讨论着，看看手上的咖啡，突然灵机一动，就叫 Java 好了。就这样，它就变成了业界所熟知的 Java 了。

Java 自问世以来，持续以跨越式的步伐向前发展，在其发展历程中有几个比较重要的里程碑。

1. Java 1.x

1996 年 1 月，Sun 公司发布了 Java 的第一个开发工具包(JDK 1.0)，这是 Java 发展历程中的重要里程碑，标志着 Java 成为一种独立的开发工具。同年 9 月，约 8.3 万个网页应用了 Java 技术来制作。到了同年 10 月，Sun 公司发布了 Java 平台的第一个即时(JIT)编译器。

在 JDK 1.0 发布不久，Java 的设计人员就着手创建下一个版本。1997 年 2 月，JDK 1.1 面世，新版本添加了许多新的库元素，改进了事件处理方式，并且重新配置了 JDK 1.0 中库的许多特性，也去掉了最初版本中的一些特性。

2. Java 2

1998 年 12 月 8 日，第二代 Java 平台的企业版 J2EE 发布。1999 年 6 月，Sun 公司发布了第二代 Java 平台(简称为 Java 2)的 3 个版本：J2ME(Java 2 Micro Edition, Java2 平台的微型版)，应用于移动、无线及有限资源的环境；J2SE(Java 2 Standard Edition, Java 2 平台的标准版)，应用于桌面环境；J2EE(Java 2 Enterprise Edition, Java 2 平台的企业版)，应用于基于 Java 的应用服务器。Java 2 平台的发布，是 Java 发展过程中最重要的里程碑，标志着 Java 的应用开始普及。Java 2 添加了大量新特性，例如 Swing 和集合框架，并且改进了 Java 虚拟机和各种编程工具。Java 2 也建议不再使用某些特性。最重要的影响是 Thread 类，建议不再使用该类的 suspend()、resume()和 stop()等方法。

1999 年 4 月 27 日，HotSpot 虚拟机发布。HotSpot 虚拟机发布时是作为 JDK 1.2 的附加程序提供的，后来它成为 JDK 1.3 及之后所有版本的 Sun JDK 的默认虚拟机。

2000 年 5 月，JDK 1.3、JDK 1.4 和 J2SE 1.3 相继发布，几周后获得了 Apple 公司 Mac OS X 的工业标准的支持。J2SE 1.3 是对 Java 2 原始版本的第一次重要升级。这次升级主要是更新 Java 的现有功能以及"限制"开发环境。2001 年 9 月 24 日，J2EE 1.3 发布。

2002 年 2 月 26 日，J2SE 1.4 发布。J2SE 1.4 进一步增强了 Java，这个发布版本包含了一些重要的升级、改进和新增功能。自此 Java 的计算能力有了大幅提升，与 J2SE 1.3 相比，Java 多了近 62%的类和接口，添加了新的关键字 assert、链式异常(chained exception)以及基于通道的 I/O 子系统。该版本还提供了广泛的 XML 支持、安全套接字(Socket)支持(通过 SSL 与 TLS 协议)、全新的 I/O API、正则表达式等。

3. J2SE 5

J2SE 1.4 之后的下一个发布版本是 J2SE 5(内部版本号为 1.5.0)，该版本也是革命性的，于 2004 年 9 月 30 日发布，成为 Java 语言发展史上的又一里程碑。它与先前的大多数 Java 升级不同，因为那些升级提供了重要但是有规律的改进，而 J2SE 5 从根本上扩展了 Java 语言的应用领域、功能和范围。

4. Java SE 6

2005 年 6 月，在 Java One 大会上，Sun 公司发布了 Java SE 6，内部的开发版本号是 1.6。此时，Java 的各种版本已经更名，已取消其中的数字 2，如 J2EE 更名为 Java EE、J2SE 更名为 Java SE、J2ME 更名为 Java ME。Java 开发工具包叫做 JDK 6。

2006 年 11 月 13 日，Java 技术的发明者 Sun 公司宣布，将 Java 技术作为免费软件对外发布。Sun 公司正式发布有关 Java 平台标准版的第一批源代码，以及 Java 迷你版的可执行源代码。从 2007 年 3 月起，全世界所有的开发人员均可对 Java 源代码进行修改。

Java SE 6 建立在 J2SE 5 的基础之上，并进行了一些增量式的改进。Java SE 6 没有为 Java 语言添加真正重要的新特性，但它确实增强了 API 库，添加了几个新的包，并且对运行时进行了改进。随着几次升级，在漫长的生命周期中，Java SE 6 还进行了几次更新。总之，Java SE 6 进一步巩固了 J2SE 5 的发展成果。

5. Java SE 7

2009 年，Oracle 公司宣布收购 Sun 公司。2010 年，Java 编程语言的共同创始人之一詹姆斯·高斯林从 Oracle 公司辞职。2011 年，Oracle 公司举行了全球性的活动，以庆祝 Java 7 的推出，随后 Java SE 7 正式发布，内部版本号为 1.7。Java SE 7 是自从 Sun 公司被 Oracle 公司收购之后第一个重要的发布版本。Java SE 7 包含许多新特性，包括为 Java 语言增加的重要特性和 API 库，并且对 Java 运行时系统进行了升级，升级的内容包括对非 Java 语言的支持。不过对 Java 开发人员来说，他们最感兴趣的还是为语言和 API 增加的特性。

尽管这些新特性被集中描述为"小的"修改，但就它们对代码的影响而言，这些修改产生的影响却相当大。对于许多开发人员，这些修改可能是 Java SE 7 中最重要的新特性：

- String 能够控制 switch 语句。
- 二进制整型字面值。
- 数值字面值中的下划线。
- 扩展的 try 语句，称为带资源的 try(try-with-resources)语句，这种 try 语句支持自动资源管理(例如，当流(stream)不再需要时，现在能够自动关闭它们)。
- 构造泛型实例时的类型推断(借助菱形运算符"<>")。
- 对异常处理进行了增强，单个 catch 子句能够捕获两个或更多个异常(multi-catch)，并且对重新抛出的异常提供更好的类型检查。
- 对与某些方法(参数的长度可变)类型关联的编译器警告进行了改进，并且对警告具有更大的控制权。

6. Java SE 8

2014 年 3 月，Oracle 发布 Java SE 8，对应的 Java 开发工具包称为 JDK 8，内部版本号为 1.8。JDK 8 是 Java 语言的重要升级，包含了一个影响深远的新语言特性：lambda 表达式。lambda 表达式为 Java 添加了函数式编程特性。

从 JDK 8 开始，可以为接口指定的方法定义默认实现。如果没有为默认方法创建实现，就使用接口定义的默认实现。这种特性允许接口随着时间优雅地演化，因为在向接口添加新方法时，不会破坏现有代码。在默认实现更加合适时，这也有助于简化接口的实现。

JDK 8 还捆绑了对 JavaFX 8 的支持，JavaFX 8 是 Java 的新 GUI 应用框架的最新版本。预计 JavaFX 很快会在几乎全部 Java 应用程序中扮演重要的角色，并最终取代 Swing，成为大多数基于 GUI 的项目的首选。最后，Java SE 8 大大扩展了 Java 语言的功能，并改变了编写 Java 代码的方式。其影响将在随后多年的 Java 世界中持续存在。

2017 年 9 月发布的 JDK 9 和 2018 年 3 月发布的 JDK 10 都不是长期服务版本，即将发布的 Java SE 11 LTS 是 Java SE 平台的首个长期支持版本。Java 11 将会获得 Oracle 提供的长期支持服务，直至 2026 年 9 月。

目前企业中应用较多的是 Java 5~Java 8，本书的内容将使用较新的版本 Java SE 8，并体现 Java SE 8 的新特性。

1.1.2　Java 的特点

Java 之所以流行，和它的优秀特性是分不开的。促使 Java 诞生的基本动力是可移植性和安全性，但是在 Java 语言最终成型的过程中，其他因素也扮演了重要角色。

1. 简单性

Java 的设计目标之一是让专业程序员能够高效地学习和使用。Java 继承了 C/C++的语法以及许多面向对象特性，设计者们把 C++语言中一些复杂容易出错的特征去掉了，例如，Java 不支持 go to 语句，代之以提供 break 和 continue 语句以及异常处理；Java 还剔除了 C++的操作符重载和多继承特征；另外，因为 Java 没有结构，数组和字符串都是对象，所以不需要指针；Java 能够自动处理对象的引用和间接引用，实现自动的无用单元收集，使用户不必为存储管理问题烦恼，能将更多的时间和精力花在研发上。

对于一位有经验的 C++程序员，只需要非常少的努力就可以使用 Java 进行程序开发。对于初学者，只要理解了面向对象编程的基本概念，学习 Java 也会变得非常容易。

2. 平台独立性

平台独立性是 Java 语言的最大优势，它意味着 Java 可以在支持 Java 的任何平台上"独立于所有其他软硬件"而运行。例如，不管操作系统是 Windows、Linux、UNIX 还是 Macintosh，也不管机器是大型机、小型机还是微机，甚至是 PDA 或手机、智能家电，Java 程序都能运行，当然在这些平台上都应装有相应版本的 JVM(Java 虚拟机)，即平台必须支持 Java。

现在很多的手机都是支持 Java 的，大多数手机游戏也都是用 Java 开发的，这样任何支持 Java 的手机都能玩这些游戏，这是平台独立性带来的好处，如图 1-1 所示。

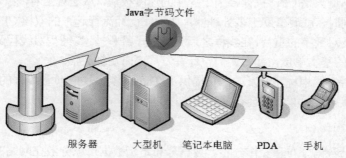

图 1-1　Java 应用程序可以跨平台运行

平台独立性保证了软件的可移植性，而软件的可移植性是软件投资在未来的保证。用 Java 开发的软件保证了程序在将来无须再移植。可移植性一直是业界宣扬的最大卖点和亮点，但以前从未实现过，是 Java 使软件行业真正实现了软件的可移植性。

3. 安全性

现今的 Java 语言主要用于网络应用程序的开发，因此对安全性有很高的要求。如果没有安全保证，那么用户运行从网络上下载的 Java 应用程序是十分危险的。Java 语言通过一系列的安全措施，在很大程度上避免了病毒程序的产生和网络程序对本地系统的破坏，具体体现如下。

(1) 去除指针操作。指针是 C/C++中的一个高级话题，熟练掌握指针可以给程序的开发带来很大的方便，但是如果使用不当，就有可能导致系统资源泄漏。更严重的是，错误的指针操作有可能非法访问系统的地址空间，从而给系统带来灾难性的破坏。Java语言放弃了指针操作，简化了编程，避免了对内存的非法访问。

(2) Java是一种强类型的程序设计语言，要求显式的声明，保证编译器可以提前发现程序错误，提高程序的可靠性。

(3) 垃圾自动回收机制让程序员从烦琐的内存管理工作中解脱出来，专注于程序开发。更重要的是，通过这种内存自动回收机制，可以很好地确保内存管理的正确性，避免出现"内存泄漏"现象。

(4) Java语言提供了异常处理机制。

(5) Java程序在运行时，解释器会进行数组和字符串等的越界检查，确保程序的安全。

4. 多线程

在DOS时代，人们一次只能运行一个程序，执行完才能运行另一个。后来出现了Windows之后，人们可以同时运行几个程序，并可以在各个运行程序之间切换，如一边听音乐一边编辑Word文档。这时的操作系统出现了进程的概念，每个运行中的程序都是一个进程。再后来，为了提高程序的并发性，又引入了线程的概念，线程也称为轻量级进程。进程是系统分配资源的基本单位，而线程则是系统CPU调度执行的基本单位，一个进程可以只有一个线程，也可以有多个线程。在很多情况下，开发多线程的程序还是很有必要的。例如，在早期单线程进程时代，安装软件开始安装后，就只能一路安装下去了，而现在的软件安装程序一般都提供了"取消"操作，允许安装者在安装过程中的任意时刻取消安装，这也是软件安装程序"多线程"的一个表现。

多线程的目的就是降低总程序的执行粒度，让子程序们"同时"并发执行，这里的"同时"加引号是为了强调只是CPU执行各个子程序的速度很快，从宏观上看，像是同时在执行。如果要实现真正的同时，就要借助于多处理器，如现在已经流行起来的双核CPU。另外，随着程序规模的扩大以及对效率的重视，在线程之后又出现了纤程技术。纤程对线程又做了进一步细分，成为CPU调度的基本单位，使得人们设计并发程序时更加灵活。

Java是支持多线程程序开发的，它提供了Thread类，由它负责线程的启动、运行、终止，并可测试线程状态。后面章节会有关于多线程的介绍。

5. 分布式

分布式包括数据分布和操作分布。数据分布是指数据可以分散在网络的不同主机上，操作分布是指把一个计算分散在不同主机上进行。

Java是针对Internet的分布式环境而设计的，因为它能处理TCP/IP协议。实际上，使用URL访问资源与访问文件没有多大区别。Java既支持各种层次的网络连接，又以Socket类支持可靠的流(stream)网络连接，所以用户可以产生分布式的客户机和服务器。

Java还支持远程方法调用(Remote Method Invocation，RMI)。这个特性允许程序通过网络调用方法。

6. 面向对象

随着软件业的发展，面向对象的程序设计方法已经流行起来，出现了很多面向对象的程序设计语言，如Java、C++、SmallTalk等。现在用面向对象的编程语言进行软件开发已很普遍。

简单说，面向对象主要通过引入类，使得原本的面向过程程序设计有了质的飞跃。类中不仅包含数据部分，而且包含操作方法。这个囊括了数据和算法的类成为面向对象程序设计中最关键的要素。可以说，所有功能的实现都是围绕类而展开的。同样，面向对象技术的特征也是由类体现出来的。面向对象最主要的 3 大特征如下。

(1) 封装性

类定义的一般形式如下：

```
class Name
{
    细节
};
```

其中的"细节"以类的形式封装起来了。细节就是类的成员方法，可以是数据，也可以是操作这些数据的方法(在面向过程程序设计中称为函数)。当这些数据和方法的访问权限被设置为私有后，它们就不能被对象从外部进行访问，就像被隐藏起来了，而对外部只暴露那些访问权限被设置为公有的成员。

(2) 继承性

类是可继承的，就像遗产一样，这可以大大提高程序的复用性，提高程序的开发效率，同时也能降低系统复杂性，提升代码的可读性。

(3) 多态性

多态性也是面向对象技术的三大特征之一。同一操作作用于不同的对象，可以有不同的解释，产生不同的执行结果，这就是多态性。

1.1.3　Java 与其他编程语言间的关系

程序开发语言可分为 4 代：机器语言、汇编语言、高级语言和面向对象程序设计语言。

机器语言是机器最终执行时所能识别的二进制序列，任何其他语言编写的程序最后都要转换为相应的机器语言才能运行。在电子计算机刚刚诞生的一小段时间内，人们只能用 0、1 进行编程，后来为了提高编程效率，引入了英文助记符，才出现了汇编语言。

汇编语言的出现，大大提升了代码的编写速度，同时也使代码的可读性和可维护性大大提高。直到今天，仍然有人在用汇编语言进行编程，当然这主要是为底层使用(如一些硬件驱动)，毕竟汇编语言的执行效率高。但是，汇编对于程序员的自身要求还是很高的，一般需要程序员是专业出身的。这就限制了其他领域的科技工作者们利用计算机进行辅助工作。因此，为了普及计算机，使之作为社会各行各业的一种工具，需要开发语法简单、编写容易的高级编程语言。Bill Gates 的第一桶金据说就是从这个需求中赚来的，他在大学时代设计开发了 Basic 语言，并将其出售给 IBM 公司。

除了 Basic，还有很多其他的高级语言，如 Pascal、Fortran、C 等。随着软件业的不断发展，软件规模变得越来越大，迫切需要更高效的编程语言。应此需求，Java、C++、Visual Basic 和 Delphi 等面向对象语言应运而生。除此之外，世界上还有很多其他编程语言，只不过它们不是很流行，并不被人们熟知。每一种流行的开发语言都有其优势；C 语言适合用来开发系统程序，很多的操作系统及驱动程序都是用 C 语言编写的；Fortran 适合用来进行数值计算；Pascal 语言结构严谨，适合作为教学语言；Visual Basic 和 Delphi 适合用来开发中小型应用程序；C++适合开发大型应用程序; Java 适合开发跨平台的应用程序。

总之, 每种语言都有特色, 至于选用什么语言作为开发工具, 关键要看具体的开发任务。没有最好的, 只有合适的。很多开发任务可能需要同时使用几种开发语言一起来完成。本书主要面向没有任何编程基础的初学者。下面就开始简单的 Java 之旅吧!

1.2 第一个 Java 程序

用 Java 编写的程序有两种类型: Java 应用程序(Java Application, 可简称 Java 程序)和 Java 小程序(Java Applet)。虽然二者的编程语法是完全一样的, 但后者需要客户端浏览器的支持才能运行, 并且在运行前必须先嵌入 HTML 文件的<applet>和</applet>标签对(HTML5 不支持<applet>标签, 可使用<object>标签替代)中。当用户浏览 HTML 页面时, 首先从服务器端下载 Java Applet 程序, 进而被客户端已安装的 Java 虚拟机解释和运行。另外, Java Applet 没有 main()方法, 而 Java 应用程序一定有 main()方法。

下面我们以经典的 HelloWorld 程序为例介绍如何编写 Java 程序。

1.2.1 Java 应用程序

Java 源程序是以文本格式存放的, 文件扩展名必须为.java。

【例 1-1】编写 Java 应用程序, 在屏幕上输出"Hello World!"。

完整的程序代码如下:

```java
public class HelloWorld {
    public static void main(String args[]) {
        System.out.println("Hello World!");
    }
}
```

对于上面这个程序, 本书将其保存为 HelloWord.java 文件。这里有个非常细小但千万要注意的问题: 文件名务必与(主)类名一致, 包括字母大小写也要一致; 通常定义类时, 类名的第一个字母都大写。所以, 在正确编辑以上代码后, 保存时应确保文件名正确, 否则后面将不能通过编译, 更运行不了。所有的 Java 语句都必须以英文的分号";"结束, 编辑程序时千万注意别误输入中文的分号;, 因为中文的分号; 不能被编译器识别。此外, Java 是大小写敏感的, 编辑程序时应注意区分关键字及标识符中的大小写字母。

下面通过图 1-2 对该程序的构成做简要介绍。

上述程序中, 首先用关键字 class 声明了一个新类, 类名为 HelloWorld, 它是一个公共(public)类, 整个类定义由大括号{}括起来。在该类中定义了一个 main()方法。其中, public 表示访问权限, 指明所有的类都可以调用(使用)这一方法; static 指明该方法是一个静态类方法, 它可以通过类名被直接调用; void 则指明 main()方法不返回任何值。对于一个应用程序来说, main()方法是必需的, 而且必须按照如上格式定义。Java 解释器在没有生成任何实例的情况下, 以 main()方法作为入口执行程序。Java 程序中可以定义多个类, 每个类中也可以定义多个方法, 但是最多只能有一个公共类, main()方法也只能有一个。在 main()方法的定义中, 圆括号中的

String args[ ]是传递给 main()方法的参数，参数名为 args，它是 String 类的一个实例，参数可以为零个或多个，每个参数用"类名参数名"指定，多个参数之间用逗号分隔。在 main()方法时，只有一条语句 System.out.println ("Hello World!");，它用来实现字符串的输出，这条语句实现的功能与 C 语言中的 printf 语句和 C++语言中的 cout<<语句相同。

　　在图 1-2 中，除了类名的定义和唯一的一条程序语句外，其他部分可以看作模板，照抄即可，但要注意大小写和大括号的配对。

```
                        ┌───────────────┐
                        │ 类名，用户自定义 │
                        └───────────────┘
public class HelloWorld {
        public static void main(String args[])    {
                System.out.println("Hello World!");    ┌──────────────────┐
        }                                              │ 程序中的唯一一条语句，│
}                                                      │ 用来输出一个字符串   │
                                                       └──────────────────┘
        ┌──────────────────────────────────────┐
        │ 注意：Java语言是大小写敏感的（a和A是不同的） │
        └──────────────────────────────────────┘
```

图 1-2　第一个 Java 应用程序

简单 Java 程序的模板如下：

```
public class  类名 {
        public static void main(String args[])    {
                //程序代码
        }
}
```

关于 Java 程序的更多注意事项如下：

- 类名后面的大括号标识着类定义的开始和结束，而 main()方法后面的大括号则标识着方法体的开始和结束。Java 程序中的大括号都是成对出现的，因而在写左大括号时，最好也把右大括号写上，这样可以避免漏掉，否则可能会给程序的编译和调试带来不便。初学者常在这里犯错，花了很多时间查错，最后发现原来是大括号不配对。

- 通常，习惯将类名的首字母大写，而变量则以小写字母打头，变量名由多个单词组成时，第一个单词后边的每个单词首字母大写。

- 程序中应适当使用空格符和空白行来对程序语句元素进行间隔，以增强程序的可读性。一般在定义方法内容的大括号中，将整个方法体的内容部分缩进，使程序结构清晰，一目了然。编译器会忽略这些间隔用的空格符及空白行，也就是说，它们仅仅起到提高程序可读性的目的，而不对程序产生任何影响。

- 在编辑程序时，最好一条语句占一行。另外，虽然 Java 允许一条长的语句分开写在几行中，但前提是不能从标识符或字符串的中间进行分隔。另外，文件名与 public 类名在拼写和大小写上必须保持一致。

- 一个 Java 程序必须有且仅有一个 main()方法，main()方法是程序的执行入口。除了 main()方法外，Java 程序还可以有其他方法，后面章节会介绍。

1.2.2　Java Applet

Java Applet 就是用 Java 语言编写的一些小程序，它们可以直接嵌入网页中，并能够产生特殊的效果。当用户访问这样的网页时，Applet 被下载到用户的计算机上执行，但前提是用户使用的是支持 Java 的网络浏览器。

随着互联网技术的飞速发展，出现了很多网页特效和动画技术，而且这些技术不需要客户端的浏览器支持 Java。因此，使用 Applet 的网页已经不多了，本书不对 Applet 做过多介绍，这里给出一个简单的示例。

【例 1-2】把例 1-1 中的 HelloWorld 应用程序编写为一个 Java Applet。

文件名为 HelloWorldApplet.java，完整的程序代码如下：

```
import java.applet.Applet;
import java.awt.*;
public class HelloWorldApplet extends Applet{
public void paint(Graphics g ){
    g.drawString("Hello World!",10,50);
    }
} //end class HelloWorldApplet
```

上述程序中的 import 关键字和 C/C++中的#include 语句功能一样，作用是使用 JDK 提供的系统类库，其中*号代表包中的所有类。

与 Java 应用程序相比，Java Applet 中类的声明有所不同，其中 extends Applet 是所有 Java Applet 必须有的，表示该类由 Applet 类派生而来，具有 Applet 类的所有功能。

Applet 类没有定义 main()方法，本例中包含的是 paint()方法，该方法在 start()方法之后立即被调用，或者当 Java Applet 需要在浏览器中重绘时调用。参数 g 为 Graphics 类的对象，代表当前会话的上下文。在 paint()方法中，调用 g 的 drawString()方法，在坐标(10,50)处输出字符串"Hello World!"，其中的坐标是用像素点表示的，并且以所显示窗口的左上角作为坐标系的原点(0，0)。

因为 Java Applet 没有 main()方法作为执行入口，因此必须将其放在"容器"中加以执行，常见的做法是编写 HTML 文件，将 Java Applet 嵌入其中，然后用支持 Java 的浏览器或 appletviewer 工具来运行。

1.3 Java 开发工具

编写 Java 源程序的工具软件有很多，只要是能编辑纯文本的都可以，如 Windows 自带的记事本(notepad)和写字板(wordpad)程序、UltraEidt、EditPlus 等。Java 软件开发人员一般用一些 IDE(Integrated Development Environment，集成开发环境)编写程序，以提高效率和缩短开发周期。下面介绍一些目前比较流行的 IDE 及其特点。

1. Borland 的 JBuilder

有人说 Borland 的开发工具都是里程碑式的产品，从 Turbo C、Turbo Pascal 到 Delphi、C++ Builder 等都是经典。JBuilder 是第一个可开发企业级应用的跨平台开发环境，支持最新的 Java 标准，它的可视化工具和向导使得应用程序的快速开发变得可以轻松实现。

2. IBM 的 Eclipse

Eclipse 是一种可扩展、开放源代码的 IDE，由 IBM 出资组建。Eclipse 框架灵活、易扩展，因此深受开发人员的喜爱。目前，它的支持者越来越多，大有成为 Java 第一开发工具之势。

3. Oracle 的 JDeveloper

JDeveloper 是由 Oracle 公司开发的一套强大的企业级应用开发工具，不仅是很好的 Java 编程工具，而且还是 Oracle Web 服务的延伸。

4. Macromedia 公司的 JRUN

提起 Macromedia 公司，人们可能会马上想到 Flash、Dreamweaver，但很少有人知道它还有一款出色的 Java 开发工具 JRUN。JRUN 是第一个完全支持 JSP 1.0 规格的商业化产品。

5. Sun 公司的 NetBeans 与 Sun Java Studio 5

以前叫 Forte for Java，现在 Sun 统一称之为 Sun Java Studio 5。出于商业考虑，Sun 将这两个工具合在一起推出，不过它们的侧重点是不同的。

6. BEA 公司的 WebLogic Workshop

WebLogic Workshop 是一个统一、简化、可扩展的开发环境。除了提供便捷的 Web 服务外，它还能用于创建更多种类的应用。作为整个 BEA WebLogic Platform 的开发环境，不管是创建门户应用、编写工作流，还是创建 Web 应用，WebLogic Workshop 都可以帮助开发人员更快、更好地完成任务。

7. Apache 开放源码组织的 Ant

国内程序员中 Ant 的使用者很少，但它却很受硅谷程序员的欢迎。Ant 在理论上有些类似于 C 中的 make，但没有 make 的缺陷。

8. IntelliJ IDEA

IntelliJ IDEA 的界面非常漂亮，堪称 Java 开发工具中的第一"美女"，但用户一开始很难将它的功能配置达到"完美"境界。不过正是由于可自由配置功能这一特点，让不少程序员眷恋难舍。

9. Android Studio

谷歌的 Android Studio 主要设计用于 Android 平台上的开发，并且还可以运行和编辑一些 Java 代码。

起初，Android Studio 是 JetBrains 公司在 IntelliJ IDEA Community Edition(社区版)的基础上创建的，同时它也基于 Gradle 的编译系统、变量设置以及多个 APK 的生成系统，另外还支持可扩展的模板和多种设备类型。其丰富的布局编辑器还可以满足对不同主题的布局编辑，它提供的 Android Lint 工具可用来对 Android 项目源代码进行扫描和检查，发现潜在的问题。

Android Studio 可以在 Apache 2.0 协议下免费使用，也可以通过 Windows、Mac OS X 和 Linux 下载，它取代 Eclipse 成为谷歌用于原生 Android 应用开发的主要 IDE。其官方下载地址为 http://developer.android.com/sdk/index.html。

综上所述，可以用来开发 Java 的利器很多。在计算机开发语言的历史中，从来没有哪种语言像 Java 这样受到如此众多厂商的支持，并且有如此多的开发工具。Java 菜鸟们如初入大观园的刘姥姥，看花了眼，不知该如何选择。的确，这些工具各有所长，没有绝对完美的，就算是开发老手也很难做出选择。但要记住的是，它们仅仅是集成开发环境，而在这些环境中，有一样东西是共同的，也是最核心和关键的，那就是 JDK(Java Development Kit)，中文意思是 Java 开发工具集，JDK 是整个 Java 的核心，包括 Java 运行时环境(Java Runtime Environment)、一堆 Java 工具和 Java 的基础类库(rt.jar)等，所有的开发环境都需要围绕它来进行，缺了它就什么都做不了。对于初学者的建议是：JDK+记事本就足够了，因为掌握 JDK 是学好 Java 的第一步，也是最重要的一步。首先用记事本编辑源程序，然后利用 JDK 编译、运行 Java 程序。这种开发方式虽然简单，但不失为学习 Java 语言的好途径。第一个 Java 程序已经编辑好了，接下来就开始编译和运行它。

1.4 Java 程序开发步骤

要编译和运行 Java 程序，首先要下载并安装 JDK。本节将介绍如何下载并安装 JDK，以及配置环境变量。

1.4.1 安装 JDK

JDK 的安装文件可以从 Oracle 网站 http://www.oracle.com/technetwork/java/javase/downloads/index.html 下载，找到 JDK 8 的下载链接，目前更新的补丁为 8u191，JDK 的安装文件有多个不同操作系统的版本，每种操作系统又分 64 位和 32 位两个不同的版本，这里我们选择下载的是 Windows 操作系统中的 32 位版本，下载得到的文件为 jdk-8u191-windows-i586.exe。如果需要之前的版本，也可以在前面的下载页面中寻找相应的链接地址。

jdk-8u191-windows-i586.exe 是一个自解压文件，双击即可解压缩，并进行安装工作。安装程序首先收集一些信息，用于安装的选择，然后才开始复制文件、设置 Windows 注册表等。安装过程中，只需要按照提示一步一步操作即可。默认的安装路径为 C:\Program Files (x86)\Java\jdk1.8.0_191(注意：该路径在后面配置环境变量时要用到)，读者也可根据自己需要更改安装路径，安装完毕后，切换至安装目录，可以发现有如下一些子文件夹。

(1) bin 文件夹：bin 文件夹中包含编译器(javac.exe)、解释器(java.exe)、Applet 查看器(appletviewer.exe)等 Java 命令的可执行文件。

(2) lib 文件夹：lib 文件夹中存放了一系列 Java 类库。

(3) jre 文件夹：jre 文件夹中存放了 Java 运行时可能需要的一些可执行文件和类库。

(4) include 文件夹：include 文件夹中存放了一些头文件。

以上文件夹中，bin 文件夹是需要特别注意的，因为这个文件夹中的编译器(javac.exe)、解释器(java.exe)是后面需要用到的。另外，最好将这个文件夹的绝对路径(C:\Program Files (x86)\Java\jdk1.8.0_191\bin)设置到环境变量 path 中，这样在进入命令行窗口后就可以直接调用编译和执行命令了。

1.4.2 节将介绍如何配置环境变量。

1.4.2　配置环境变量

配置环境变量主要是为了让程序知道到哪儿去找到它所需要的文件，设置的内容是一些路径。在 Windows 操作系统中，环境变量的具体操作如下。

(1) 在桌面上右击"我的电脑"图标，从弹出的快捷菜单中选择"属性"命令，打开"系统属性"对话框，如图 1-3 所示。

(2) 打开"系统属性"对话框中的"高级"选项卡，单击"环境变量"按钮，打开"环境变量"对话框，如图 1-4 所示。该对话框分为两部分，上半部分用于设置用户变量，下半部分则用于设置系统变量。它们的区别是：用户变量只对本用户有效，且设置后无须重新启动计算机；系统变量对任何用户均有效，但设置后需要重启计算机才能生效。一般情况下，配置为用户变量即可。这里共需要配置两个用户变量：path 和 classpath。

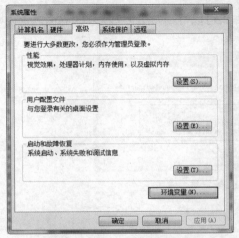

图 1-3　"系统属性"对话框

图 1-4　"环境变量"对话框

(3) 若原本没有 path 用户变量，就新建一个，并将变量值设置为"C:\Program Files (x86)\Java\jdk1.8.0_191\bin"，如图 1-5 所示。

如果已经存在 path 用户变量，则直接将 JDK 的 bin 文件夹配置到环境变量 path 中。首先找到 path 变量，然后单击"编辑"按钮，打开"编辑用户变量"对话框，在"变量值"文本框中的最前面添加

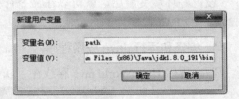

图 1-5　"新建用户变量"对话框

如下内容："C:\Program Files (x86)\Java\jdk1.8.0_191\bin;"(注意在引号中，最后有一个英文分号，这个一定不能缺少)。单击一系列"确定"按钮后即可生效。

(4) 若原本没有 classpath 用户变量，则新建一个，设置变量值为"C:\Program Files (x86)\Java\jdk1.8.0_191\lib"。此外，当运行所编写的 Java 程序时，一般还需要将相应的工作目录(即存放 Java 程序及编译过的字节码文件的目录)也添加到 classpath 变量值中，以便程序运行时能找到用户所编写的 Java 类。这一点一定要格外注意，因为很多人在初学 Java 时会忘记，导致程序运行失败。

设置完上述环境变量后，可以选择"开始"|"运行"命令，输入 cmd，在打开的命令行窗口中输入 set 命令，验证刚才的设置是否成功，如图 1-6 所示。

图 1-6　环境变量查看命令 set

继续在命令行窗口中输入 java -version，如果可以得到如图 1-7 所示的界面，则说明 JDK 的安装配置已经成功。

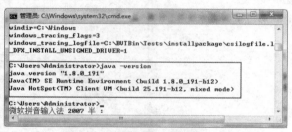

图 1-7　测试 JDK 配置是否成功

1.4.3　编译和运行

设置好环境变量后，就可以在命令行模式下进行编译和运行 Java 程序的操作了。下面以 1.2 节中的 Java 程序为例来说明编译过程。

1. 编译和运行 Java 应用程序

假定程序 HelloWorld.java 存放在"D:\workspace\第 1 章"文件夹中，如图 1-8 所示。

图 1-8　存放 Java 应用程序的目录

　　打开 DOS 命令行窗口，输入 javac HelloWorld.java 命令对源程序进行编译操作，结果如图 1-9 所示。

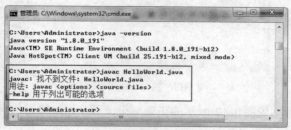

图 1-9　提示找不到文件

　　从图 1-9 可以看出，编译器找不到文件，编译出错，解决办法是进入 HelloWorld 所在的文件夹，然后运行 javac Hello.java 命令，如图 1-10 所示。

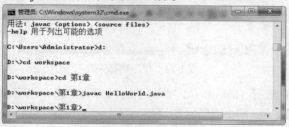

图 1-10　编译 Java 源程序

　　此时，源程序编译成功，系统自动在 workspace 目录下生成一个字节码文件 HelloWorld.class，这是一个二进制格式的文件，供解释运行时使用。由于程序一般都不太可能一次编写成功，尤其对于初学者来说；因此，当试图编译带错误(如语法错误)的源程序时，系统不会生成二进制的字节码文件，而是在命令行窗口中用"^"符号将可能出错的地方指示出来，并给出适当的信息，提示程序员改正。图 1-11 显示了编译失败时的情形。

图 1-11　编译失败

　　图 1-11 中的出错信息提示方法名 printl 不能被识别，原因是编辑源程序时漏掉了 println 最后面的 n 字符。有些时候，程序前面的一个错误会导致程序后面出现一系列的连锁错误，因此，当编译程序出现非常多的错误时，应从第一个错误处开始纠正。

　　编译成功后就可以执行程序了，运行 Java 程序的命令为 java HelloWorld。这里要注意的是，java 命令和字节码文件名(不含扩展名.class)之间至少要有一个空格间隔开。然后按回车键，如图 1-12 所示。

　　程序中仅有一条 System.out.println()输出语句，输出内容为"Hello World!"。图 1-12 所示的命令行窗口中显示了该字符串的原样输出。

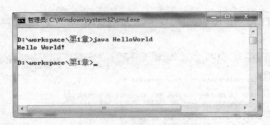

图 1-12　执行 Java 字节码

有些初学者可能得不到图 1-12 所示的正确结果，而是出现错误信息，如图 1-13 所示。这是怎么回事呢？

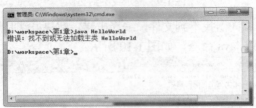

图 1-13　程序执行失败

在图 1-13 中，试图运行 HelloWorld 字节码文件，却失败了。提示 "找不到或无法加载主类 HelloWorld"（如果是英文版，则可能提示 Exception in thread "main" java.lang.NoClassDefFoundError: HelloWorld）。这是因为 classpath 不包含当前路径，解决上述问题的有效办法是将当前路径(可以用英文句点表示)添加到 classpath 环境变量中(编辑 classpath 环境变量，在原 "变量值" 的最前面添加 ".;")，这样再执行程序就没有问题了。

除此之外，初学者还可能会碰到这样的情形，上次编译并运行成功的程序，后来再运行却失败了，如图 1-14 所示，而程序一点也没动！

图 1-14　程序执行失败

细心的读者可能会发现这次执行命令的路径变成了 "C:\Users\Administrator>"，与原来应用程序所在的目录不一样，原来的路径保证可以找到本路径下的字节码文件，而现在路径不一样了，所以无法找到主类了。解决这一问题的有效办法就是切换到应用程序所在目录再执行，或者将应用程序所在目录添加到 classpath 环境变量中，这样不管当前路径是什么都能找到相应的 class 字节码文件，但是，不建议这样做，因为通常我们会在 workspace 目录下创建多个文件夹以分类存放不同的文件，当运行的文件较多且在不同的目录中时，需要添加到 classpath 环境变量中的目录太多。

Java 源程序文件的扩展名必须为.java，这点初学者需要牢记。例如，有些初学者直接通过 Windows 系统的右键新建一个文本文件，然后对该文本文件进行重命名，但是 Windows 系统的默认配置是不显示文件的扩展名,因而经常会发生这样的现象。如本来想命名为 HelloWorld.java,却由于自己对 Windows 系统不熟悉，而实际文件名为 HelloWorld.java.txt。对于这种情况，可以修改 Windows 系统的配置，在 "Windows 资源管理器" 窗口中选择 "工具" | "文件夹选项"

命令，打开"文件夹选项"对话框，打开"查看"选项卡，取消选中"隐藏已知文件类型的扩展名"复选框，如图 1-15 所示，再对文件名进行修改即可。

2. 编译和运行 Java Applet

Java Applet 的编译过程跟编译 Java 应用程序相同，也是使用 javac 命令生成字节码文件。下面以前面的 HelloWorldApplet.java 为例介绍 Java Applet 的编译和运行过程。

打开命令行窗口，切换到应用程序所在目录，然后输入 javac HelloWorldApplet.java 命令对源程序进行编译操作，编译成功后生成字节码文件 HelloWorldApplet.class。

Java Applet 的运行与 Java 应用程序不同，Java Applet 要运行在浏览器中，所以我们还需要创建一个 HTML 文件。然后可以直接用浏览器(IE 或 Chrome 等)或 appletviewer 加载并显示这个 HTML 文件。

图 1-15　"文件夹选项"对话框

新建一个名为 HelloApplet.html 的 HTML 文件，输入如下代码：

```
<html>
<title>HelloWorld Applet</title>
<body>
<applet code= "HelloWorldApplet.class" width=200 height=150>
</applet>
</body>
</html>
```

上述 HTML 代码中，用尖括号<>括起来的都是 HTML 标签，一般都是成对出现的，前面加斜杠的为结束标签。可以说，HTML 文件基本上就是由各种各样的标签组成的，每种标签都有特定的含义，都能表达某种信息，这里只简单介绍一下<APPLET>标签(HTML 不区分大小写，<applet>与<APPLET>是一样的)。<APPLET>标签至少需要包括以下 3 个参数。

- CODE：指明 Java Applet 字节码文件名。
- WIDTH：指定 Java Applet 占用整个页面的宽度，以像素点为度量单位。
- HEIGHT：指定 Java Applet 占用整个页面的高度，以像素点为度量单位。

通过<APPLET></APPLET>标签对就可以将 Java Applet 的字节码文件嵌入其中，需要注意的是：字节码文件名要么包含具体路径，要么与 HTML 文件处于同一目录中，否则可能会出现加载 Java Applet 字节码失败的错误。

这里 HTML 文件使用的文件名为 HelloApplet.html，对应于 HelloWorldApplet.java 文件的名字，但这种对应关系不是必需的，可以用其他的任何名字(如 test.html)命名 HTML 文件。但是，使文件名保持一种对应关系会给文件的管理带来一些方便。

接下来就可以直接双击 HTML 文件用浏览器打开，查看运行效果，也可以在命令行中使用 appletviewer 工具(appletviewer 也是 JDK\bin 目录下的一个可执行文件)来运行，命令格式如下：

```
appletviewer HelloApplet.html
```

运行结果如图 1-16 所示。

开发 Java 程序时，开发人员必须用到 JDK，而运行或使用 Java 程序时，用户则只需要

JRE(Java Run-time Environment，Java 运行时环境)。一般在安装 JDK 时，JRE 也会跟着一起安装，因此对于不开发 Java 程序的用户来说，只要从网络上下载专门的 JRE 软件并进行安装，就可以运行 Java 程序。

图 1-16　用 appletviewer 运行 Java Applet 的结果

提示：

编译型语言 C/C++可以直接编译成操作系统可以识别的可执行文件，不需要经过第二次编译。而对于 Java 编译，第一次编译成 Java 自己的可执行文件格式(.class 文件)，.class 字节码文件在执行时需要 Java 虚拟机对.class 中的代码一行一行地进行解释。

Java 虚拟机可以理解为以字节码为机器指令的 CPU。对于不同的运行平台，有不同的虚拟机。但 Java 虚拟机屏蔽了底层运行平台的差别，实现了"一次编译，随处运行"。

1.5　本章小结

本章对 Java 做了初步介绍，使读者对 Java 的特点有所了解，并通过经典的 HelloWorld 程序介绍了 Java 应用程序和 Java Applet 开发、编译和运行的基本步骤。首先介绍了 Java 的起源与发展历程、Java 的特点以及 Java 与其他编程语言的关系。接下来用 Java 语言分别创建了两种类型的 HelloWorld 程序：Java 应用程序和 Java Applet。然后对比较流行的 Java 开发工具做了简单介绍。最后讲述了 Java 程序的开发步骤，包括下载和安装 JDK、配置环境变量、编写 Java 源程序、编译 Java 源程序和执行字节码文件等。

1.6　思考和练习

1. 简述 Java 的发展历程。
2. Java 语言有哪些特点？
3. 配置 JDK 环境变量时，需要配置哪两个环境变量？
4. 简述 Java 应用程序的开发步骤。
5. 上机练习：编写一个 Java 应用程序，实现分行显示字符串"Welcome to Java programming"中的 4 个单词。

第2章
Java 编程基础

学习一门语言，总是从它的基本语法学起，本章将从 Java 程序的基本元素讲起，详细介绍 Java 的基本语法，包括标识符与关键字、常量与变量、数据类型、Java 运算符与表达式，以及流程控制语句等。这些都是编程的基础知识，内容不难，但要掌握好却不易，尤其需要理解变量以及不同的数据类型的含义。

本章的学习目标：
- 掌握 Java 语言的基本语法
- 理解数据类型及变量的含义
- 掌握变量的声明与使用
- 掌握 Java 的运算符及其优先级
- 理解复合语句的概念

2.1　引言

对于初学者而言，学习一门编程语言好比学习一门外语，首先要掌握它的语法，只有语法正确了，程序才能通过编译系统的编译并被执行。

2.1.1　符号

Java 源程序是一个纯文本文件，是由若干字符按一定语法规则组成的，本节将学习 Java 程序中通常包含哪些符号。

1. 基本符号元素

Java 程序中包含的基本符号元素有如下几类。
- 字母：A~Z、a~z、美元符号$和下划线(＿)。
- 数字：0~9。
- 算术运算符：+、－、*、/、%。
- 关系运算符：>、>=、<=、!=、==。
- 逻辑运算符：!、&&和||。
- 位运算符：~、&、|、^、<<、>>、>>>。
- 赋值运算符：=。
- 其他符号：()、[]、{}等。

2. 标识符

本书中的标识符特指用户自定义的标识符。在 Java 中，标识符必须以字母、美元符号或者下划线打头，后接字母、数字、下划线或美元符号串。另外，Java 语言对标识符的有效字符个数不做限定。

合法的标识符如 a、b、c、x、y、z、result、sum、value、a2、x3、_a、$b 等。

非法的标识符如 2a、3x、byte、class、&a、x-value、new、true、@www 等。

为了提高程序的可读性，以下特别列举几个较为流行的标识符命名约定。

(1) 一般标识符定义应尽可能达意，如 value、result、number、getColor、getNum、setColor、setNum 等。

(2) final 变量的标识符一般全部用大写字母，如 final double PI=3.1415。

(3) 类名一般以大写字母开头，如 Test、Demo。

3. 关键字

关键字是 Java 语言内置的标识符，有特定的作用。所有 Java 关键字都不能被用作用户的标识符，关键字用英文小写字母表示。

Java 关键字如下所示：

abstract	else	interface	super
boolean	extends	long	switch
break	false	native	synchronized
byte	final	new	this
case	finally	null	throw
catch	float	package	throws
char	for	private	transient
class	if	protected	true
continue	implements	public	try
default	import	return	void
do	instanceof	short	volatile
double	int	static	while

初学者不必刻意记忆这些关键字，在学习 Java 的过程中你会逐步熟悉它们。

2.1.2　分隔符

Java 中的分隔符可分两大类：空白符和可见分隔符。

1. 空白符

空白符在程序中主要起间隔作用，编译系统利用它来区分程序的不同元素。空白符包括空格、制表符、回车符和换行符等，程序各基本元素之间通常用一个或多个空白符进行间隔。

2. 可见分隔符

可见分隔符也是用来间隔程序基本元素的，这一点同空白符类似，但是不同的可见分隔符有不同的用法。在 Java 中，主要有 6 种可见分隔符。

(1) "//"：单行注释符，该符号以后的本行内容均为注释，辅助程序员阅读程序，注释内容将被编译系统忽略。

(2) "/*"和"*/"：/*和*/是配对使用的多行注释符，以/*开始，至*/结束的部分均为注释内容。

(3) ";"：分号用来标识程序语句的结束，在编写完一条语句之后，一定要记得添加语句结束标识——分号，这一点多数初学者容易遗忘。

(4) ","：逗号一般用来间隔同一类型的多个变量的声明，或者间隔方法中的多个参数。

(5) ":"：冒号可以用来说明语句标号，或者用于 switch 语句中的 case 分句。

(6) "{"和"}"：大括号也是成对出现的，{标识开始，}标识结束，可以用来定义类体、方法体、复合语句或者进行数组的初始化等。

2.1.3　常量

Java 程序中使用的直接量称为常量。它是用户在程序中"写死"的量，这个量在程序执行过程中不会改变。下面介绍各种基本数据类型的常量。

1. 布尔常量

由于只有 true 或 false 两个值，因而布尔常量的值只能是 true 或 false，而且 true 或 false 只能赋值给布尔类型的变量。不过，Java 语言还规定布尔表达式的值为 0 可以表示 false，为 1(或其他非 0 值)则可以表示 true。

2. 整数常量

整数常量在程序中经常出现，一般习惯上以十进制表示，如 10、100 等，但同时也可以其他进制(如八进制或十六进制)表示。用八进制表示时，需要在数字前加 0 示意，而十六进制则需要加 0x(或 0X)示意，如 010(十进制值 8)、070(十进制值 56)、0x10(十进制值 16)、0xf0(十进制值 240)。程序中出现的整数值一般默认分配 4 字节的空间进行存储，即数据类型为 int。但当整数值超出 int 的取值范围(详见后面 2.2 节中的表 2-2)时，系统则自动用 8 字节的空间进行存储，即数据类型为 long。若要将数值不大的整数常量也用 long 类型存储，可以在数值后添加 L (或小写 l)后缀，如 22L。

3. 浮点数

浮点数即实数，它包含小数点，可以用两种方式进行表示：标准式和科学记数式。标准式由整数部分、小数点和小数部分构成，如 1.5、2.2、80.5 等都是标准式的浮点数。科学记数式由标准式跟上一个以 10 为底的幂构成，两者之间用 E(或 e)间隔开，如 1.2e+6、5e-8 和 3E10 等都是以科学记数法表示的浮点数。在程序中，一般浮点数的默认数据类型为 double，即使用 8 字节的空间来存放，当然也可以用 F(或 f)后缀来限定数据类型为 float，如 55.5F、22.2f 等。

4. 字符常量

字符常量是指用一对单引号括起来的字符，如'A'、'a'、'1'和'*'等。所有的可见 ASCII 码字符都可以用单引号括起来作为字符常量。此外，Java 语言还规定了一些转义字符，这些转义字符以反斜杠开头，将其后的字符转变为另外的含义，如表 2-1 所示。需要注意的是，反斜杠后的数字表示 Unicode 字符集而不是 ASCII 码字符集中的字符。

表 2-1 Java 的转义字符

转义字符	描　述	转义字符	描　述
\ddd	八进制字符(ddd)	\r	回车符
\uxxxx	十六进制 Unicode 字符(xxxx)	\n	换行符
\'	单引号	\f	换页符
\"	双引号	\t	制表符
\\	反斜杠	\b	退格符

例如，'\141'是八进制表示法，八进制数 141 对应 ASCII 码值 97，对应字符为字母 a；'\u4e2d'是十六进制表示法，表示汉字"中"。

5. 字符串常量

字符串常量早在本书第 1 章中就接触过了：

```
System.out.println("Hello World!");
```

上述语句中，用双引号括起来的 Hello World!就是字符串常量，再比如：

```
"Nice to meet you! "
"Y\t-"                    (￥)
"1\n2\n3 "                (1、2、3 各占一行)
"中文字符串常量"
```

这些都是字符串常量。尤其需要注意的是，单个字符加上双引号，也是字符串常量，比如"N"。

字符串常量一般用来给字符串变量赋初值，关于字符串，后面有章节会专门介绍，这里只需要知道字符串就是指多个连续的字符(包括控制字符)。

2.1.4　变量

在程序执行过程中值可以改变的数据，称为变量。每个变量都必须有唯一的名称来标识它，即变量名。变量名由程序设计者命名，但要注意必须是合法的标识符。为了提高程序的可读性，建议应根据变量的实际意义进行命名。一般情况下，一个变量只能属于某一种数据类型，并且应在定义变量时就给出声明，数据类型确定了变量的取值范围，同时也确定了对变量所能执行的操作或运算。Java 语言提供了 8 种基本数据类型：byte、short、int、long、char、boolean、float 和 double。下面是定义变量的一些例子：

```
byte age;          (存放某人的年龄)
short number;      (存放某大学的人数)
char gender;       (存放某人的性别)
double balance;    (存放某账户的余额)
boolean flag;      (存放布尔值)
```

从上面的语句可以看出，变量的定义方式很简单：在数据类型后加上变量名，并在结尾添加分号";"，但要注意数据类型和变量名之间至少要间隔一个空格。如果要同时定义同一类型的多个变量，可以在变量名之间用逗号分隔，例如：

```
byte my_age,his_age,her_age;
```

提示：

变量一经定义，系统就会为其分配一定的存储空间，在程序中用到变量时，就需要在对应的内存中进行读数据或写数据操作，通常称这种操作为变量的访问。

2.1.5　final 变量

final 变量的定义与普通变量类似，但其所起的作用却类似于前面讲的常量。定义 final 变量的方式有两种：定义的同时初始化和先定义后初始化。

(1) 定义的同时初始化。

```
final double PI = 3.14;
```

(2) 先定义后初始化。

```
final double PI ;
…
PI = 3.14;
…
```

在程序设计中，一般将程序中多次要用到的常量值定义为 final 变量，这样在程序中就可以通过 final 变量名来引用该常量值，以减少程序的出错概率，将来如果常量值发生变化只需要修改一处即可。final 变量与普通变量的本质区别是：后者在初始化后仍能进行赋值，而前者在初始化后就不能再被修改。

说明：

虽然 final 变量名也可以使用小写字母，但为了便于识别，通常使用大写字母命名 final 变量。

2.2　基本数据类型

Java 提供了 8 种基本数据类型，它们在内存中占据的存储空间如表 2-2 所示。这 8 种基本数据类型可以分为以下 4 组。

(1) 布尔型：boolean。
(2) 整型：byte、short、int 和 long。
(3) 浮点型(实型)：float 和 double。
(4) 字符型：char。

表 2-2　Java 的基本数据类型

数据类型名称	数据类型标识	占据的二进制位数	取 值 范 围
布尔型	boolean	1	true 或 false
整型	byte	8	$-2^7 \sim 2^7-1$
	short	16	$-2^{15} \sim +2^{15}-1$
	int	32	$-2^{31} \sim 2^{31}-1$
	long	64	$-2^{63} \sim 2^{63}-1$

（续表）

数据类型名称	数据类型标识	占据的二进制位数	取 值 范 围
浮点型	float	32	7位精度
	double	64	15位精度
字符型	char	16	Unicode字符

下面对这8种基本数据类型分别进行介绍。

2.2.1 布尔型

布尔型用关键字 boolean 标识，取值只有两个：true(逻辑真)和 false(逻辑假)。它是最简单的数据类型。布尔类型的数据可以参与逻辑运算，并构成逻辑表达式，但结果也是布尔值，常用来作为分支、循环结构中的条件表达式。关于分支、循环结构，本书后面将会详细介绍。

例如：

```
boolean flag1 = true;
boolean flag2 = 3>5;
boolean flag3 = 1;
```

上面定义了3个布尔类型的变量 flag1、flag2 和 flag3。其中，flag1 被直接初始化为 true，而 flag2 的初值为 false(因为关系运算 3>5 的结果为假)，flag3 的值为 true(因为 Java 语言规定 0 代表假，非 0 代表真)。

2.2.2 整型

用关键字 byte、short、int 和 long 声明的数据类型都是整数类型，简称整型。整型值可以是正整数、负整数或零。Java 不支持无符号的、只是正值的整数。

例如，222、−211、0、2000、−2000 等都是合法的整型值，而 222.2、2a2 等是非法的，222.2 有小数点，不是整型值(后面你会知道它是浮点值)，2a2 含有非数字字符，也不可能是整型值。在 Java 语言(包括大多数编程语言)中，整型值一般默认以十进制形式表示。另外，有一个值得初学者注意的问题是：由于数据类型的存储空间大小是有限的，因此它所能表达的数值大小也是有限的，即每一种数据类型都对应一个取值范围(值域)，一般存储空间大的，值域也大，如整型的4种数据类型中，byte 类型的取值范围最小，而 long 类型的最大。

1. byte

byte 类型是整型中最小的，只占据 1 字节的存储空间，由于采用补码方式，取值范围为 −128~127，适合用来存储如下几类数据：人的年龄、定期存款的存储年限、图书馆借书册数、楼层数等，这类数据一般取值都在该范围之内。若用 byte 变量存放较大的数，就会产生溢出错误，比如：

```
byte rs = 10000;   //定义 rs 变量存放清华大学的学生人数
```

上述语句会产生溢出错误，即 byte 变量无法存放(表达)10 000 这么大的数，解决的办法是用更大的空间来存放，也就是说，将 rs 变量定义为较大的数据类型，如 short 类型。

2. short

short 类型可以存放的数值范围为 $-2^7 \sim 2^7-1$，因而如下语句是正确的。

```
short rs = 10000;  //正确
```

一个 short 类型的整型变量占据的存储空间为 2 字节，占据的空间大了，其表示能力(取值范围)自然就大。同样，假如变量 rs 要用来存放当前全国高校的在读大学生数量，则 short 类型又不够了，可以使用 int 类型。

3. int

int 类型占据 4 字节，可以存储 $-2^{31} \sim 2^{31}-1$ 范围内的任意整数。int 类型在程序设计中是较常用的数据类型之一，且程序中整型常量的默认数据类型就是 int，因为一般情况下，int 类型就够用了，但是在现实生活中，还是有不少情况需要用到更大的数，如世界人口、某银行的存款额、世界巨富的个人资产、某股票的市值等，所以 Java 还提供了更大的 long 类型。

4. long

long 类型占据 8 字节，能表示的数值范围为 $-2^{63} \sim 2^{63}-1$。一般若非应用需要，应尽量少用，可以减少存储空间的支出。当然，long 类型也不是无限的，在一些特殊领域，如航空航天，long 类型也会不够用。这时可以通过定义多个整型变量来组合表示这样的数据，即对数据进行分段表示。不过，在实践中，这些领域的计算任务一般会由支持更大数据类型的计算机系统完成，如大型机、巨型机。

需要注意的是，整型变量的类型并不直接影响其存储方式，类型只决定变量的数学特性和合法的取值范围。如果对变量赋予超出取值范围的值，Java 编译系统会给出错误信息提示，尽管如此，在进行程序设计时，还是应主动加以避免，请看例 2-1。

【例 2-1】数据溢出演示。

在 D:\workspace 目录中新建子文件夹"第 2 章"用来存放本章示例源程序，新建名为 Exam2_1.java 的 Java 源文件，输入如下代码：

```
public class Exam2_1 {
    public static void main(String[] args)   {
        byte a = 20;
        short b = 20000;
        short c = 200000;
        System.out.println("清华大学的院系数量: "+a);
        System.out.println("清华大学的在校生人数: "+b);
        System.out.println("海淀区高校在校生总人数: "+c);
    }
}
```

编译程序，出错信息如下：

```
D:\workspace\第 2 章>javac Exam2_1.java
Exam2_1.java:7: 错误: 不兼容的类型: 从 int 转换到 short 可能会有损失
        short c = 200000;
                  ^
1 个错误
```

解决的办法是将变量 c 的数据类型改为 int，此时程序编译成功，运行结果如下：

```
清华大学的院系数量：20
清华大学的在校生人数：20000
海淀区高校在校生总人数：200000
```

前面说过，程序中的常量值一般默认以十进制形式表示，但同时也可以用八进制或十六进制形式表示，如例 2-2 所示。

【例 2-2】演示常量的不同进制表示。

新建 Exam2_2.java 文件，输入如下代码：

```java
public class Exam2_2 {
    public static void main(String[] args)    {
        byte a = 10;        //十进制
        short b = 010;      //八进制
        int c = 0x10;       //十六进制
        System.out.println("a 的值："+a);
        System.out.println("b 的值："+b);
        System.out.println("c 的值："+c);
    }
}
```

编译并运行程序，结果如下：

```
a 的值：10
b 的值：8
c 的值：16
```

2.2.3 浮点型

浮点型有两种，分别用关键字 float 和 double 来标识。其中，double 的精度较高，表示范围也更广。

在某些处理器上，单精度运算速度更快，并且占用的空间是双精度的一半，但是当数值非常大或非常小时会变得不精确。在针对高速数学运算进行了优化的某些现代处理器上，实际上双精度数值的运算速度更快。大部分数学函数，如 sin()、cos()和 sqrt()，都返回双精度值。如果需要在很多次迭代运算中保持精度，或是操作非常大的数值，则需要使用 double 类型。

1. float

float 被称为单精度浮点型，float 类型的用法如例 2-3 所示。

【例 2-3】演示单精度浮点型的使用。

新建 Exam2_3.java 文件，输入如下代码：

```java
public class Exam2_3{
    public static void main(String[] args) {
        float pi = 3.1415f;
        float r = 6.5f;
        float v = 2*pi*r;
        System.out.println("该圆周长为："+v);
    }
}
```

编译并运行程序，结果如下：

该圆周长为：40.8395

2. double

double 为双精度浮点型，程序中出现的浮点数默认情况下为 double 类型，如例 2-4 所示。

【例 2-4】演示双精度浮点型的使用。

新建 Exam2_4.java 文件，输入如下代码：

```java
public class Exam2_4 {
    public static void main(String[] args)    {
        double pi = 3.14159265358;
        double r = 6.5;
        double v = 2*pi*r;
        System.out.println("该圆周长为： "+v);
    }
}
```

编译并运行程序，结果如下：

该圆周长为：40.84070449654

2.2.4　字符型

Java 语言用 Unicode 字符集来定义字符型变量，因此一个字符需要 2 字节的存储空间，这点与 C/C++不同。前面介绍过字符常量，下面请看字符型变量的定义。

```java
char ch;    //定义字符型变量 ch
ch = '1';    //给 ch 赋初值'1'
```

字符型变量在程序中可用作代号，例如 ch 为'1'可代表成功，为'0'则代表失败；为'F'表示女性，为'M'表示男性等。

2.2.5　数据类型转换

一般情况下，不同数据类型的变量之间最好不要互相赋值，但在特定的情况下，存在变量类型转换的需要，比如将一个 int 类型的值赋给一个 long 类型的变量，或将一个 double 类型的值赋给一个 float 类型的变量。前者的转换不会破坏变量的原有值，这种转换一般系统会自动进行；而后者的转换很可能会破坏变量的原有值，这种转换需要程序员在程序中明确指出，即进行强制类型转换。

1. 自动类型转换

数值类型(包括整型和浮点型)是相互兼容的，只要目标类型的范围大于源类型的就会发生自动类型转换，如 byte 到 short 或 int、short 到 int、float 到 double 等，系统都能自动进行转换。然而，不存在从数值类型到 char 或 boolean 类型的自动转换。char 和 boolean 之间也不存在自动转换。

当将字面整数常量保存到 byte、short、long 或 char 类型的变量中时，Java 也会执行自动类型转换。需要特别说明的是，在 Java 中，字面整数常量的默认类型为 int，例如下面声明一个

long 类型的变量并将其初始化为一个很大的整数：

```
long g = 9223372036854775807;
```

这条语句将出现如下编译错误："错误：过大的整数 9223372036854775807"，提示这个数值超出 int 类型的表示范围，解决的方法是在数值的后面加上 L，指明这个字面常量是 long 型数据：

```
long value = 9223372036854775807L;
```

2. 强制类型转换

强制类型转换是一种显式类型转换，一般形式如下：

```
target-type   varName=(target-type) value
```

【例 2-5】演示数据类型的自动转换和强制转换。

新建 Exam2_5.java 文件，输入如下代码：

```
public class Exam2_5{
    public static void main(String[] args)    {
        char c = 'a';      // 定义一个 char 类型的变量
        int i = c;         // char 自动类型转换为 int
        System.out.println("char 自动类型转换为 int.");
        System.out.println("c = " + c + " ; i = " + i);
        c = 'A';
        i = c + 3;
        System.out.println("char 和  int  计算");
        System.out.println("c = " + c + " ; c+3 = " + i);
        byte b;
        i = 130;
        double d = 123.987;
        System.out.println("int 类型转换为 byte.");
        b = (byte) i;       // int 强制转换为 byte
        System.out.println("i = " + i + " ; b = " + b);
        System.out.println("double 类型转换为 int.");
        i = (int) d;        // double 强制转换为 int，小数部分丢失
        System.out.println("d = " + d + " ; i = " + i);
    }
}
```

提示：

本例在使用 System.out.println()方法输出结果时，使用加号(+)将一个字符串与其他类型相连，得到一个新的字符串。

编译并运行程序，结果如下：

```
char 自动类型转换为 int.
c = a ; i = 97
char  和  int  计算
c = A ; c+3 = 68
int 类型转换为 byte.
```

```
i = 130 ; b = -126
double 类型转换为 int.
d = 123.987 ; i = 123
```

从输出结果可以看出，char 类型自动转换为 int 类型，并且 char 类型可以进行算术运算；在将 int 类型强制转换为 byte 类型时，如果整数值超出 byte 类型的表示范围(-128~127)，则高位数据丢失，结果为低 8 位数据对应的数值，本例中 i=130，对于二进制(00000000 10000010)，低 8 位对应的为-126 的补码(注意第一个 1 为符号位)；将 double 类型转换成 int 类型时，小数部分将丢失。

3. 表达式中的自动类型提升

除赋值外，还有另外一个地方也可能会发生类型转换：表达式。比如下面的代码段：

```
byte a = 40;
byte b = 50;
byte c = 100;
int d = a * b / c;
```

在计算 a*b 的结果时，很容易超出 byte 操作数的范围。为了解决这类问题，当对表达式求值时，Java 自动将每个 byte、short 或 char 操作数提升为 int 类型。因此，尽管 a 和 b 都被指定为 byte 类型，但是在计算 a*b 时，两者都被提升为 int 类型，结果也是 int 类型，所以中间表达式(50*40)的结果 2000(超出 byte 类型的表示范围)是合法的。这就是表达式中的自动类型提升。

尽管自动类型提升很有用，但是有时也会导致难以理解的编译错误。例如，下面的代码看起来是正确的，但是却会产生编译错误：

```
byte b = 50;
b = b - 2;
```

上面的代码试图将一个完全有效的 byte 值保存到一个 byte 变量中。但是，编译器会提示 "Type mismatch: cannot convert from int to byte"(不兼容的类型：从 int 转换到 byte 可能会有损失)。这是因为，当计算表达式的值时，操作数被自动提升为 int 类型，所以结果也被提升为 int 类型。因此，应当使用显式的强制类型转换，如下所示：

```
byte b = 50;
b = (byte)(b - 2);
```

Java 定义了几个关于表达式的类型提升的规则，如下所示：
(1) 所有 byte、short 和 char 类型的值都被提升为 int 类型。
(2) 如果有一个操作数是 long 类型，就将整个表达式提升为 long 类型。
(3) 如果有一个操作数是 float 类型，就将整个表达式提升为 float 类型。
(4) 如果有一个操作数为 double 类型，结果将为 double 类型。

2.3　程序语句

到目前为止，前面出现过的程序语句有：输出语句 System.out.println()以及变量声明语句。每一条程序语句的末尾都必须加上分号结束标识。本节介绍一些其他常用程序语句。

2.3.1 赋值语句

前面的例子中已经出现过赋值语句，一般形式如下：

```
variable = expression;
```

这里的"="不是数学中的等号，而是赋值运算符，其功能是将右边表达式的结果赋值(即传递或存入)给左边的变量，例如：

```
int i, j;
char c;
i = 100;
c ='a';
j = i +100;
i = j * 10;
```

第一个赋值语句将整数 100 存入变量 i 的存储空间；第二个赋值语句将字符常量'a'存入字符变量 c；第三个赋值语句则首先计算表达式 i+100 的值，变量 i 此时存放的值为 100，因此该表达式的值为100+100，即 200，然后将 200 存放至变量 j 的存储空间中；第四个赋值语句同样先计算右边表达式的值，计算结果为 2000，然后将 2000 存放至变量 i 的存储空间中。此时变量 i 的值变为 2000，原来的值 100 也就不复存在了，或者说旧值被新值覆盖了。

特别地，对于形如 i=i+1;这样的赋值语句，可以将其简写为 i++;或++i;，并称之为自增语句，同样还有自减语句 i--;或--i;，它们等价于语句 i=i-1;。++和--叫做自增和自减运算符，它们写在变量的前面与后面有时是有区别的，请看例 2-6。

【例 2-6】自增赋值语句。

新建 Exam2_6.java 文件，输入如下代码：

```
public class Exam2_6{
    public static void main(String[] args) {
        int i, j, k = 1;
        i = k++;
        j = ++k;
        System.out.println("i="+i);
        System.out.println("j="+j);
    }
}
```

编译并运行程序，结果如下：

```
i = 1
j = 3
```

当自增符号"++"写在变量后面时，先访问后自增，即"i = k++;"语句等价于"i=k;"和"k=k+1;"两条语句；而自增符号"++"写在变量前面时，则先自增后访问，即"j = ++k;"语句相当于"k=k+1;"和"j=k;"两条语句，因此得到上述运行结果。这一点对于自减语句也是一样的。

下面再介绍一下复合赋值语句，常用的复合赋值运算符有下面几个：

```
+=      //加后赋值
-=      //减后赋值
*=      //乘后赋值
/=      //除后赋值
%=      //取模后赋值
```

【例 2-7】演示复合赋值运算的使用。

新建 Exam2_7.java 文件，输入如下代码：

```
public class Exam2_7{
        public static void main(String[] args) {
                int i=0, j=30 , k = 10;
                i += k;         //相当于 i = i+k;
                j -= k;         //相当于 j=j-k;
                i *= k;         //相当于 i=i*k;
                j /= k;         //相当于 j=j/k;
                k%=i+j;         //相当于 k=k%(i+j);
                System.out.println("i="+i);
                System.out.println("j="+j);
                System.out.println("k="+k);
        }
}
```

编译并运行程序，结果如下：

```
i=100
j=2
k=10
```

上述程序中的 k%=i+j;语句等价于 k=k%(i+j);语句，初学者常犯的错误是，将其等价于没有小括号的 k=k%i+j;语句，而二者的运行结果是截然不同的。复合赋值语句仅是程序的一种简写方式，建议初学者等到熟练掌握编程后再使用。

2.3.2　条件表达式

条件表达式的一般形式如下：

```
Exp1？Exp2:Exp3
```

首先计算表达式 Exp1 的值，当表达式 Exp1 的值为 true 时，计算表达式 Exp2 并将结果作为整个表达式的值；当表达式 Exp1 的值为 false 时，计算表达式 Exp3 并将结果作为整个表达式的值，请看例 2-8。

【例 2-8】条件表达式示例。

新建 Exam2_8.java 文件，输入如下代码：

```
public class Exam2_8{
    public static void main(String[] args){
            int i, j=30 , k = 10;
                i = j==k*3?j++:k++;
                System.out.println("i="+i);
```

```
                    System.out.println("j="+j);
                    System.out.println("k="+k);
        }
    }
```

编译并运行程序，结果如下：

```
i=30
j=31
k=10
```

表达式 Exp1 为 j==k*3，值为 true。因此，整个条件表达式的取值为表达式 Exp2(j++)的值，该表达式的值为 30，然后对 j 加 1，所以 j=31，表达式 Exp3(k++)没有执行，所以 k 的值还是 10。

2.3.3　运算符

计算机最基本的用途之一就是执行数学运算，作为一门计算机语言，Java 提供了丰富的运算符来操纵变量。按功能可把运算符分为 6 组：算术运算符、关系运算符、逻辑运算符、位运算符、赋值运算符和其他运算符。赋值运算符前面已经介绍过了，本节将介绍其他几组运算符。

运算符操作的对象叫操作数。根据运算符所操作的操作数的个数，可以把运算符分为单目运算符、双目运算符和三目运算符。

用运算符把操作数按照 Java 的语法规则连接起来的式子称为表达式。例如，b-2 就是一个表达式，其中 b 和 2 是操作数，通过双目运算符减号(-)连接起来，表示对操作数 b 执行减法操作，减数为 2。

1. 算术运算符

Java 的算术运算有加(+)、减(-)、乘(*)、除(/)和取模(%)运算以及前面学习的自增和自减运算。前 3 种运算比较简单，与数学中的相应运算一样，除和取模运算需要注意：当除运算符两边的操作数均为整数时，结果也为整数，否则为浮点数。例如：

```
3/2     //结果为 1
3/2.0   //结果为 1.5
```

尤其当参与运算的操作数为变量时，更需要注意数据类型对结果的影响。此外，%为取模运算，即求余运算。例如：

```
5%2        //结果为 1
21.25%3    //结果为 0.25
```

尽管取模运算的操作数可以是浮点数，但实际应用中通常都是对整数类型进行取模运算。

2. 关系运算符

关系运算的结果为布尔值，即 true 或 false，Java 语言中共有 6 种关系运算：>(大于)、>=(大于或等于)、<(小于)、<=(小于或等于)、==(等于)和!=(不等于)，如例 2-9 所示。

【例 2-9】关系运算符示例。

新建 Exam2_9.java 文件，输入如下代码：

```
public class Exam2_9{
    public static void main(String[] args){
```

```
        int i=0, j=30 , k = 10;
        boolean b1,b2,b3;
        b1 = i>k;
        b2 = i<=j;
        b3 = j/3!=k;
        System.out.println("b1="+b1+",b2="+b2+",b3="+b3);
    }
}
```

编译并运行程序，结果如下：

```
b1=false,b2=true,b3=false
```

3. 逻辑运算符

Java 语言中有 3 种逻辑运算：&&(与)、||(或)、!(非)。参与逻辑运算的操作数为布尔值，最终结果也为布尔值，真值表如表 2-3 所示。

表 2-3　逻辑运算真值表

x	y	x&&y	x||y	!x
true	false	false	true	false
true	true	true	true	false
false	true	false	true	true
false	false	false	false	true

对于逻辑与运算，只要左边表达式的值为 false，整个逻辑表达式的值就为 false，此时不必再对右边表达式进行计算。同样，对于逻辑或运算，只要左边表达式的值为 true，整个逻辑表达式的值就为 true，不必再计算右边的表达式。

4. 位运算符

位运算指的是对二进制位进行计算，其操作数必须为整数类型或字符类型。Java 提供的位运算如表 2-4 所示。

表 2-4　位运算符

运　算　符	用　法	功　能
&	ope1 & ope2	按位与
|	ope1 | ope2	按位或
~	~ ope1	按位取反
^	ope1 ^ ope2	按位异或
<<	ope1<<ope2	左移
>>	ope1>>ope2	带符号右移
>>>	ope1>>>ope2	不带符号右移

按位与、按位或以及按位取反运算都相对简单。按位异或运算的规则为：0^0=0，0^1=1，1^0=1，1^1=0。左移运算是将一个二进制数的各位全部左移若干位，高位溢出丢弃，低位补上 0。带符号右移运算中，低位溢出丢弃，高位补上操作数的符号位，即正数补 0，负数补 1。不

带符号右移运算中，低位丢弃，高位一概补 0。另外，需要特别说明的是：当今绝大多数计算机的操作数都是以补码形式表示的，因此在执行位运算时要注意这一点。

5. 其他运算符

除了前面几组运算符，Java 还提供其他一些运算符，包括前面学习的条件运算符，以及对象运算符、点运算符、数组运算符等。

(1) instanceof 运算符

instanceof 运算符又叫对象运算符，该运算符用于操作对象实例，检查对象是否是某个特定类型(类类型或接口类型)。

instanceof 运算符的语法格式如下：

```
(variable) instanceof (class/interface type)
```

如果运算符左侧变量是右侧的类或接口对象，那么结果为 true。

下面是使用 instanseof 运算符的简单例子：

```
String name = "赵智暄";
boolean result = name instanceof String;        // 由于 name 是 String 类型，因此返回 true
```

(2) 点运算符

点运算符就是英文输入法中的句点，功能有两个：一是引用类的成员，二是指示包的层次等级。前面我们用得最多的输出语句 System.out.pringln 中就有点运算符，这里的功能就是引用类的成员。

使用点运算符指示包的层次等级的应用将在学习包的时候介绍。

(3) 方括号[ ]和圆括号( )运算符

方括号[ ]是数组运算符，方括号[ ]中的数值是数组的下标，整个表达式就代表数组中下标所在位置的元素值，该运算符的用法将在学习数组时详细介绍。

圆括号( )运算符用于强制类型转换和改变表达式中运算符的优先级。就像我们在数学运算中增加圆括号以改变优先级一样。

除了改变运算符的正常优先级之外，有时还使用圆括号帮助厘清表达式的含义。复杂的表达式可能不容易阅读和理解，这时，就可以添加额外的圆括号来提高代码清晰度，方便其他开发人员阅读。例如，下面两个表达式是等价的，但是第 2 个明显更容易阅读：

```
a | 4 + c >> b & 7
(a | (((4 + c) >> b) & 7))
```

说明：

额外的圆括号不会降低程序的性能。因此，为了代码清晰而添加圆括号，不会对程序造成负面影响。

6. 运算符的优先级

在实际的程序开发中，经常在一个表达式中出现多个运算符，这时，就需要按照运算符的优先级高低进行计算，级别高的运算符先运算，级别低的运算符后计算。各运算符按照优先级由低到高排序依次为：赋值运算符、条件运算符、逻辑运算符、按位运算符、关系运算符、移位运算符以及算术运算符。

2.3.4　复合语句

语句(statement)是程序的基本组成单元。在 Java 语言中，有简单语句和复合语句之分。每一条单独的语句都可称为简单语句，而复合语句则是指由一条或多条简单语句构成的语句块。

一条简单语句总是以分号结束，代表要执行的操作，可以是赋值、判断或跳转等语句，甚至可以是只有分号的空语句(;)。空语句表示不需要执行任何操作。复合语句则是指用大括号括起来的语句块(block)，一般由多条语句构成，但只允许有一条简单语句。复合语句的基本格式如下：

```
{
    简单语句 1;
    简单语句 2;
    …
    简单语句 n;
}
```

以下例子均为复合语句：

```
{
    a = 1;
    b = 2;
}
```

或：

```
{
    S = 0;
}
```

复合语句在第 3 章要学习的流程控制结构中会经常用到。例如，当需要多条语句作为"整体语句"出现时，就必须用大括号将它们括起来作为复合语句。

复合语句的概念在一般编程语言中都存在，因为编程语言都是相通的，掌握了其中一种，再学习其他编程语言就不难了。

下面举两个例子。

【例 2-10】分析下面的程序有哪些错误。

```
public class Exam2_10{
    public static void main(String[] args)    {
        short i, j;
        i = 50000;
        j   = 2.5;
        System.out.println("i="+i+", j="+j);
    }
}
```

编译程序，出错信息如下：

```
Exam2_10.java:4: 错误: 不兼容的类型: 从 int 转换到 short 可能会有损失
        i = 50000;
            ^
Exam2_10.java:5: 错误: 不兼容的类型: 从 double 转换到 short 可能会有损失
```

```
      j    = 2.5;
              ^
2 个错误
```

出现上述错误的原因是变量赋值时溢出或类型不匹配，解决办法可以是：将变量 i 定义为 int 或 long 类型，将变量 j 定义为 double 类型。特别地，变量 j 也可以定义为 float 类型，但要在 2.5 的后面加 f 标识，或用"(float)"进行强制类型转换，如下所示：

```
float j;
j = 2.5f;
```

或者：

```
j = (float)2.5;
```

假设整型变量 x 的当前值为 2，复合赋值语句 x/=x+1 执行后 x 的值为多少？

复合赋值语句 x/=x+1 等价于 x=x/(x+1)，相当于 x=2/3，因此该复合赋值语句执行后，x 的值应为 0。

例 2-11 是关于条件表达式的应用。

【例 2-11】 分析以下程序段的功能。

```
int x,y,z,result;
… //x、y、z 分别被赋值
result = (x>y)?x:y;
result =(result>z)?result:z;
```

例 2-11 主要考查对条件表达式的掌握情况，通过分析可知上述程序段的功能为获取 x、y、z 三者中的最大值。

2.4　本章小结

本章主要讲述 Java 程序的基本组成元素及其语法。首先，从 Java 程序的基本元素讲起，介绍了 Java 标识符和关键字、常量与变量等。接着介绍了 Java 的基本数据类型以及数据类型的转换。最后对程序语句做了简单介绍，包括各类运算符和表达式以及复合语句等。

2.5　思考和练习

1. Java 语言对于合法标识符的规定是什么？指出以下哪些为合法的标识符。

a 　　a2 　　3a 　　*a 　　_a 　　$a 　　int 　　a%

2. 变量的含义是什么？变量名与变量值有什么关系？请声明一个整型变量。

3. Java 语言提供了哪些基本数据类型，为什么要提供这些不同的数据类型？

4. 赋值语句的含义是什么？

5. 强制数据类型转换的原则是什么？如何将 float 类型的数据转换为 int 类型？

6. 每一条程序语句都应以分号结束，这个分号能否是中文输入模式下输入的分号，为什么？

7. 表达式 1+2+ "aa"+3 的值是( )。

(A) "12aa3"　　(B) "3aa3 "　　(C) "12aa"　　(D) "aa3"

8. 表达式 5&2 的值为_____。

第3章

Java 程序基本结构

程序的执行是严格按照一定顺序进行的，Java 程序设计的基本结构主要有 3 种：顺序结构、选择结构和循环结构。本章将通过具体的实例分别对这 3 种结构进行讲解。掌握程序的流程结构，读懂程序的执行流程是进行程序设计的基础和关键，也是结构化程序设计和面向对象程序设计的基础。通过本章的学习，读者应该掌握这 3 种程序结构的执行流程，学会跟踪、分析程序的运行结果，为后面的学习打下良好基础。

本章的学习目标：

- 理解程序设计的 3 种基本结构
- 掌握 if 语句、if-else 语句以及 switch 语句等分支结构
- 掌握 while 语句、do-while 语句以及 for 语句等循环结构
- 掌握 break 和 continue 等跳转语句
- 掌握分支及循环结构的相互嵌套编程
- 学会分析较复杂程序的执行流程

3.1 概述

一般来说，Java 程序的语句流程可以分为以下 3 种基本结构：顺序结构、分支(选择)结构以及循环结构。

- 顺序结构：顺序结构是一种线性、有序结构，依次执行各语句模块。
- 选择结构：选择结构是指根据条件成立与否选择程序执行的通路。
- 循环结构：循环结构是指重复执行一个或几个模块，直到满足某一条件为止。

对于分支结构和循环结构，当条件语句或循环语句多于一条时，必须采用复合语句的形式，即用大括号将它们括起来，否则系统将默认条件语句或循环语句仅有一条，即最近的那一条。反过来，当条件语句或循环语句只有一条时，则可以使用或不使用大括号，这点请初学者注意。

提示：

复合语句一般包含多条语句，但当条件语句块或循环体仅有一条语句时，建议初学者也以复合语句的形式将单条语句用大括号括起来。复合语句可体现程序的层次结构，因而在编程时，应尽量按标准格式编排，以清楚描述程序的层次结构关系，提高程序的可读性。

3.2 顺序结构

顺序结构是最简单的程序结构，也是计算机执行的最常见流程，它是由若干依次执行的处

理步骤组成的。所有程序语句只能按其书写顺序自上而下依次执行。在程序运行的过程中，顺序结构程序中的任何一条语句都要运行一次，而且也只能运行一次。

下面举几个顺序结构程序的例子。

【例3-1】 交换两个变量的值。

在 D:\workspace 目录中新建子文件夹"第 3 章"用来存放本章示例源程序，新建名为 Exam3_1.java 的 Java 源文件，输入如下代码：

```
public class Exam3_1{
public static void main(String[] args) {
    int a=5,b=8,c;
    System.out.println("a、b 的初始值");
        System.out.println("a="+a);
        System.out.println("b="+b);
        c = a;
        a = b;
        b = c;
        System.out.println("a、b 的新值");
        System.out.println("a="+a);
        System.out.println("b="+b);
}
}
```

编译并运行程序，输出结果如下：

```
a、b 的初始值
a=5
b=8
a、b 的新值
a=8
b=5
```

通过运行结果可以看出，a、b 两个整型变量的值发生了对调，其中起关键作用的就是如下 3 条语句：

```
c = a;
a = b;
b = c;
```

这里变量 c 起到辅助空间的作用。先将变量 a 的值保存到 c 这个临时辅助空间中，然后将变量 a 赋值为变量 b 的值，最后再通过变量 c 将 b 赋值为原变量 a 的值。在程序设计中，常引入本例中 c 这样的变量来达到互换变量值的目的。

事实上，不用辅助存储空间也可以实现对调变量值的效果，比如下面的代码：

```
a = a + b;
b = a – b;
a = a – b;
```

这 3 条语句与前面 3 条语句的作用是一样的，都实现了变量值的对调，并且这 3 条语句"似乎"还更好，因为节省了存储空间。但是，这些语句的可读性很差，而软件规模越来越大，程序员之间的协作越来越多，让别人读懂自己所写的程序是极其重要的，所以不提倡编写这样的代码。

再来看一个求三角形面积的例子。

【例 3-2】已知一个三角形的三条边长 a、b、c，求它的面积。提示：面积 $= \sqrt{s(s-a)(s-b)(s-c)}$。

其中，$s = \dfrac{a+b+c}{2}$。

新建名为 Exam3_2.java 的 Java 源文件，输入如下代码：

```java
public class Exam3_2{
public static void main(String[] args) {
        double    a=3,b=4,c=5,s; //三角形的三条边
        double area;             //三角形的面积
        s = (a+b+c)/2;
        area = Math.sqrt(s*(s-a)*(s-b)*(s-c));
        System.out.println("该三角形的面积为："+area);
}
}
```

编译并运行程序，输出结果如下：

```
该三角形的面积为：6.0
```

从这个例子可以看出，利用 Java 编写程序可以让计算机帮助人们解决包括数学问题在内的很多事情，不过针对例 3-2，有些人可能会有这样的需求：若三角形的三条边长能随意改动，而不是写死在程序中就好了。其实，只要利用 Java 提供的标准输入输出功能就可以解决这个问题，如例 3-3 所示。

【例 3-3】交互式输入一个三角形的三条边长，并计算其面积。

新建名为 Exam3_3.java 的 Java 源文件，输入如下代码：

```java
//导入 java.io 包中的类，其实就是标明标准输入类的位置，以便能找到
import java.io.*;
public class Exam3_3{
//输入输出异常必须被捕获或者进行抛出声明
public static void main(String[] args) throws IOException        {
        double a,b,c,s;
        double area;
        //以下代码为通过控制台交互输入三角形的三条边长
        InputStreamReader reader=new InputStreamReader(System.in);
        BufferedReader input=new BufferedReader(reader);
        System.out.println("请输入三角形的边长 a:");
        //readLine( )方法读取用户从键盘输入的一行字符并赋值给字符串对象 temp
        String temp=input.readLine();
        a = Double.parseDouble(temp);    //字符串转换为双精度浮点型
        System.out.println("请输入三角形的边长 b:");
        temp=input.readLine();           //以字符串形式读入边长 b
        b = Double.parseDouble(temp);
        System.out.println("请输入三角形的边长 c:");
        temp=input.readLine();           //以字符串形式读入边长 c
        c = Double.parseDouble(temp);
```

```
            //以上代码通过控制台交互输入三角形的三条边长
            s = (a+b+c)/2;
            area = Math.sqrt(s*(s-a)*(s-b)*(s-c));
            System.out.println("该三角形的面积为："+area);
        }
    }
```

编译并运行程序，输出结果如下：

```
请输入三角形的边长 a:
10(回车)
请输入三角形的边长 b:
8(回车)
请输入三角形的边长 c:
6(回车)
该三角形的面积为：24.0
```

关于这个程序，有以下几点需要说明。

(1) import 语句的作用是告诉程序到哪些位置去寻找类，因此，当程序中用到一些系统提供的或者用户自定义的类时，就需要添加相应的 import 语句，否则就可能出现下面这样的错误提示(以例 3-3 中缺少 import 语句为例)。

```
D:\workspace\第 3 章>javac Exam3_3.java
Exam3_3.java:5: 错误: 找不到符号
            public static void main(String[] args) throws IOException      {
                                                                 ^
    符号: 类  IOException
    位置: 类  Exam3_3
Exam3_3.java:9: 错误: 找不到符号
            InputStreamReader reader=new InputStreamReader(System.in);
            ^
    符号: 类  InputStreamReader
    位置: 类  Exam3_3
Exam3_3.java:9: 错误: 找不到符号
            InputStreamReader reader=new InputStreamReader(System.in);
                                         ^
    符号: 类  InputStreamReader
    位置: 类  Exam3_3
Exam3_3.java:10: 错误: 找不到符号
            BufferedReader input=new BufferedReader(reader);
            ^
    符号: 类  BufferedReader
    位置: 类  Exam3_3
Exam3_3.java:10: 错误: 找不到符号
            BufferedReader input=new BufferedReader(reader);
                                     ^
    符号: 类  BufferedReader
    位置: 类  Exam3_3
5 个错误
```

出现了 5 个错误，每个地方都用^进行标识。由此可见，import 语句是很重要的，缺少了它，编译时就会报告类或方法找不到的错误。

(2) 对于有些方法，调用时需要进行抛出相应异常的声明或者捕获异常，比如例 3-3 中 BufferedReader 类的 readLine()方法。如果不这么做的话，编译时就会出现如下错误。

```
D:\workspace\第 3 章>javac Exam3_3.java
Exam3_3.java:13: 错误: 未报告的异常错误 IOException; 必须对其进行捕获或声明以便抛出
                String temp=input.readLine();
                                  ^
Exam3_3.java:16: 错误: 未报告的异常错误 IOException; 必须对其进行捕获或声明以便抛出
                temp=input.readLine();     //以字符串形式读入 b 边长
                           ^
Exam3_3.java:19: 错误: 未报告的异常错误 IOException; 必须对其进行捕获或声明以便抛出
                temp=input.readLine();     //以字符串形式读入 c 边长
                           ^
3 个错误
```

(3) 对于语句 InputStreamReader reader=new InputStreamReader(System.in);和 BufferedReader input=new BufferedReader(reader);而言，System.in 代表系统默认的标准输入(即键盘)，首先把它转换成 InputStreamReader 类的对象 reader，然后转换成 BufferedReader 类的对象 input，使原来的位(bit)输入变成缓冲字符输入，然后用来接收字符串。现在，只要大概知道并能记住写法就行。

(4) 语句 String temp=input.readLine();的作用是从控制台获取一个字符串，当然这个字符串可能对于编程者来说，也可以是其他数据类型，如整型或浮点型等。是其他数据类型时，需要进行类型转换。语句 a = Double.parseDouble(temp);用来实现从字符串类型转换为双精度浮点型，然后赋值给边长变量 a，parseDouble()方法是 Double 类中的方法，因此前面要加"Double."。后面对变量 b、c 的赋值与对变量 a 是一样的。

初学者可能会觉得 Java 的交互输入输出挺麻烦的。本节只要求读者学会模仿即可，后面会有专门的章节进行详细介绍。以上举了 3 个例子，这些程序都是按照语句的先后顺序，一句接一句往下执行的。3.3 节将介绍分支结构是怎么执行的。

3.3　分支结构

分支结构表示程序中存在分支语句，这些语句根据条件的不同，将被有选择地加以执行，既可能执行，也可能不执行，这完全取决于条件表达式的取值情况。例如银行系统中的存取款程序使用的就是典型的分支结构，当取款人输入的密码正确时，程序进入正常的取款流程，如果密码不正确，那么系统可能会提醒重新输入密码，或者实施锁卡或吞卡操作。又如，某学校的图书馆借阅系统是这么设计的：教职工最多可以借 12 本，借期为 6 个月；研究生最多借 10 本，借期为 4 个月；而本科生最多只能借 8 本，借期为 3 个月；那么当请求借书时，系统需要根据借书人的不同身份进行相应的处理操作。这些都是分支结构的情形，并且根据分支的多少，可以将其划分为单分支结构、双分支结构以及多分支结构。Java 语言的单分支语句是 if 语句，双分支语句是 if-else 语句，多分支语句是 switch 语句。实现时，也可以用 switch 语句构成双分支结构，或者用 if-else 语句嵌套构成多分支结构。下面分别对不同的分支结构进行介绍。

3.3.1 单分支条件语句

单分支条件语句的一般格式如下：

```
if(布尔表达式)
{
        语句;
}
```

用流程图形式来表示，如图 3-1 所示。

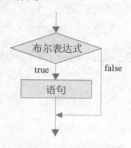

图 3-1   单分支条件语句的流程图

当其中的语句仅为一条时，大括号可以省略，若为多条语句，则必须有大括号，否则程序的含义就变了，这一点在 3.1 节中已经做过说明。下面请看一小段程序：

```
int i=0,j=0;
if(i!=j){
    i++;
    j++;
}
```

以上程序段执行后，i、j 的值仍为 0，因为 if 语句的条件不成立，所以两个自增运算语句都没有执行。但是，如果将 if 条件语句的大括号省略，如下所示：

```
int i=0,j=0;
if(i!=j)
    i++;
    j++;
```

执行后 i 的值仍为 0，而 j 的值则变为 1，即 j++;语句被执行了。这是因为没有了大括号，if 条件语句只由 i++;单条语句构成，即使条件表达式取值为 false,j++;语句也会被执行。另外，这种情况下的程序编排最好采用如下格式进行缩进，以体现程序的层次结构，提高代码的可读性：

```
int i=0,j=0;
if(i!=j)
    i++;
j++;
```

下面来看一个单分支条件语句的例子。

【例 3-4】乘坐飞机时，每位顾客可以免费托运 20 千克以内的行李，超过部分按每千克收费 1.2 元，试编写计算收费的程序。

为给初学者打下良好的程序设计风格，下面给出该程序的详细设计步骤。

(1) 数据变量。程序中需要用到两个数据变量：

- w——行李重量(以 kg 为单位)
- fee——收费(单位：元)

根据数据的特点，变量的数据类型必须为浮点型，不妨定为 float 类型。

(2) 算法。计算收费金额的算法如下：

$$fee = \begin{cases} 0 & w \leq 20 \\ 1.2 * (w-20) & w > 20 \end{cases}$$

(3) 用 System.out.println();语句提示用户输入数据(行李重量)，然后通过前述的交互式输入方法给变量 w 赋值。

(4) 由单分支结构构成程序段，对用户输入的数据进行判断，并按收费标准计算收费金额，部分程序段如下：

```
fee = 0;
if (w>20)
    fee = 1.2 * (w-20);
```

起初给变量 fee 赋值 0，当重量超出 20kg 时，执行条件语句 fee = 1.2 * (w-20);，从而更改收费金额。若重量 w ≤ 20kg，则条件语句 fee = 1.2 * (w-20);不会被执行，从而保持 fee 的值为 0，即免费托运。

完整的程序如下：

```
import java.io.*;
public class Exam3_4    {
        public static void main(String[] args) throws IOException {
            float    w,fee;
             //以下代码为通过控制台交互输入行李重量
            InputStreamReader reader=new InputStreamReader(System.in);
            BufferedReader input=new BufferedReader(reader);
            System.out.println("请输入旅客的行李重量：");
            String temp=input.readLine();
            w = Float.parseFloat(temp);   //将字符串转换为单精度浮点型
            fee = 0;
            if ( w > 20)
                fee = (float)1.2 * (w-20);
            System.out.println("该旅客需要交纳的托运费用："+fee+"元");
        }
}
```

编译并运行程序，结果如下：

```
(第一次执行)
D:\workspace\第 3 章>java Exam3_4
请输入旅客的行李重量：
19(回车)
该旅客需要交纳的托运费用：0.0 元
(第二次执行)
```

```
D:\workspace\第 3 章>java Exam3_4
请输入旅客的行李重量:
26.5(回车)
该旅客需要交纳的托运费用：7.8 元
(第三次执行)
D:\workspace\第 3 章>java Exam3_4
请输入旅客的行李重量:
84(回车)
该旅客需要交纳的托运费用：76.8 元
```

用户根据程序提示，输入对应旅客的行李重量，计算机在 Java 程序的控制下完成收费金额的计算并进行信息输出。上述程序代码中，对于 fee = (float)1.2 * (w−20);语句有一点需要注意：w 虽然是 float 类型，但由于常量 1.2 的默认数据类型是 double，因此表达式 1.2 * (w−20)最后的数据类型为 double，因此在将其赋值给 float 类型的变量 fee 时，需要进行强制类型转换，即在计算表达式前添加(float)予以标识。如果不进行强制类型转换，在编译时将会出现如下出错信息：

```
D:\workspace\第 3 章>javac Exam3_4.java
Exam3_4.java:13: 错误: 不兼容的类型: 从 double 转换到 float 可能会有损失
                fee = 1.2 * (w−20);
                    ^
1 个错误
```

由此可见，系统提示用户从 double 转换到 float 可能会有精度损失，产生编译报错，但由于本例对数据精度的要求并不高,用 float 就足够了，因此可以进行强制类型转换以消除上述"错误"。

此外，从上述程序的三次执行过程中可以发现一个问题：每次执行程序时，只能对一名旅客的行李进行收费计算，若要计算多名旅客的行李收费，则需要反复启动程序，此问题留待循环结构引出时予以改进，详见例 3-19。

下面再来看两个单分支结构的例子，如例 3-5 和例 3-6 所示。

【例 3-5】根据年龄，判断某人是否成年。

新建 Exam3_5.java 文件，输入如下代码：

```java
public class Exam3_5{
    public static void main(String[] args){
        byte age=20;
        if (age>=18)
                System.out.println("成年");
        if (age<18)
                System.out.println("未成年");
    }
}
```

编译并运行程序，结果如下：

```
成年
```

【例 3-6】鸡兔同笼问题。已知鸡和兔的总数量，以及鸡脚、兔脚的总数，求鸡和兔的数量。

新建 Exam3_6.java 文件，输入如下代码：

```java
public class Exam3_6{
```

```
public static void main(String[] args){
        double chick,rabbit;
        short heads=10,feet=32;
        chick = (heads*4-feet)/2.0;
        rabbit = heads - chick;
        if (chick==(short)chick && chick>=0 && rabbit>=0) {
                System.out.println("鸡有"+chick+"只");
                System.out.println("兔有"+rabbit+"只");
        }
    }
}
```

编译并运行程序，结果如下：

```
鸡有 4.0 只
兔有 6.0 只
```

为了简化程序，本例直接将数据写于程序中，总数量 heads 为 10，总脚数 feet 为 32，计算结果显示，鸡有 4.0 只，兔有 6.0 只，读者也可以改写为能够交互输入数据。现在假设某人录入数据时，不小心将 32 写成了 33，那么程序会有什么反应呢？

```
D:\workspace\第 3 章>javac Exam3_6.java
D:\workspace\第 3 章>java Exam3_6
D:\workspace\第 3 章>
```

可见，程序既不给结果也不提示错误，而此时程序应该给出错误提示，如"请确认数据输入是否正确"。那么，该如何改写程序呢？这涉及双分支程序结构，接下来在 3.3.2 节中予以解答。

3.3.2　双分支条件语句

在单分支结构中，只有当条件表达式的结果为 true 时，才执行 if 语句。如果条件表达式的结果为 false，则什么都不执行。因此，在例 3-5 中不得不引用两个 if 语句来解决问题，且采用单分支结构使得程序需要进行两次布尔表达式的计算和判断。而在例 3-6 中，当数据输入有误，求不出结果时，也不给用户发出友好的提示信息。本节将介绍双分支结构，只进行一次布尔表达式的计算和判断即可决定执行两个语句中的哪个，可见，双分支结构的引入可以给程序设计带来很大的便利。

Java 语言的双分支结构由 if-else 语句实现，一般格式如下：

```
if(布尔表达式)
    {
        语句 1；
    }
else
    {
        语句 2；
    }
```

流程图如图 3-2 所示。

双分支结构在单分支结构的基础上，增加了 else 结构，当布尔表达式为真时，执行语句 1 部分，否则执行语句 2 部分。不管布尔表达式取值如何，两部分语句必然有一部分被执行，语句 1 和语句 2 都可以是多条语句，也可以是单条语句。是多条语句时，别忘了用{}将其括起来作为一条复合语句；是单条语句时，建议初学者最好也写上{}，等用熟练了，再将{}省略掉。请看以下程序段：

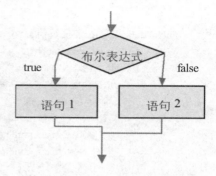

图3-2 双分支条件语句的流程图

```java
int i=0,j=0;
if (i==j)
{    i++;
     j++;
}
else
{    i--;
     j--;
}
```

该程序段执行后，i、j 的值均为 1。若将 else 分支的大括号省略：

```java
int i=0,j=0;
if (i==j)
{    i++;
     j++;
}
else
  i--;
j--;
```

则程序段虽然编译不报错，但执行结果变为：i 的值为 1，而 j 的值仍为 0。由此可见大括号的重要性。顺便指出，if 后面的大括号绝对不能省略，否则如下程序：

```java
int i=0,j=0;
if (i==j)
    i++;
    j++;
else
{    i--;
     j--;
}
```

将会产生编译错误，提示 else 找不到配对的 if。

例 3-7 使用双分支结构对例 3-6 进行了改进。

【例 3-7】鸡兔同笼问题的改进。

新建 Exam3_7.java 文件，输入如下代码：

```java
public class Exam3_7{
```

```
    public static void main(String[] args){
        double chick,rabbit;
        short heads=10,feet=33;
        chick = (heads*4-feet)/2.0;
        rabbit = heads - chick;
        if (chick==(short)chick&&chick>=0&&rabbit>=0)     {
                System.out.println("鸡有"+chick+"只");
                System.out.println("兔有"+rabbit+"只");
         }
        else    {
                 System.out.println("数据输入有误，没有整数解!");
         }
    }
}
```

编译并运行程序，结果如下：

数据输入有误，没有整数解!

同样，可使用 if-else 结构对例 3-5 进行改写。

【例 3-8】根据年龄，判断某人是否成年，用双分支结构实现。

新建 Exam3_8.java 文件，输入如下代码：

```
public class Exam3_8{
    public static void main(String[] args){
                byte age=20;
                if (age>=18)
                        System.out.println("成年");
                else
                System.out.println("未成年");
    }
}
```

程序的运行结果与例 3-5 一样。

本例中，语句 1 和语句 2 均为单条语句，所以 if 和 else 分支的大括号都可以省略。

下面再看两个双分支条件语句的例子，如例 3-9 和例 3-10 所示。

【例 3-9】判断 2020 的奇偶性，并输出结果。

新建 Exam3_9.java 文件，输入如下代码：

```
public class Exam3_9{
    public static void main(String[] args){
        short   n = 2020;
        if (n%2==0)
                System.out.println("2020 是偶数。");
        else
                System.out.println("2020 是奇数。");
    }
}
```

编译并运行程序，结果如下：

2020 是偶数。

【例 3-10】判断并输出 2020 年是否为闰年。

闰年的判断是能被 4 整除但又不能被 100 整除，或者能被 400 整除的公元年，因此闰年的判断可以用一个布尔表达式来实现。

新建 Exam3_10.java 文件，输入如下代码：

```java
public class Exam3_10{
    public static void main(String[] args){
        boolean leapYear;
        short year = 2020;
        leapYear = (year%4==0&&year%100!=0) || (year%400==0);
        if(leapYear)
            System.out.println(year + "年是闰年。");
        else
            System.out.println(year + "年不是闰年。");
    }
}
```

编译并运行程序，结果如下：

2020 年是闰年。

读者可以改写上述程序，将程序中写死的数字改由用户输入。

3.3.3 分支结构嵌套

Java 语言允许对 if-else 条件语句进行嵌套使用。分支结构的语句部分，可以是任何语句(包括分支语句本身)，分支结构的语句部分仍为分支结构的情况，称为分支结构嵌套。构造分支结构嵌套的主要目的是解决条件判断较多、较复杂的问题。常见的嵌套结构如下所示：

```
if(布尔表达式 1)
    if(布尔表达式 2)
        语句 1;
```

或

```
if(布尔表达式 1)
    语句 1;
else if(布尔表达式 2)
    语句 2;
else
    语句 3;
```

或

```
if(布尔表达式 1)
    if(布尔表达式 2)
        语句 1;
    else
```

```
        语句 2;
    else
        语句 3;
```

当然，根据具体问题的不同，嵌套结构还可以设计成其他情形。例 3-7 中的分支结构语句如下：

```
if (chick==(short)chick&&chick>=0&&rabbit>=0)    {
        System.out.println("鸡有"+chick+"只");
        System.out.println("兔有"+rabbit+"只");
}
```

可以改写成如下嵌套结构：

```
if (chick==(short)chick)
    if (chick>=0&&rabbit>=0)    {
        System.out.println("鸡有"+chick+"只");
        System.out.println("兔有"+rabbit+"只");
}
```

请分析以下分支嵌套程序段执行后的输出结果。

```
int i=1,j=2;
if (i!=j)              --------①
{
   if (i>j)           --------②
     i--;             --------③
   else
     j--;             --------④
   System.out.println("i="+i+"j="+j);    --------⑤
}
else
   System.out.println("i="+i+"j="+j);    --------⑥
...    --------⑦
```

以上程序段中，条件表达式①成立，执行流程进入该 if 语句分支的条件，而与该 if 配对的 else 分句⑥将不会被执行。条件表达式②不成立，其条件语句③不被执行，与其配对的 else 语句④被执行，接着执行输出语句⑤，最后程序流程转移至语句⑦处，继续往下执行。因此，上述程序段的输出结果应为：

```
i=1,  j=1
```

下面再来看几个具体的实例。

【例 3-11】根据某位同学的分数成绩，判断其等级：优秀(90 分以上)、良好(80 分以上 90 分以下)、中等(70 分以上 80 分以下)、及格(60 分以上 70 分以下)、不及格(60 分以下)。

新建 Exam3_11.java 文件，输入如下代码：

```
import java.io.*;
public class Exam3_11{
```

```
public static void main(String[] args) throws IOException {
    float score;
    InputStreamReader reader=new InputStreamReader(System.in);
    BufferedReader input=new BufferedReader(reader);
    System.out.println("请输入分数:");
    String temp=input.readLine();
    score = Float.parseFloat(temp);
    if ( score < 90)
        if ( score < 80)
            if ( score < 70)
                if ( score < 60)
                    System.out.println("该同学的分数等级为：不及格");
                else
                    System.out.println("该同学的分数等级为：及格");
            else
                System.out.println("该同学的分数等级为：中等");
        else
            System.out.println("该同学的分数等级为：良好");
    else
        System.out.println("该同学的分数等级为：优秀");
}
}
```

编译并运行程序，结果如下：

(第一次执行)
D:\workspace\第 3 章>java Exam3_11
请输入分数:
97(回车)
该同学的分数等级为：优秀
(第二次执行)
D:\workspace\第 3 章>java Exam3_11
请输入分数:
84(回车)
该同学的分数等级为：良好
(第三次执行)
D:\workspace\第 3 章>java Exam3_11
请输入分数:
79(回车)
该同学的分数等级为：中等
(第四次执行)
D:\workspace\第 3 章>java Exam3_11
请输入分数:
65(回车)
该同学的分数等级为：及格
(第五次执行)
D:\workspace\第 3 章>java Exam3_11
请输入分数:

```
42(回车)
该同学的分数等级为：不及格
```

上述程序的嵌套较多，因此在编写程序时，一定要进行适当缩进，以体现 if-else 之间的配对和层次结构。Java 规定，else 总是与离它最近的 if 进行配对，但不包括大括号{}中的 if，如例 3-12 所示。

【例 3-12】假定用一个字符来代表性别：'m'代表男性，'f'代表女性，'u'代表未知。试编写根据字符判断并输出某人性别的程序。

新建 Exam3_12.java 文件，输入如下代码：

```
import java.io.*;
public class Exam3_12{
    public static void main(String[] args) throws IOException {
        char sex;
        System.out.println("请输入性别代号： ");
        sex = (char)System.in.read();
        if ( sex != 'u' )                        //①
          {
                    if ( sex == 'm' )
                        System.out.println("男性");
                    if ( sex == 'f' )          //②
                        System.out.println("女性");
          }
        else                                     //③
                System.out.println("未知");
    }
}
```

编译并运行程序，结果如下：

```
D:\workspace\第 3 章>java Exam3_12
请输入性别代号：
m(回车)
男性
```

注意：上述程序中，③处的 else 并不是与离它最近的②处的 if 进行配对，而是与①处的 if 进行配对，从程序的编排上可以清晰地看出这一配对关系。

【例 3-13】假设个人收入所得税的计算方式如下：当收入额小于或等于 5000 元时，免征个人所得税；超出 5000 元但在 8000 元以内的部分，以 3%的税率征税；超出 8000 元但在 15000 元以内的部分，按 10%的税率征税；超出 15000 元的部分一律按 20%的税率征税。试编写相应的征税程序。

新建 Exam3_13.java 文件，输入如下代码：

```
import java.io.*;
public class Exam3_13{
    public static void main(String[] args) throws IOException {
        double    income,tax;
        InputStreamReader reader=new InputStreamReader(System.in);
        BufferedReader input=new BufferedReader(reader);
        System.out.println("请输入个人收入所得： ");
```

```
            String temp=input.readLine();
            income = Double.parseDouble(temp);
            tax = 0;
            if ( income <= 5000)
                System.out.println("免征个税. ");
            else if (income<=8000)
                tax = (income-5000)*0.03;
            else if (income<=15000)
                tax = (8000-3000)*0.03+(income-8000)*0.1;
            else
                tax = (8000-3000)*0.03+(15000-8000)*0.1+(income-15000)*0.2;
         System.out.println("您的个人收入所得税额为： "+tax);
        }
    }
```

编译并运行程序，结果如下：

```
(第一次运行)
D:\workspace\第 3 章>java Exam3_13
请输入个人收入所得：
5000(回车)
免征个税.
您的个人收入所得税额为： 0.0
(第二次运行)
D:\workspace\第 3 章>java Exam3_13
请输入个人收入所得：
7800(回车)
您的个人收入所得税额为： 84.0
(第三次运行)
D:\workspace\第 3 章>java Exam3_13
请输入个人收入所得：
9500(回车)
您的个人收入所得税额为： 300.0
(第四次运行)
D:\workspace\第 3 章>java Exam3_13
请输入个人收入所得：
13500(回车)
您的个人收入所得税额为： 700.0
(第五次运行)
D:\workspace\第 3 章>java Exam3_13
请输入个人收入所得：
22600(回车)
您的个人收入所得税额为： 2370.0
```

以上程序的分支结构其实并不复杂：根据收入情况，分为 4 个档次，按照不同税率计算税收。不过对于初学者，通常会犯如下错误：

```
if ( income <= 5000)
    System.out.println("免征个税. ");
```

```
    else if (income<=8000)
        tax = (income-5000)*0.03;
    else if (income<=15000) ;
        tax = (8000-3000)*0.03+(income-8000)*0.1;
    else
        tax = (8000-3000)*0.03+(15000-8000)*0.1+(income-15000)*0.2;
```

以上程序段中有一个细微的错误：第 5 行的末尾多了一个分号;，在编译时将会出现如下错误信息：

```
D:\workspace\第 3 章>javac Exam3_13.java
Exam3_13.java:17: 错误: 有'if', 但是没有'else'
        else
        ^
1 个错误
```

通过分析，发现原来的程序结构被分号;改变了：

```
if ( income <= 5000)
    System.out.println("免征个税. ");
else if (income<=8000)
    tax = (income-5000)*0.03;
else if (income<=15000) ;
```

这个程序段成了一个完整的 if-else 结构，将书写格式变一下，即可看出：

```
if ( income <= 5000)
    System.out.println("免征个税. ");
else if (income<=8000)
    tax = (income-5000)*0.03;
else
    if (income<=15000)
        ;
```

上述程序段中最后一个单独的分号;是一条空语句，而 else 的语句部分则是嵌套的单分支结构。到这里，程序在语法上还不会出错，但是接着往下看：

```
    tax = (8000-3000)*0.03+(income-8000)*0.1;
else
    tax = (8000-3000)*0.03+(15000-8000)*0.1+(income-15000)*0.2;
```

这个程序段就有语法错误了，第 2 行的 else 找不到对应的 if 进行配对。这类错误是初学者编程时最易犯的，而且往往花费很长时间也不易找出来，因此需要引起特别注意。

3.3.4　switch 语句

上面已经介绍了单分支和双分支的选择结构，下面再来看一下多分支结构。Java 语言中多分支结构的实现语句是 switch。switch 语句的一般语法格式如下：

```
switch(表达式)  {
    case 判断值 1:语句 1;
    case 判断值 2:语句 2;
```

```
        ...
        case  判断值 n:语句 n;
        [default:语句 n+1; ]
    }
```

其中，表达式的值必须为有序数值(如整型值或字符等)，不能为浮点数，从 JDK 7 开始，也可以是 String 类型，但是，根据字符串进行分支更加耗时，所以不建议使用字符串；case 语句中的判断值则必须为常量值，有的教材称之为标号，代表一个 case 分支的入口，每一个 case 分支后面的语句可以是单条的，也可以是多条的，并且当有多条语句时，不需要用大括号{}将其括起来；default 子句是可选的，并且其位置必须在 switch 结构的末尾，当表达式的值与任何 case 常量值均不匹配时，就执行 default 子句，然后就退出 switch 结构了。如果表达式的值与任何 case 常量值均不匹配，且无 default 子句，则程序不执行任何操作，直接跳出 switch 结构，继续执行后续的程序。

【例 3-14】在控制台中输入 0~6 的数字，输出对应的是周几(0 对应星期天，1 对应星期一，依此类推)。

新建 Exam3_14.java 文件，输入如下代码：

```
import java.io.*;
public class Exam3_14{
    public static void main(String[] args) throws IOException {
        int day;
        System.out.print("请输入数字(0~6)：") ;
        day=(int)(System.in.read())-'0';
        switch(day) {
            case 0:     System.out.println(day +"表示星期天");
            case 1:     System.out.println(day +"表示星期一");
            case 2:     System.out.println(day +"表示星期二");
            case 3:     System.out.println(day +"表示星期三");
            case 4:     System.out.println(day +"表示星期四");
            case 5:     System.out.println(day +"表示星期五");
            case 6:     System.out.println(day +"表示星期六");
            default:    System.out.println(day+"是无效数!") ;
        }
    }
}
```

编译并运行程序，结果如下：

```
(第一次运行)
D:\workspace\第 3 章>java Exam3_14
请输入数字(0~6)：0(回车)
0 表示星期日
0 表示星期一
0 表示星期二
0 表示星期三
0 表示星期四
0 表示星期五
```

```
0 表示星期六
0 是无效数!
(第二次运行)
D:\workspace\第 3 章>java Exam3_14
请输入数字(0～6)：4(回车)
4 表示星期四
4 表示星期五
4 表示星期六
4 是无效数!
```

上面程序的运行结果并不是我们所期望的。输入 0 时，应该只输出"0 表示星期天"才对，而输入 4 时，应该仅输出"4 表示星期四"才对。通过分析，发现原来 switch 结构有这样一个特点：当表达式的值与某个 case 常量值匹配时，该 case 子句就成为整个 switch 结构的执行入口，并且执行完入口 case 子句后，程序会接着执行后续所有语句，包括 default 子句(有的话)。这时，就需要用 break 语句才能解决这个问题，break 语句是 Java 提供的流程跳转语句，通过它，可以使程序跳出当前的 switch 结构或循环结构。下面对上述程序进行改进，如例 3-15 所示。

【例 3-15】在例 3-14 的基础上引入 break 语句。

打开 Exam3_14.java 文件，在每个 case 语句中添加 break 语句，修改后的代码如下：

```java
import java.io.*;
public class Exam3_14{
    public static void main(String[] args) throws IOException {
        int day;
    System.out.print("请输入数字(0～6)： ") ;
    day=(int)(System.in.read())-'0';
    switch(day) {
        case 0:     System.out.println(day +"表示星期天");
                    break;
        case 1:     System.out.println(day +"表示星期一");
                    break;
        case 2:     System.out.println(day +"表示星期二");
                    break;
        case 3:     System.out.println(day +"表示星期三");
                    break;
        case 4:     System.out.println(day +"表示星期四");
                    break;
        case 5:     System.out.println(day +"表示星期五");
                    break;
        case 6:     System.out.println(day +"表示星期六");
                    break;
        default:    System.out.println(day+"是无效数!") ;
    }
}
}
```

重新编译并运行程序，结果如下：

```
（第一次运行）
D:\workspace\第 3 章>java Exam3_14
请输入数字(0~6)：0(回车)
0 表示星期天
（第二次运行）
D:\workspace\第 3 章>java Exam3_14
请输入数字(0~6)：6(回车)
6 表示星期六
```

可以看出，引入 break 语句后，程序的运行结果正是我们所期望的。本例中，最后的 default 子句没有必要再添加 break 语句，因为它已经处在 switch 结构的末尾。一般情况下，switch 结构与 break 语句是配套使用的。此外，使用 switch 结构时请注意以下几个问题。

(1) 允许多个不同的 case 标号执行相同的一段程序，如以下格式：

```
...
case 常量 i：
case 常量 j：
    语句；
    break;
...
```

(2) 每个 case 子句的常量值必须各不相同。

最后，需要指出的是，switch 结构的程序通常也可以用 if-else 语句来实现，读者可以试着将上述程序改写为 if-else 结构，并对比一下二者的差别。但反过来，if-else 结构则不一定能用 switch 结构来实现。因为 switch 语句只能进行相等性测试，而 if 语句可以对任何类型的布尔表达式进行求值。比如前面的例 3-7～例 3-11 和例 3-13 都不便使用 switch 结构来改写，但例 3-12 却可以，改写后如例 3-16 所示。

【例 3-16】用 switch 结构改写例 3-12。

新建 Exam3_16.java 文件，输入如下代码：

```java
import java.io.*;
public class Exam3_16{
    public static void main(String[] args) throws IOException {
        char sex;
        System.out.println("请输入性别代号：");
        sex = (char)System.in.read();
        switch (sex)
        {
            case 'm':    System.out.println("男性");
                                break;
            case 'f':    System.out.println("女性");
                                break;
            case 'u':    System.out.println("未知");
        }
    }
}
```

功能与例 3-12 完全一样，用 switch 结构改写后的程序通常显得更简练，可读性更强，程序执行效率更高。因此，对于能用 switch 语句改写的分支嵌套结构，应尽量用 switch 结构，这样可以提高程序的执行效率。请读者在设计程序时注意不同分支结构的选用。

3.4　循环结构

在进行程序设计时,经常会遇到一些计算虽不复杂,但却要重复进行相同处理操作的问题。例如：

(1) 计算累加和 1+2+3+⋯+100。

(2) 计算阶乘，如 10!。

(3) 计算一笔钱在银行存了若干年后，连本带息有多少？

由于上述问题本身的特点，导致目前为止所学的语句都无法表示这种结构。如问题(1)，若用一条语句 sum = 1+2+3+⋯+100 来求解，则赋值表达式太长了，改成多条赋值语句 sum +=1; sum +=2; sum +=3;⋯;sum +=100;也不行，即便加到 100 也要有 100 条语句，程序过于臃肿，不利于编辑、存储和运行。因此，在 Java 语言中，引入了另外 3 种语句——while、do-while 以及 for 语句来解决这类问题。解决这类问题的结构称为循环结构，把这 3 种实现语句称为循环语句。这 3 种循环语句的流程图如图 3-3 所示。

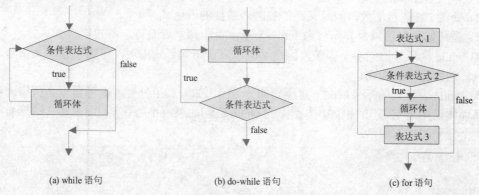

(a) while 语句　　(b) do-while 语句　　(c) for 语句

图 3-3　3 种循环语句的流程图

3.4.1　while 语句

while 语句的一般语法格式如下：

```
while(条件表达式) {
    循环体;
}
```

其中，while 是关键字，首先计算条件表达式的布尔值，若为 true，则执行循环体，然后再计算条件表达式的布尔值，只要是 true，就循环往复一直执行下去，直到条件表达式的布尔值为 false 时才退出 while 结构。

其中，循环体可以是复合语句、简单语句甚至是空语句，但一般情况下，循环体中应该包含能修改条件表达式取值的语句，否则就容易出现"死循环"(程序毫无意义地无限循环下去)。

下面来看一个 while 循环的例子。

【例 3-17】利用 while 语句实现 1 到 100 的累加。

新建 Exam3_17.java 文件，输入如下代码：

```
public class Exam3_17{
    public static void main(String[] args) {
        int sum=0;        //累加和变量 sum
        int i=1;          //控制变量 i
        while(i<=100)    {
            sum+=i;
            i++;
        }
        System.out.println("累加和为: "+sum);
    }
}
```

编译并运行程序，输出结果如下：

累加和为: 5050

该程序中有几点需要注意：

(1) 存放累加和的变量一般赋初始值为 0。

(2) 变量 i 既是累加数，同时又是控制循环条件的表达式。

(3) 循环体语句可以合并简写为 sum+=i++;。对于初学者而言，不建议这么写。

(4) while 循环体语句多于一条，因而必须以复合语句形式出现，千万别漏掉大括号。关于这一点，前面已多次强调。

(5) while 表达式的括号后面一定不要加分号(;)，如果加了分号，编译器不会报错，程序将认为循环体语句是空语句。例如，本例中的 while 语句如果不小心在 while 表达式的括号后面多输入一个分号，如下所示：

```
while(i<=100) ;
{
    sum+=i;
    i++;
}
```

程序就变成了一个死循环，while(i<=100);的循环体是空语句，而后面的大括号括起来的被认为是普通的复合语句，因为在进入 while 语句之前 i 的值 1，所以 i<=100 为 true，while 语句进入一个死循环。

下面再来看一个计算阶乘的例子。

【例 3-18】利用 while 语句求 10 的阶乘。

新建 Exam3_18.java 文件，输入如下代码：

```
public class Exam3_18{
    public static void main(String[] args) {
        long jc=1;
        int i=1;
        while(i<=10)   {
            jc*=i;
```

```
            i++;
        }
        System.out.println((i-1)+"!结果： "+jc);
    }
}
```

编译并运行程序，输出结果如下：

```
10!结果： 3628800
```

需要注意的要点如下：

(1) 求阶乘时，表示阶乘结果的变量 jc 的初始值应为 1。

(2) 阶乘是所有小于和等于某数的正整数的积，数值往往比较大，因此要注意防止溢出，应选用取值范围大的长整型 long。

【例 3-19】使用 while 语句改进前面的例 3-4。

新建 Exam3_19.java 文件，输入如下代码：

```
import java.io.*;
public class Exam3_19{
    public static void main(String[] args) throws IOException {
        float   w,fee;
        char c;
        c = (char)System.in.read();   //等待用户输入
        while(c!='x')    {
            //以下代码为通过控制台交互输入行李重量
            InputStreamReader reader=new InputStreamReader(System.in);
            BufferedReader input=new BufferedReader(reader);
            System.out.println("请输入旅客的行李重量： ");
            input.readLine();              //滤掉无用输入
            String temp=input.readLine();//等待用户输入
            w = Float.parseFloat(temp);   //将字符串转换为单精度浮点型
            fee = 0;
            if ( w > 20)
                fee = (float)1.2 * (w-20);
            System.out.println("该旅客需要交纳的托运费用： "+fee+"元");
            System.out.println("***************************");
            System.out.println("*按 x 键退出， 按其他键继续*");
            System.out.println("***************************");
            c = (char)System.in.read();   //等待用户输入
        }
    }
}
```

编译并运行程序，输出结果如下：

```
D:\workspace\第 3 章>java Exam3_19
(按回车键进入费用计算程序)
请输入旅客的行李重量：
18
```

```
该旅客需要交纳的托运费用：0.0 元
****************************
*按 x 键退出，按其他键继续*
****************************
(按回车键进入费用计算程序)
请输入旅客的行李重量：
29
该旅客需要交纳的托运费用：10.8 元
****************************
*按 x 键退出，按其他键继续*
****************************
(按回车键进入费用计算程序)
请输入旅客的行李重量：
57
该旅客需要交纳的托运费用：44.4 元
****************************
*按 x 键退出，按其他键继续*
****************************
x(按 x 键退出主程序)
D:\workspace\第 3 章>
```

改进后，程序不需要重新运行，即可反复对不同的旅客行李进行收费计算，这主要得益于循环结构的引入。首先，程序等待用户输入，只要是非 x 键，就进入计费程序，并等待用户输入旅客行李重量，获得输入后进行收费计算，并提示用户按 x 键退出。若用户输入非 x 键(如回车键)，则系统继续进入收费计算程序，并等待输入下一位旅客的行李重量，如此循环往复下去，直至用户输入 x 键退出主程序。那么，程序现在是不是就完善了呢？试想一下，假如用户在输入旅客行李重量时，不小心将原本应录入的数字误输入为 3s，结果会怎样呢？这个问题暂且留作思考题，后面章节会对此进行讲解。

【例 3-20】有一条长的阶梯，如果每步 2 阶，则最后剩 1 阶，每步 3 阶则剩 2 阶，每步 5 阶则剩 4 阶，每步 6 阶则剩 5 阶，只有每步 7 阶，最后才刚好走完，一阶不剩，问这条阶梯最少共有多少阶？

新建 Exam3_20.java 文件，输入如下代码：

```java
public class Exam3_20{
    public static void main(String[] args) {
        int i=1;
        while(!(i%2==1&&i%3==2&&i%5==4&&i%6==5&&i%7==0))
        {
            i++;
        }
        System.out.println("这条阶梯最少有："+i+"阶");
    }
}
```

编译并运行程序，输出结果如下：

```
这条阶梯最少有：119 阶
```

该程序的关键是 while 语句的条件表达式要写对。其实满足题目要求的阶梯数有无限多个，119 阶只是其中最小的一个结果。假如现在想知道在 1 万个阶梯内，都有哪些阶梯数满足题意的话，可以这样改写程序中的 while 结构：

```
while(i<=10000)  {
   if(i%2==1&&i%3==2&&i%5==4&&i%6==5&&i%7==0)
      System.out.print(i+"阶  ");
   i++;
}
```

新程序的运行结果如下：

```
119 阶  329 阶  539 阶  749 阶  959 阶  1169 阶  1379 阶  1589 阶  1799 阶  2009 阶  2219 阶  2429 阶  2639 阶
2849 阶  3059 阶  3269 阶  3479 阶  3689 阶  3899 阶  4109 阶  4319 阶  4529 阶  4739 阶  4949 阶  5159 阶  5369 阶
5579 阶  5789 阶  5999 阶  6209 阶  6419 阶  6629 阶  6839 阶  7049 阶  7259 阶  7469 阶  7679 阶  7889 阶  8099 阶
8309 阶  8519 阶  8729 阶  8939 阶  9149 阶  9359 阶  9569 阶  9779 阶  9989 阶
```

利用计算机求解这个问题时，所需时间非常短，若让人手工计算这个问题，即便世界上反应最快的人，也需要不少的时间。假如不是求 1 万个阶梯内，而是求 100 万个阶梯内，到底这之间又会有多少种阶梯数能满足题意呢？有兴趣的读者可以自行编写程序，并上机尝试一下。

3.4.2　do-while 语句

do-while 语句的语法格式如下：

```
do
{
    循环体;
    }while(条件表达式) ;
```

首先执行一遍循环体，然后判断条件表达式的值，如果为 true，则继续执行循环体，直至条件表达式的取值变为 false。

do-while 语句与 while 语句的结构比较接近，通常情况下，它们之间可以互相转换。例如，将例 3-17 改写成用 do-while 语句来实现，相应的循环部分的代码如下：

```
do
{
    sum+=i;
    i++;
} while(i<=100);
```

修改时，常犯的错误是：在 while 判断后面漏掉了;，而这在前面的 while 结构中则是没有的。下面再来看一个利用 do-while 语句实现循环结构的例子。

【例 3-21】假定在银行中存款 5000 元，按 3.25%的年利率计算，试问过多少年后就能连本带利翻一番？试编程实现之。

新建 Exam3_21.java 文件，输入如下代码：

```
public class Exam3_21{
    public static void main(String[] args) {
```

```
        double m=5000.0;        //初始存款额
        double s=m;             //当前存款额
        int count=0;            //存款年数
        do
          {
              s=(1+0.0325)*s;
              count++;
          }while(s<2*m);
        System.out.println(count+"年后连本带利翻一番！");
      }
}
```

编译并运行程序，输出结果如下：

22 年后连本带利翻一番！

本例中，定义了整型变量 count 作为计数器，用来记录存款年数。事实上，在很多应用中，都需要用到这种看似简单却很有用的计数器。曾有专家说过：好程序都是模仿出来的！这话告诉人们一条学习编程的途径：模仿。多参考并模仿好的程序，如一些著名软件公司提供的源代码或者编译系统自带的库函数(方法)代码等，不失为一种好的学习方法。

虽然 do-while 语句与 while 语句比较接近，但有一点需要注意：while 语句的循环体有可能一次也不被执行，而 do-while 语句的循环体则至少要被执行一次，这是二者最大的区别。

3.4.3　for 语句

for 循环是一种强大且非常灵活的结构，通常用于循环次数已经确定的场景。传统 for 语句的一般语法格式如下：

```
for(表达式 1; 条件表达式 2; 表达式 3)
{
    循环体;
}
```

每个 for 语句都有一个用于控制循环开始和结束的变量，即循环控制变量。表达式 1 一般用来给循环控制变量赋初值，它仅在刚开始时被执行一次，以后就不再被执行；表达式 2 是一个条件表达式，根据取值的不同，决定循环体是否被执行，若为 true，则执行循环体，然后执行表达式 3；表达式 3 通常用于修改循环控制变量，以避免陷入死循环，接着又判断条件表达式 2 的布尔值，若仍为 true，则继续上述循环，直至布尔值变为 false。

for 语句是 Java 语言的 3 种循环语句中功能较强、使用也较广泛的一种。下面看一个典型的例子。

【例 3-22】利用 for 语句实现 1 到 100 的累加。

新建 Exam3_22.java 文件，输入如下代码：

```
public class Exam3_22{
    public static void main(String[] args) {
        int sum=0;              //累加和变量 sum
        for(int i=1; i<=100;i++)  //控制变量 i
        {
```

```
                sum+=i;
            }
            System.out.println("累加和为： "+sum);
        }
    }
```

编译并运行程序，输出结果如下：

```
累加和为： 5050
```

上述程序中 for 语句的执行流程如下：首先声明循环控制变量 i，并赋初值 1，接着判断条件表达式 i<=100 的布尔值为 true，因此进入循环体执行累加操作，执行完循环体，再执行修改控制变量的表达式 3，使得 i 自增变为 2，接着继续判断条件表达式 2，仍为 true，如此循环往复下去，直至条件表达式 2 的布尔值变为 false，退出 for 结构，此时 sum 累加和变量的值即为所求结果，可以通过标准输出语句进行输出，而此时控制变量 i 的值又是多少呢？通过分析，不难知道 for 语句执行完毕之时，i 的值应为 101，但其却不可以与 sum 一起输出："System.out.println("累加和为："+sum+"控制变量值："+i);"。为什么呢？这牵涉变量作用域的问题：i 定义在 for 语句之中，其作用域仅限该 for 语句，离开 for 结构后即无效。解决的办法只能是扩大 i 的作用域，将其拿到 for 结构外面进行定义。

另外，由于本例中 for 结构的循环体仅有一条语句，因此可以将大括号省略，如下所示：

```
for(int i=1; i<=100;i++)   // 控制变量 i
        sum+=i;
```

根据 for 结构的执行流程，还可以将上述语句等效为下面更简洁的代码：

```
for(int i=1; i<=100; sum+=i++) ;
```

但请注意最后的;别忘了，它代表循环体为一条空语句。

【例 3-23】假定在银行中存款 5000 元，按 3.25%的年利率计算，试问过多少年后就会连本带利翻一番？试用 for 语句编程实现之。

新建 Exam3_23.java 文件，输入如下代码：

```
public class Exam3_23{
    public static void main(String[] args) {
        double m=5000.0;          //初始存款额
        double s=m;               //当前存款额
        int count=0;              //存款年数
        for(;s<2*m;s=(1+0.0325)*s)
            count++;
        System.out.println(count+"年后连本带利翻一番！ ");
    }
}
```

编译并运行程序，输出结果与例 3-21 一样。

本例将 for 结构中赋初值的表达式 1 拿到 for 结构的上面去了，这是允许的。甚至可以将 for 语句改写为如下形式：

```
    for(;s<2*m;)   {
    count++;
```

```
    s=(1+0.0325)*s
}
```

此时，for 结构的表达式 1 和表达式 3 均为空语句。其实不管怎么改写，只要程序遵循 for 语句的执行流程，执行后能得出正确结果即可。

从 JDK 5 开始，Java 定义了 for 循环的第二种形式，这种形式实现了 for-each 风格的循环。现代语言理论已经接受 for-each 概念，并且很快变成程序员期待的一个标准特性。for-each 风格的循环被设计为以严格的顺序方式、从头到尾循环遍历一个对象集合，例如数组。某些语言(例如 C#)通过使用关键字 foreach 来实现 for-each 循环，但是 Java 则通过增强 for 语句来实现 for-each 循环。这种方法的优点是不需要新的关键字，并且以前的代码不会被破坏。for-each 风格的 for 循环也被称为增强的 for 循环。

for 循环的 for-each 版本的一般形式如下：

```
for(type itr-var : collection) {
    循环体;
}
```

在此，type 指定了类型；itr-var 指定了迭代变量的名称，迭代变量用于接收来自集合的元素，从开始到结束，每次接收一个；collection 指定了要遍历的集合。循环的每次迭代，都会检索出集合中的下一个元素，并存储在 itr-var 中，直到得到集合中的所有元素。

任何实现了 Iterable 接口的集合对象都可以使用 for 循环遍历，包括本章后面要学习的数组。因为迭代变量接收来自集合的值，所以迭代变量的类型必须和集合中保存的元素的类型相同(或兼容)。下面来看一个简单的示例。

【例 3-24】使用 for 循环遍历集合元素。

新建 Exam3_24.java 文件，输入如下代码：

```java
import java.util.List;
import java.util.ArrayList;
public class Exam3_24{
    public static void main(String[] args) {
        List<Integer> list=new ArrayList<Integer>();
        for(int i=1;i<=5;i++)
            list.add(i*i);
        for(int item : list)
            System.out.println(item);
    }
}
```

上述代码中用到了集合接口 List 和集合类 ArrayList，ArrayList 类可以看成元素为对象引用的长度可变的数组，它提供了很多操作其中元素的方法。这里只要理解 for 循环可以遍历集合对象即可，程序的运行结果如下：

```
1
4
9
16
25
```

3.4.4　循环嵌套

前面对 Java 提供的 3 种循环语句做了详细介绍，并通过实例进行了分析。细心的读者可能已经注意到以上例子中，循环体都不再是循环结构，本书称这种循环为单循环，有的教材也叫一重循环。当循环体语句又是循环语句时，就构成了循环嵌套，即多重循环。循环嵌套可以是两重的、三重的甚至更多重的(较复杂的算法)。下面举例讲解循环的嵌套问题。

【例 3-25】编程实现打印以下图案：

```
*
***
*****
*******
*********
***********
```

新建 Exam3_25.java 文件，输入如下代码：

```java
public class Exam3_25{
    public static void main(String[] args) {
        int i,j;    //i 控制行数，j 控制*的个数
        for(i=1;i<=6;i++) {
            for(j=1;j<=i*2-1;j++)
                    System.out.print("*");
            System.out.println();    //换行
        }
    }
}
```

上述程序中分别用 i 和 j 来控制每一行打印几个*号，并且它们之间有一个很重要的关系：第 i 行有 2*i-1 个*号。这是这个程序的关键所在。另外，从程序结构上看，内层的循环负责打印当前行的*号，由于只有一条语句，因此其大括号被省略了，外层的循环负责打印每一行以及换行操作，虽然内层 for 语句整体上可看成一条语句，但加上后面的换行语句，外层循环的循环体其实有两条语句，因而其大括号不能省略。

假如将图案做如下变换，程序又将如何修改呢？

```
    *
   ***
  *****
 *******
*********
***********
```

经过分析发现：只要在打印每一行的*号之前，再打印一定数量的空格即可，而空格数与行号 i 的关系是：空格数=6-i，因此程序中需要再定义一个变量 k 来控制空格数。修改后的程序如下：

```java
public class Exam3_25{
    public static void main(String[] args) {
        int i,j,k;    //i 控制行数，j 控制*的个数，k 控制空格数
```

```
            for(i=1;i<=6;i++){
                    for(k=1;k<=6-i;k++)
                            System.out.print(" ");      //打印空格
                    for(j=1;j<=i*2-1;j++)
                            System.out.print("*");      //打印*号
                    System.out.println();               //换行
                }
            }
        }
```

上述程序的结构其实还是两重循环。内层循环多了一个并列循环，这样内层循环就有两个平行的循环结构，分别负责打印当前行的空格和*号。

关于这3种循环结构，使用时还需要注意以下几点：

(1) 计算机擅长进行机械操作，比如人们给它一系列指令，它就把这些指令拿来一条一条地加以执行，后来人们设计了跳转指令，使有些机器指令并不一定被执行(跳过)，而有些机器指令又被不止一次地执行(跳回)，这就是程序流程控制结构中的分支及循环结构。以后读者若学习汇编语言这门课程，将会对此有更进一步的理解。

(2) 一般来说，while 循环和 do-while 循环可以互相转换，但要注意它们之间关键的一点区别：do-while 循环的循环体至少会被执行一次。另外，对于循环次数已知或者比较明显的一些情形，for 循环可能会更方便些。

(3) 仅有分号的语句为空语句，在编程和查错过程中，要有空语句的概念，如 while 循环，很多初学者经常在条件表达式之后误添分号，不知晓这时的分号构成了空语句，并且空语句成了 while 循环的循环体，这极易导致程序陷入死循环或者运行结果不正确，因此需要警惕。

3.4.5 跳转语句

前面在讲 switch 结构时，已经对 break 语句做了简单介绍，它可以使程序跳出当前 switch 结构，是一种跳转语句，并且除了与 switch 结构搭配使用外，还可用于循环结构中。而在循环结构中，除了 break 语句，还可以使用另外一种跳转语句——continue 语句。Java 语言提供的跳转语句共有 3 个，另外一个就是 return 语句，我们将在后面章节中对其进行介绍。为了保证程序结构的清晰和可靠，Java 语言并不支持无条件跳转语句 goto，这一点请以前学过其他编程语言的读者注意。下面详细介绍循环结构中的 break 与 continue 跳转语句的用法。

1. break 语句

break 语句的作用是使程序的流程从一个语句块的内部跳转出来，如前述的 switch 结构以及循环结构。break 语句的语法格式如下：

```
break   [标号];
```

其中的标号是可选的，如前面介绍的 switch 结构程序中就没有使用标号。不使用标号的 break 语句只能跳出当前的 switch 结构或循环结构，而带标号的 break 语句则可以跳出由标号指定的语句块，并从语句块的下条语句继续执行。因此，带标号的 break 语句可以用来跳出多重循环结构。下面分别举例说明。

【例 3-26】写出以下程序的执行结果。

```
public class Exam3_26{
```

```
    public static void main(String[] args) {
        int i ,s=0;
        for(i=1;i<=100;i++){
            s+=i;
            if(s>50)
                break;
        }
        System.out.println("s="+s);
    }
}
```

程序运行结果如下：

```
s=55
```

【例 3-27】写出以下程序的执行结果。

```
public class Exam3_27{
    public static void main(String[] args) {
            int jc=1,i=1;
             while(true) {
                        jc=jc*i;
                        i=i+1;
                        if (jc>100000)    //首先突破 10 万的阶乘
                            break;
             }
            System.out.println((i-1)+"的阶乘值是"+jc);
    }
}
```

程序运行结果如下：

```
9 的阶乘值是 362880
```

在本例中，当阶乘值第一次突破 10 万时，此时 if 条件表达式的布尔值为 true，则执行 break 语句以跳出 while 循环。这个 while 循环不同于以前的结构，它的判断表达式的值为常量 true，这是 "无限循环" 的一种形式，通常这种结构中至少会有一个 break 语句作为 "无限循环" 的出口。在某些应用中，此类 "无限循环" 结构非常有用。注意：它与死循环是有本质不同的。另外一种 "无限循环" 是 for(;;)，编译器将 while(true) 和 for(;;) 看作等价的。下面再来看一个这样的例子。

【例 3-28】使用 for(;;) 形式实现 1 到 100 的累加。

新建 Exam3_28.java 文件，输入如下代码：

```
public class Exam3_28{
    public static void main(String[] args) {
        int i=1,sum=0;
        for(;;) {
            if(i > 100)
                break;
            sum+=i++;
```

```
        }
            System.out.println("累加和为："+sum);
    }
}
```

本例同样使用 break 语句作为"无限循环"的出口。

【例 3-29】 写出以下程序的执行结果。

```
public class Exam3_29{
    public static void main(String[] args) {
            int    s=0,i=1;
            label:
            while(true) {
                while(true) {
                        if(i%2==0)
                            break ;           //不带标号
                        if(s>50)
                            break label;     //带标号
                        s+=i++;
                    }
                    i++;
            }
            System.out.println("s="+s);
    }
}
```

程序运行结果如下：

```
s=64
```

以上程序的执行过程如下：将 1、3、5 等奇数累加到 s 变量，直到 s 变量的值超出 50。不带标号的 break 语句用来跳出内层 while 循环，以跳过对偶数的累加，带标号的 break 语句用来跳出 label 标识的两重 while 循环结构，然后执行输出语句，显示当前 s 变量的值。需要指出的是，若没有带标号的 break 语句，则两重无限循环结构就会变成死循环。在一些特殊情况下，带标号的 break 语句非常有用，但一般情况应慎用。

2. continue 语句

continue 语句只能用于循环结构，它也有两种使用形式：不带标号和带标号。前者的功能是提前结束本次循环，即跳过当前循环体的其他后续语句，提前进入下一轮循环体继续执行。对于 while 和 do-while 循环，不带标号的 continue 语句会使流程直接跳转到条件表达式，而对于 for 循环，则跳转至表达式 3，修改控制变量后再进行条件表达式 2 的判断。带标号的 continue 语句一般用在多重循环结构中，标号的位置与 break 语句的标号位置类似，一般需要放至整个循环结构的前面，用来标识这个循环结构。一旦内层循环执行了带标号的 continue 语句，程序流程就跳转到标号处的外层循环。具体是：while 和 do-while 循环，跳转到条件表达式；for 循环，跳转至表达式 3。下面分别举例说明。

【例 3-30】 写出以下程序的执行结果。

```
public class Exam3_30{
```

```
    public static void main(String[] args) {
        int    s=0,i=0;
        do {
            i++;
                if(i%2!=0)
                continue;
            s+=i;
        }while(s<50);
        System.out.println("s="+s);
    }
}
```

程序运行结果如下:

s=56

上述程序中的 do-while 循环用来计算偶数 2、4、6 等的累加和, 条件是和小于 50, 最后退出循环结构时, 累加和为 56。其中的 continue 语句表示当遇到奇数时, 则跳过, 不予累加。程序中 i++语句与 if 条件语句的位置不能对调, 对调将会使程序陷入死循环, 请读者自行分析。

【例 3-31】写出以下程序的执行结果。

```
public class Exam3_31 {
    public static void main(String[] args) {
        int i,j;
        label:
        for(i=1;i<=200;i++) {           //查找 1 到 200 之间的素数
            for(j=2;j<i;j++)            //检验是否不满足素数条件
                if (i%j==0)             //不满足
                    continue label;    //跳过后面不必要的检验
            System.out.print(" "+i);   //打印素数
        }
    }
}
```

程序运行结果如下:

1 2 3 5 7 11 13 17 19 23 29 31 37 41 43 47 53 59 61 67 71 73 79 83 89 97 101 103 107 109 113 127 131 137 139 149 151 157 163 167 173 179 181 191 193 197 199

当内层循环检验到 if 条件表达式 i%j==0 为 true 时, 即除了 1 和自身外, i 还能被其他的整数整除, 判断出 i 肯定不是素数, 这时就没有必要继续循环判断下去, 故通过 continue label;语句将程序流程跳转至外层循环的表达式 3(i++)处, 继续下一个数的判断工作。

提示:

跳转语句 break 及 continue 的使用, 使得程序的流程设计变得更灵活, 但同时也给编程人员增加了分析负担, 建议初学者少用带标号的跳转语句。

3.5 本章小结

本章着重对 Java 语言的 3 种基本程序流程(顺序结构、分支结构以及循环结构)做了详细讲述和实例分析, 此外, 还讲解了跳转语句 break 和 continue 的用法。本章知识的关键是掌握不同程序结构及其实现语句的具体执行流程，程序的执行是严格按照一定顺序进行的，读者一定要学会一步一步对其进行跟踪、分析，只有这样，当程序运行结果与预期出现不符时，才能找出其中的语义错误(语法错误通常编译器会进行提示，但语义错误则不会)。所以，熟练掌握程序的流程结构，对于能否编写出正确的程序来说至关重要，同时也是结构化程序设计和面向对象程序设计的绝对基础。学会分析程序的执行流程是掌握程序设计的基础和关键，建议初学者应读透本章的例子，为后面的学习打下良好的基础。

3.6 思考和练习

1. 假设乘坐飞机时，每位乘客可以免费托运 20 千克以内的行李，超过部分按每千克收费 1.2 元，以下是相应的收费计算程序。该程序存在错误，请找出这些错误。

```java
public class Test3_1    {
    public static void main(String[] args) throws IOException    {
        float w,fee;
        //以下代码为通过控制台交互输入行李重量
        InputStreamReader reader=new InputStreamReader(System.in);
        BufferedReader input=new BufferedReader(reader);
        System.out.println("请输入旅客的行李重量：");
        String temp=input.readLine();
        w = Float.parseFloat(temp);    //将字符串转换为单精度浮点型
        fee = 0;
        if (w > 20);
            fee = (float)1.2 * (w-20);
        System.out.println("该旅客需要交纳的托运费用："+fee+"元");
    }
}
```

2. 有一条长的阶梯，如果每步 2 阶，则最后剩 1 阶；如果每步 3 阶，则剩 2 阶；如果每步 5 阶，则剩 4 阶；如果每步 6 阶，则剩 5 阶；如果每步 7 阶，则最后刚好走完，一阶不剩，问这条阶梯最少共有多少阶？找出以下求解程序的错误所在。

```java
public class Test3_2{
    public static void main(String[] args){
        int i;
        while(i%2==1&&i%3==2&&i%5==4&&i%6==5&&i%7==0)
        {
            i++;
        }
        System.out.println("这条阶梯最少有："+i+"阶");
    }
}
```

3. 试用单分支结构设计一个程序，判断用户输入的值 X，当 X 大于零时求 X 的平方根，否则不执行任何操作。

4. 从键盘读入两个字符，按照字母表顺序排序。请设计并实现该程序。

5. 编写程序找出所有水仙花数并输出，水仙花数是一个三位数，它的各位数字的立方和等于这个三位数本身，如 $371=3^3+7^3+1^3$，371 就是一个水仙花数。

6. 编程实现打印以下图案：

```
***********
*********
*******
*****
***
*
```

7. 统计 1 至 10000 之间共有多少个数是素数。

8. 打印输出斐波那契数列的前 12 项。

斐波那契数列的前 12 项如下：

第 1 项：0
第 2 项：1
第 3 项：1
第 4 项：2
第 5 项：3
第 6 项：5
第 7 项：8
第 8 项：13
第 9 项：21
第 10 项：34
第 11 项：55
第 12 项：89

9. 阅读程序，给出程序运行结果。

```java
import java.io.*;
public class Test3_9{
    public static void main(String[] args) throws IOException {
        char sex= 'f';
        switch(sex)
            {
                case   'm':    System.out.println("男性");
                                break;
                case   'f':    System.out.println("女性");
                case   'u':    System.out.println("未知");
            }
    }
}
```

10. 阅读程序，给出程序运行结果。

```java
public class Test3_10{
public static void main(String[] args) {
        int i ,s=0;
```

```
                for(i=1;i<=100;i++)
                {
                   if(i%3==0)
                      continue;
                   s+=i;
                }
                System.out.println("s="+s);
        }
    }
```

11. 阅读程序，给出程序运行结果。

```
public class Test3_11{
public static void main(String[] args) {
        int i ,s=0;
        for(i=1;i<=100;i++)
        {
           s+=i;
           if(s>100)
              break;
        }
        System.out.println("s="+s);
    }
}
```

12. 下列循环体的执行次数是( )。

```
int x=10, y=30;
do{
  y -= x;
  x++;
}
while(x++<y--);
```

(A) 1   (B) 2   (C) 3   (D) 4

13. continue 语句必须使用于_____语句中。

14. 在 for 循环语句中可以声明变量，其作用域是_____。

15. 下列说法中，不正确的是( )。

(A) switch 语句的功能可以由 if···else if 语句实现。

(B) 若用于比较的数据类型为 double，则不可以用 switch 语句来实现。

(C) switch 语句必须有 default 子句，并且 default 子句位于所有 case 子句的后面。

(D) case 子句中可以有多个语句，并且不需要用大括号{}括起来。

16. 个位数是 6，且能被 3 整除的五位数有多少个？请设计并实现程序。

17. 用嵌套循环结构，设计一个模拟电子钟的程序。

(提示：定义 3 个变量分别代表"小时""分钟"和"秒"，根据电子钟的分、秒、小时之间的关系，采用 3 重循环来控制各个量的增加，并由输出语句将变化中的 3 个量分别予以输出显示，进而模拟电子钟。此外，Java 语言提供的延时方法为 Thread.sleep(1000);，单位为毫秒，表示延时 1 秒。)

第4章

方法与数组

方法是所有程序设计语言中的重要概念，同时也是实现结构化程序设计的核心，而结构化程序设计又是面向对象程序设计的基础，本章将着重介绍方法的概念、定义、调用以及局部变量等内容，同时还将介绍一种新的数据类型——数组。通过本章的学习，读者将进一步理解结构化程序设计思想，为后面学习面向对象技术打下良好基础。

本章的学习目标：
- 理解方法的概念
- 掌握方法的定义和调用
- 理解递归算法的工作流程
- 掌握变量的作用域
- 掌握数组的概念和使用
- 理解方法的数组参数传递
- 掌握可变长度参数的使用
- 掌握命令行参数的用法

4.1 方法的概念和定义

方法是 Java 语言中的重要概念之一，也是实现结构化程序设计的主要手段。结构化程序设计是面向对象程序设计的基础，因此，理解并掌握方法对于学习 Java 语言非常重要。

4.1.1 方法的概念

在一个程序中，相同的程序段可能会多次重复出现，为了减少代码量和出错概率，在程序设计中，一般将这些重复出现的代码段单独提炼出来，写成子程序的形式，以供多次调用。这类子程序在 Java 语言中叫做方法，有些编程语言称之为过程或函数，尽管叫法不同，但本质是一样的。

通过方法，不仅可以简化程序，而且可以提高程序的可维护性，更重要的是方便程序员把大型的、复杂的问题分解成若干较小的子问题，从而实现分而治之。把一个大的程序分解成若干较短、较容易编写的小程序，使得程序结构变得更加清晰，可读性也大为提高，同时也使整个程序的调试、维护和扩充变得更容易。此外，方法的使用还可大大节省存储空间以及编译时间。

当某个子程序(即方法)仍然比较复杂时，还可以进一步划分成多个子程序，也就是说，方法仍然可以由子方法组成，这就是所谓的方法嵌套问题。

方法是 Java 类(将在后面章节中介绍)的重要组成成员。你在本书的前面章节中已经接触过方法，如 main()方法，以及 Java 标准库提供的一些标准方法(像 System.out.println()就是标准输出方法)。除此之外，Java 语言还允许编程人员根据实际需要自定义其他方法。这类方法称为用户自定义方法。本章将重点介绍如何自定义和使用方法。

4.1.2　方法的定义

在介绍用户自定义方法之前，先来看方法的一个实例：

```
/*
            函数功能：        计算平均数
            函数入口参数：    整型 x，存储第一个运算数
                            整型 y，存储第二个运算数
            函数返回值：      平均数，整型
*/
int Average(int x, int y)
{
      int result;
      result = (x + y) / 2;
      return result;
}
```

开头的/*和*/之间的内容都是注释，描述了方法的功能和调用形式。在代码部分，int 表示方法的返回值类型为整型；Average 是方法的名称，简称方法名，通常方法名的第一个字母为大写，并且要求命名能尽量体现方法的功能，以增强程序的可读性；小括号内的整型变量 x 和 y 之间用逗号隔开，它们叫做方法的形式参数，简称形参，形参在定义时没有实际的存储空间，只有在被调用后，系统才为它们分配存储空间，一般把上述程序的第一行称为方法头，若在方法头之后加上分号，则称之为方法原型，用以对方法进行声明；大括号中的内容称为方法体，方法体一般都会有 return 语句，用以将程序流程返回至调用处，并带回(有的话)相应的返回值。上述程序的功能显然是计算两个整数的平均数，只要程序有这个需要，就可以反复对其进行调用，如标准输出方法 System.out.println()就可以反复被调用。

用户自定义方法的一般形式如下：

```
返回值类型 方法名(类型 形式参数 1， 类型 形式参数 2， …)
{
      方法体
}
```

对于上述一般形式，有以下几点需要特别注意。

(1) 如果不需要形式参数，则参数列表(即方法头的小括号中)中就空着。

(2) 返回值类型与 return 语句要匹配，即 return 语句后面的表达式类型应与返回值类型相一致。另外，如果不需要返回值，则应该用 void 定义返回值类型，同时 return 语句之后不需要任何表达式。

(3) 一个方法中可以有多条 return 语句，但只要方法执行到其中的任何一条 return 语句，都会终止方法的执行，并返回到调用它的地方。对于 void 类型的方法，也允许方法中没有任何

return 语句，此时只有当执行到整个方法体结束(即碰到方法体的最后大括号})时，程序流程才返回到调用它的地方。

(4) 方法内可以定义只能在方法内部使用的变量，称为局部变量(或内部变量)，比如上述 Average 方法中的整型变量 x、y 以及 result，它们均为局部变量，只在 Average 方法中有效。或者说，x、y 以及 result 变量的作用域仅限于定义它们的地方开始，直到 Average 方法体结束。关于局部变量的概念，我们会在后面章节中与静态变量一起进行详细叙述。

(5) 方法中局部变量的确定值要在方法被调用时由实际参数传入确定。

下面举几个方法定义的实例。

【例 4-1】不带参数也没有返回值的方法示例。

```
void   Print_wang( )  {
    System.out.println("********");
    System.out.println("     *    ");
    System.out.println("     *    ");
    System.out.println("********");
    System.out.println("     *    ");
    System.out.println("     *    ");
    System.out.println("********");
}
```

上述方法的功能是输出由星号*组成的"王"字。

【例 4-2】带参数但没有返回值的方法示例。

```
void   Print_lines(int i) {
    for(int j=0;j<i;j++)
        System.out.println("********");
}
```

上述方法的功能是输出若干行星号*，行数由参数 i 决定。

【例 4-3】已知一个三角形的三条边长 a、b、c，定义求它的面积的方法。

提示：面积 $= \sqrt{s(s-a)(s-b)(s-c)}$，其中，$s = \dfrac{a+b+c}{2}$ 。

```
double   Area(double a,double b,double c)  {
    double s,area;
    s = (a+b+c)/2;
    area = Math.sqrt(s*(s-a)*(s-b)*(s-c));
    return area;
}
```

上述方法以三角形的三条边长为参数，在方法体中求出面积，并作为返回值返回。

【例 4-4】定义求圆的面积的方法。

```
double   Circle(double radius) {
    double area;
    area = 3.14*radius*radius;
    return area;
}
```

方法定义好之后，就可以使用了，一般称之为方法调用。

4.2 方法调用

在程序中是通过方法调用来执行方法体的，过程与其他语言的函数(子程序)调用类似。Java语言中，方法调用的一般形式为：

方法名(实际参数表)

对无参方法调用时只要写上小括号即可。实际参数表中的参数可以是常数、变量或其他构造类型数据及表达式，各实参之间要用逗号间隔开，并注意与形参相对应。

4.2.1 调用方式

在 Java 语言中，可以用以下几种方式调用方法。

1. 方法表达式

方法作为表达式中的一项出现在表达式中，以方法返回值参与表达式的运算。这种方式要求方法是有返回值的。例如，result=Average(a,b)是一个赋值表达式，把 Average 方法的返回值赋予变量 result 保存起来，以供后面再次使用，请看例 4-5。

【例 4-5】调用 Average 方法。

新建 Exam4_5.java 文件，输入如下代码：

```
public class Exam4_5{
    static int Average(int x, int y)    {
            int result;
            result = (x + y) / 2;
            return result;
    }
    public static void main(String args[ ]) {
        int a = 12;
        int b = 24;
        int ave = Average(a, b);
        System.out.println("Average of "+ a +" and "+b+" is "+ ave);
    }
}
```

编译并运行程序，结果如下：

Average of 12 and 24 is 18

2. 方法语句

把方法调用作为一条语句。例如，下面两条语句都是方法调用语句：

```
System.out.println("Welcome to Java World.");
Average(105,201);
```

【例 4-6】调用例 4-1 中的 Print_wang 方法。

新建 Exam4_6.java 文件，输入如下代码：

```
public class Exam4_6{
    static    void    Print_wang() {
        System.out.println("********");
        System.out.println("  *      ");
        System.out.println("  *      ");
        System.out.println("********");
        System.out.println("  *      ");
        System.out.println("  *      ");
        System.out.println("********");
    }
    public static void main(String args[ ]) {
        Print_wang();
    }
}
```

3. 方法参数

将一个方法调用作为另一个方法调用的实际参数，这种方式下，由于要把第一个方法的返回值作为实参进行传递，因此要求这个方法必须有返回值。例如，System.out. println("average of a and b is:"+Average(a,b));　就是把调用 Average 方法的返回值作为标准输出方法 System.out.println()的实参来使用的，请看例 4-7。

【例 4-7】调用 Average 方法。

新建 Exam4_7.java 文件，输入如下代码：

```
public class Exam4_7{
    static int Average(int x, int y) {
        int result;
        result = (x + y) / 2;
        return result;
    }
    public static void main(String args[ ]) {
        int a = 12;
        int b = 24;
        System.out.println("Average of "+ a +" and "+b+" is "+ Average(a, b));
    }
}
```

本例与例 4-5 相比，省去了 ave 变量的空间分配，直接将 Average 方法的返回值在标准输出方法中进行输出。

在前面几个例子中，用户自定义的方法都写在 main()方法的前面，能否写在后面呢？下面来看例 4-8。

【例 4-8】调用求三角形面积的方法。

新建 Exam4_8.java 文件，输入如下代码：

```
public class Exam4_8{
    public static void main(String[] args)      {
```

```
        double   a=3,b=4,c=5;      //三角形的三条边
        double area;               //三角形的面积
        area = Area(a,b,c);        //调用方法求面积
        System.out.println("该三角形的面积为: "+area);
    }
    //定义求三角形面积的方法
    static double   Area(double a,double b,double c)        {
        double s,area;
        s = (a+b+c)/2;
        area = Math.sqrt(s*(s-a)*(s-b)*(s-c));
        return area;
    }
}
```

编译并运行程序，结果如下：

该三角形的面积为: 6.0

从上可知，当自定义方法放在主调方法之后才定义时，程序不需要任何声明，照样能正确运行，Java 语言的这个特点，可称为超前引用。其他编程语言(如 C 语言)是不支持超前引用的，如果自定义函数放在主调函数之后才定义，则必须在主调函数之前添加函数的原型声明，否则程序无法通过编译。

需要指出的是，在上述例子中的用户自定义方法之前均需要添加 static 关键字，否则程序编译将通不过，原因在于：main()方法本身就是一个 static 方法，Java 规定，任何 static 方法不得调用非 static 方法。关于 static 关键字，后面章节将有专门讲述，在此不予展开。

4.2.2　参数传递

参数是方法调用时进行信息交换的渠道之一，方法的参数分为形参和实参两种，形参出现在方法定义中，在整个方法体内都可以使用，离开该方法则不能使用；实参出现在主调方法中，进入被调方法后，实参变量也不能使用。当对有参数的方法进行调用时，实参将会传递给形参，也就是实参与形参结合的过程。形参和实参的功能是进行数据传送。发生方法调用时，主调方法把实参的值传递给被调方法的形参，从而实现主调方法传递数据给被调方法。

方法的形参与实参具有以下特点。

(1) 形参变量只有在方法被调用时才分配内存单元，在调用结束时，便会"释放"所分配的内存单元。因此，形参只在方法内部有效。方法调用结束返回主调方法后，则不能再使用形参变量了。方法内部自定义的(局部)变量也是如此。

(2) 实参可以是常量、变量、表达式，甚至是方法等，无论实参是何种类型的量，在进行方法调用时，都必须具有确定的值，以便把这些值传递给形参，因此应预先通过赋值、输入等方式使实参获得确定的值。

(3) 实参和形参在数量、类型、顺序上应严格一致，否则会发生"类型不匹配"的错误，在方法调用时应注意。

(4) 方法调用中的数据是单向传递的，即只能把实参的值传递给形参，而不能把形参的值反向传给实参。因此，在方法调用过程中，若形参的值发生改变，实参的值是不会跟着改变的。

请看例 4-9。

【**例 4-9**】写出下列程序的执行结果。

新建 Exam4_9.java 文件，输入如下代码：

```
public class Exam4_9{
    static void Swap(int x,int y) {
        int temp;
        temp=x;
        x=y;
        y=temp;
        System.out.println("x="+x+",y="+y);
    }
    public static void main(String[] args) {
        int x=10,y=20;
        Swap(x,y);
        System.out.println("x="+x+",y="+y);
    }
}
```

编译并运行程序，结果如下：

```
x=20,y=10
x=10,y=20
```

从输出结果可知：方法调用中发生的数据传递是单向的，形参的值发生改变后，对实参的值并没有任何影响。图 4-1 解释了这一点。

上述程序执行时，Java 虚拟机首先会找到程序的 main()方法，然后从 main()方法里依次取出一行一行的代码加以执行。当执行到 Swap(x,y)；这条方法调用语句时，程序就会跳转至 Swap(int x,int y)方法的内部去执行。先把实参(x,y)——(10,20)——分别赋值给形参(int x,int y)，接着在 Swap 方法内对形参的值进行交换，并输出交换后形参的值，最后方法调用结束又返回到 main()方法，并对 main()方法中的(局部)变量值进行打印输出。同名的 x、y 变量值的变化情况如图 4-1 所示。

在此提醒初学者，在不同的方法中可以定义同名的变量，它们之间是独立的，具有不同的存储空间，并且存储空间在方法被调用时分配，在方法调用结束时失效。

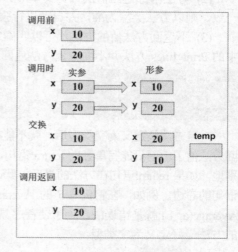

图 4-1　方法的参数传递

4.2.3　返回值

带返回值的方法的一般形式如下：

```
返回值类型 方法名(类型 形式参数 1， 类型 形式参数 2， … )
{
     方法体
     return 表达式;
}
```

方法的返回值是指在方法被调用之后，通过执行方法体中的程序段而取得的并通过 return 语句返回给主调方法的值。例如调用 Average 方法取得的平均值、调用 Area 方法取得的三角形面积等。方法的返回值是被调方法与主调方法进行信息沟通的渠道之一，对方法的返回值有以下一些说明。

(1) 方法的返回值只能通过 return 语句返回给主调方法。

return 语句的一般形式如下:

```
return 表达式;
```

或者

```
return (表达式);
```

return 语句的功能是计算表达式的值，并作为方法的值返回给主调方法。方法中允许有多个 return 语句，但每次方法调用只能有一个 return 语句被执行，因为一旦执行了 return 语句，程序流程就会立即返回到主调方法的调用处，可见，一次方法调用最多只能返回一个方法值。

(2) 方法内部返回值的数据类型和方法定义中方法的返回值类型应保持一致。如果两者不一致，则以方法类型为准，并自动进行强制类型转换。

(3) 不返回方法值的方法，可以明确定义为"空类型"，类型说明符为 void。例如，例 4-2 中的 Print_lines 方法并不向主调方法返回任何方法值，因此可定义为:

```
void Print_lines( )
{   …
}
```

一旦方法被定义为空类型后，就不能在被调方法中使用"return 表达式;"语句给主调方法返回方法值了，而只能写单独的 return;语句，只将程序流程跳转至调用方法处，不带回返回值。特别地，如果 return;语句在方法的最后，默认即可。另外，不带返回值的方法调用不能出现在赋值语句的右边。例如，在将例 4-5 的 Average 方法定义为空类型后，主调方法中的语句 int ave = Average(a, b);就是错误的。为了使程序具有良好的可读性并减少出错可能，凡是不需要返回值的方法最好定义为空类型。

4.2.4 方法的嵌套及递归

本节将介绍方法的嵌套和递归(调用)。这里，方法的嵌套是指嵌套调用，而不是嵌套的方法定义。

1. 方法的嵌套

Java 语言中不允许存在嵌套的方法定义，因此各方法之间的关系是平行的，不存在上级方法和下级方法的区分。但是 Java 语言允许在一个方法的定义中调用另一个方法，这样的情况称为方法的嵌套(调用)，也就是在被调方法中又调用了其他方法。这与其他编程语言的子程序嵌套的情况类似，如图 4-2 所示。

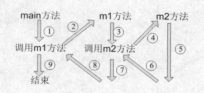

图 4-2　方法的嵌套()

图 4-2 表示两层嵌套的情形。执行过程如下：执行 main 方法中调用 m1 方法的语句时，程序流程转去执行 m1 方法，在 m1 方法中调用 m2 方法时，又转去执行 m2 方法，m2 方法执行完毕后，返回 m1 方法的断点处继续执行，m1 方法执行完毕后，返回 main 方法的断点处继续往下执行。方法的嵌套调用在较大的程序中经常会出现，应注意分析执行流程，确保正确的程序逻辑。

【例 4-10】写出下列程序的执行结果。

新建 Exam4_10.java 文件，输入如下代码：

```java
public class Exam4_10{
    static int m1(int a ,int b) {
        int c;
        a+=a;
        b+=b;
        c=m2(a,b);
        return(c*c);
    }
    static int m2(int a,int b) {
        int c;
        c=a*b%3;
        return( c );
    }
    public static void main(String[] args) {
        int x=1,y=3,z;
        z= m1(x,y);
        System.out.println("z="+z);
    }
}
```

编译并运行程序，结果如下：

```
z=0
```

请读者自行分析上述程序的执行过程。

【例 4-11】定义一个求圆柱体体积的方法，要求利用例 4-4 中求圆面积的方法来实现，并在 main()方法中进行验证。

新建 Exam4_11.java 文件，输入如下代码：

```java
public class Exam4_11{
    static double Circle(double radius) {
        double area;
        area = 3.14*radius*radius;
        return area;
```

```
    }
    static double Cylinder(double r,double h) {
        double vol;
        vol = Circle(r)*h;
        return vol;
    }
    public static void main(String[] args) {
        double r=5.5,h=30,v;
        v = Cylinder(r,h);
        System.out.println("底面半径为"+r+"、高度为"+h+"的圆柱体体积："+v);
    }
}
```

编译并运行程序，结果如下：

底面半径为 5.5、高度为 30.0 的圆柱体体积：2849.55

2. 方法的递归

一个方法在它的方法体内调用自身的情况称为方法的递归(调用)，这是一种特殊的嵌套调用，这样的方法称为递归方法。Java 语言允许方法的递归调用。在递归调用中，主调方法同时又是被调方法。执行递归方法将反复调用方法自身，每调用一次就进入新的一层。

例如，下面这个方法 m：

```
int m(int x) {
    int y;
    z=m(y);
    return z;
}
```

这个方法就是递归方法，但是运行递归方法将无休止地调用方法自身,造成程序的死循环,这当然是不正确的。为了防止递归调用无休止地进行，必须在方法内设置终止递归调用的条件。常用的办法是添加条件判断，满足某种条件后就不再进行递归调用，而是逐层返回。下面举例说明递归调用的执行过程。

【例 4-12】用递归方法计算 n 的阶乘。

n!可用下述公式递归表示：

```
n!=1              (n=0,1)
n!=n×(n-1)!       (n>1)
```

根据上述公式可编写如下递归程序。

新建 Exam4_12.java 文件，输入如下代码：

```
import java.io.*;
public class Exam4_12{
    static long factorial(int n) {
        long f=0;
        if(n<0)
            System.out.println("n<0,input error");
        else if(n==0||n==1)
```

```
                f=1;
            else
                f=factorial(n-1)*n;
            return f;
    }
    public static void main(String[] args) throws IOException    {
            int n;
            long r;
            InputStreamReader reader=new InputStreamReader(System.in);
            BufferedReader input=new BufferedReader(reader);
            System.out.print("请输入一个正整数：");
            String temp=input.readLine();
            n = Integer.parseInt(temp);
            r=factorial(n);
            System.out.println(n+"的阶乘等于："+r);
    }
}
```

编译并运行程序，结果如下：

```
请输入一个正整数：8(回车)
8 的阶乘等于：40320
```

程序中计算阶乘的方法 factorial 就是一个递归方法。主方法调用方法 factorial 后即进入 factorial 内执行，如果 n<0、n=0 或 n=1，都将结束方法的执行，否则就递归调用 factorial 方法自身。由于每次递归调用的实参为 n-1，即把 n-1 的值赋予形参 n，最后当 n-1 的值为 1 时再进行递归调用，形参 n 的值也为 1，将使递归终止，而后即可逐层返回上一层调用方法。

下面具体看一下执行本程序时若输入为 8，求 8!的递归调用过程：主方法中的调用语句为 y= factorial(8)，进入 factorial 方法后，由于 n=8，不等于 0 或 1，因此应执行 f=factorial(n-1)*n，即 f=factorial(8-1)*8；对 factorial 方法进行递归调用，即 factorial(7)，在进行 6 次递归调用后，factorial 方法的形参取得的值变为 1，不再继续递归调用而开始逐层返回主调方法；factorial(1) 的返回值为 1，factorial(2)的返回值为 1*2=2，factorial(3)的返回值为 2*3=6，factorial(4)的返回值为 6*4=24，依此类推，最后的返回值 factorial(8)为 factorial(7)*8=40 320，因此输出为 8!=40 320。

例 4-12 也可以不采用递归的方法来完成，比如可以采用递推法，即从 1 开始，乘以 2，再乘以 3，直到乘以 n，相应的算法如下：

```
long FactorialByLoop(int n){
    int i = 1;
    long jc = 1;
    while (i <= n)
    {
        jc *= i;
        i++;
    }
    return jc;
}
```

n!= n*(n-1)*(n-2)*....*1，从循环的角度看，只要循环 n 次，每次将循环控制变量 i 的值累乘起来即可得到阶乘值。与例 4-12 中的递归方法相比，非递归程序一般更容易理解和实现，且执行效率要比递归方法高很多(不用反复进栈、出栈)，因此建议当程序对实时性要求较高时，尽量采用非递归方式解决问题。但是对于有些问题，只能用递归算法来实现，如著名的汉诺塔问题。

【例 4-13】汉诺塔问题。

假设地上有 3 个座子：A、B、C。A 座上套有 64 个大小不等的圆盘，大的在下，小的在上，依次摆放，如图 4-3 所示。要把这 64 个圆盘从 A 座移到 C 座上，每次只能移动一个圆盘，移动时可以借助 B 座进行。但无论任何时候，任何座子上的圆盘都必须保持大盘在下，小盘在上。试给出移动步骤。

本题算法分析如下：

设 A 上有 n 个盘子。

如果 n=1，则将圆盘从 A 直接移到 C 上。

如果 n=2，则进行如下操作。

(1) 将 A 上的 n-1(等于 1)个圆盘移到 B 上。

(2) 再将 A 上的一个圆盘移到 C 上。

(3) 最后将 B 上的 n-1(等于 1)个圆盘移到 C 上。

图 4-3　汉诺塔问题

如果 n=3，则进行如下操作。

(1) 将 A 上的 n-1(等于 2，令其为 n′)个圆盘移到 B 上(借助于 C)，步骤如下。

① 将 A 上的 n′-1(等于 1)个圆盘移到 C 上。

② 将 A 上的一个圆盘移到 B 上。

③ 将 C 上的 n′-1(等于 1)个圆盘移到 B 上。

(2) 将 A 上的一个圆盘移到 C 上。

(3) 将 B 上的 n-1(等于 2，令其为 n′)个圆盘移到 C 上(借助于 A)，步骤如下。

① 将 B 上的 n-1(等于 1)个圆盘移到 A 上。

② 将 B 上的一个圆盘移到 C 上。

③ 将 A 上的 n-1(等于 1)个圆盘移到 C 上。

到此，完成 3 个圆盘的移动过程。

从上面的分析可以看出，当 n 大于或等于 2 时，移动的过程可分解为如下 3 个步骤：

(1) 把 A 上的 n-1 个圆盘移到 B 上。

(2) 把 A 上的一个圆盘移到 C 上；

(3) 把 B 上的 n-1 个圆盘移到 C 上，其中步骤(1)和步骤(3)是类似的。

当 n=3 时，步骤(1)和步骤(3)又分解为类似三步，即把 n′-1 个圆盘从一个座子移到另一个座子上，这里的 n′=n-1。可见这是一个递归过程，因此算法可如下编写：

```java
import java.io.*;
public class Exam4_13{
    static void move(int n,char x,char y,char z)    {
        if(n==1)
            System.out.println(x+"-->"+z);
        else    {
```

```
                        move(n-1,x,z,y);
                        System.out.println(x+"-->"+z);
                        move(n-1,y,x,z);
                }
        }
        public static void main(String[ ] args) throws IOException {
                int n;
                InputStreamReader reader=new InputStreamReader(System.in);
                BufferedReader input=new BufferedReader(reader);
                System.out.print("请输入圆盘数量: ");
                String temp=input.readLine();
                n = Integer.parseInt(temp);
                System.out.println("移动"+n+"个圆盘的步骤如下: ");
                move(n,'a','b','c');
        }
}
```

从程序中可以看出，move 方法是一个递归方法，它有 4 个形参 n、x、y、z。n 表示圆盘数，x、y、z 分别表示 3 个座子。move 方法的功能是把 x 上的 n 个圆盘移到 z 上。当 n==1 时，直接把 x 上的圆盘移到 z 上，输出 x→z。如果 n!=1，则分为三步：递归调用 move 方法，把 n−1 个圆盘从 x 移到 y 上；输出 x→z；递归调用 move 方法，把 n−1 个圆盘从 y 移到 z 上。在递归调用过程中 n=n-1，故 n 的值逐次递减，最后 n=1 时，终止递归，逐层返回。当 n=4 时程序的执行结果如下：

```
请输入圆盘数量: 4(回车)
移动 4 个圆盘的步骤如下:
a-->b
a-->c
b-->c
a-->b
c-->a
c-->b
a-->b
a-->c
b-->c
b-->a
c-->a
b-->c
a-->b
a-->c
b-->c
```

4.3 变量的作用域

在讨论方法的形参变量时曾经提到，形参变量只在被调用期间才分配内存单元，调用结束时立即"释放"。这一点表明形参变量只有在方法内部才有效，离开方法就不能再使用。这种变量的有效范围被称为变量的作用域。不仅是形参变量，Java 语言中所有的变量都有相应的作用域。变量的声明方式不同，作用域也不同。Java 中的变量，按作用域范围及生命周期可分为三种，即局部变量、静态变量以及类成员变量。静态变量和类成员变量将在后面章节中详细阐述，下面仅介绍局部变量的概念。

局部(动态)变量又称内部变量，局部变量是在方法内部定义的，在各个方法(包括 main()方法)中定义的变量及方法的形式参数均为局部变量，其作用域仅限于方法内，离开方法后再使用这种变量则是非法的，因为它们已经被"释放"不存在了。

例如：

```
int m1(int a) { /*方法 m1*/
   int b,c;
      ……
}
int m2(int x) { /*方法 m2*/
   int y,z;
      ……
}
public static void main(String args[]) { /*主方法 main()*/
   int m,n;
      ……
}
```

m1 方法中定义了 3 个变量：a 为形参变量，b、c 为一般变量，它们均属局部变量。在 m1 方法内 a、b、c 有效，或者说 a、b、c 变量的作用域仅限于 m1 方法内。同理，x、y、z 的作用域仅限于 m2 方法内。m、n 的作用域仅限于 main 方法内。关于局部变量的作用域，还需要注意以下几点。

(1) main 方法中定义的变量只能在 main 方法中使用，不能在其他方法中使用。同时，main 方法中也不能使用其他方法中定义的变量。因为 main 方法也是一个方法，它与其他方法是平行关系，这一点应特别注意。

(2) 形参变量是属于被调方法的局部变量，而实参变量一般是属于主调方法的局部变量。

(3) 允许在不同的方法中使用相同的变量名，它们代表不同的对象，分配不同的内存单元，互不干扰，也不会发生混淆，各自在自己的作用域中发挥作用。比如在进行方法调用时，形参和实参的变量名均为 x，这是允许的。

(4) 在复合语句中也可定义变量，其作用域只在复合语句范围内，如例 4-14 所示。

【例 4-14】演示复合语句中定义的变量的作用域。

新建 Exam4_14.java 文件，输入如下代码：

```
public class Exam4_14{
public static void main(String[] args) {
    int x = 10;
    { // 开始新的作用域
        int y = 20;                // 只在块中有效
        System.out.println("x = " + x + "; y = " + y);
        x = y * 2;
    }
    // y = 100;                     // 超出 y 的作用域
    System.out.println("x = " + x);// x 仍然可访问
```

```
    }
}
```

上面的例子中，变量 x 的作用域为从定义后开始一直到 main()方法结束，而复合语句中定义的变量 y，其作用域仅限于该复合语句，复合语句后面的 y=100;如果不注释，就会产生编译错误，因为此时 y 是不可见的。

需要注意的是，尽管可以嵌套代码块，但在内层代码块中不能声明与外层代码块相同的变量。本例中，若将 y 变量改名为 x 变量，则是不允许的，因为 Java 语言的设计者认为这样做会使程序产生混淆，编译器认为变量 x 已在外层代码块中被定义，不能在内层复合语句中被重复定义。然而对于 C 或 C++，有两个重名变量则是允许的。

4.4　数组

数组是 Java 语言以及其他编程语言中一种重要的数据结构，不同于前面章节中介绍的 8 种基本数据类型，当处理一系列的同类数据时，利用数组来操作会非常方便。

4.4.1　数组的概念

在解决现实问题时，经常需要处理一批类似的数据，例如对 6 位同学的成绩进行处理，如果利用基本数据类型的话，那就必须定义 6 个变量：result1、result2、result3、result4、result5 和 result6。如果有 60 位同学，那就需要定义 60 个基本数据类型的变量了，这是很不合理的。

为了便于处理一批同类型的数据，Java 语言引入了数组类型，以处理像线性表、矩阵这种结构的数据。数组类型是由其他基本数据类型按照一定的组织规则构造出来的带有分量的构造类型，即数组是一种由具有相同类型的分量组成的结构，其中每个分量称为数组的一个元素，每个分量同时也都是一个变量，为区分一般变量，不妨称之为下标变量，下标变量在数组中所占的位置序号称为下标，下标规定了数组元素的排列次序。因此，只要指出数组名和下标就可以确定一个数组元素，而不必为每个数组元素都起一个名字，从而简化程序的书写并提高代码的可读性。例如，在定义了数组 result 后，60 位同学的成绩分别可以用 result[0]、result[1]、result[2]、...、result[57]、result[58]、result[59]来表示。

在 Java 中，数组是一种特殊的对象，数组与对象的使用一样，都需要定义、创建和释放。在 Java 语言中，数组可以用 new 操作符来获取所需的存储空间，或者使用直接初始化的方式来创建，而存储空间则由垃圾收集器自动回收。

数组作为一种特殊的数据类型，有以下特点：首先，数组中的每个元素类型相同；其次，数组中的这些相同数据类型的元素是通过数组下标来标识的，并且下标从 0 开始；最后，数组元素在内存中是连续存放的。

下面介绍常用的一维数组和二维数组(也可以称为多维数组)的声明与创建。

4.4.2　数组的声明和创建

数组是多个相同类型数据的组合，数组中的每一个数据也叫数组的一个元素。可以创建任意类型的数组，并且数组可以是一维或多维的。

1. 一维数组

一维数组的声明格式如下：

数据类型 [ ] 数组名;

或

数据类型　数组名[ ];

其中，数据类型指明了数组中各元素的数据类型，包括基本数据类型和构造类型(如数组或类)；数组名应为合法的标识符；中括号[ ]指示该变量为数组类型变量。例如下面的数组声明语句：

short [ ] x;

或

short　x[ ];

以上两种定义格式都是正确的，表示声明了一个短整型数组，数组名为 x，数组中的每个元素均为短整型。需要注意的是，Java 语言在定义数组时，不能马上就指定数组元素的个数，下面的定义语句是错误的：

short　x[60];

数组元素的个数应在创建时指定，这一点与很多其他编程语言不同。那么，怎么创建数组呢？Java 语言规定，创建数组可以有两种方式：初始化方式和 new 操作符方式。初始化方式是指直接给数组的每一个元素指定初始值，系统自动根据给出的数据个数为数组分配相应的存储空间，这种数组创建方式适用于数组元素较少的情形。一般形式如下：

数据类型　数组名[ ] = {数据 1, 数据 2, ..., 数据 n};

例如，下面的语句定义并创建了一个含有 6 个元素的短整型数组以及一个含有 6 个元素的字符数组：

short　x[ ] = {1, 2, 3, 4, 5, 6};
char　ch[ ] = {'a', 'b', 'c', 'd', 'e', 'f'};

然而，如果将数组的定义和初始化语句拆分成两条语句，即先定义数组，再初始化数组，则是错误的，比如上述语句如果改写成下面的形式就是错误的：

short　x[ ];
x = {1, 2, 3, 4, 5, 6};　　　//编译出错

对于数组比较大的情况，即数组元素较多时，用初始化方式显然不妥，这时就应采用第二种方式，即 new 操作符方式。一般形式如下：

数据类型　数组名[ ] = new 数据类型[元素个数];

或者拆分为两条语句，形式如下：

数据类型　数组名[ ];
数组名 = new 数据类型[元素个数];

利用 new 操作符方式创建的数组元素会自动被初始化为默认值：对于整型，默认值为 0；对于浮点型，默认值为 0.0；对于布尔型，默认值为 false；等等。当然，在创建完数组后，用

户也可以通过正常的访问方式对数组元素进行赋值，例如：

```
short    x[ ] = new short[6];
x[0] = 9;
x[1] = 8;
x[2] = 7;
x[3] = 6;
x[4] = 5;
x[5] = 10;
```

注意：

x 数组的元素个数是 6，因此下标为 0～5，千万不要对其他下标的元素进行访问，如 x[6]、x[10]等，否则将会发生数组下标越界错误。

一般来说，数组中的元素个数称为数组的长度，可以通过数组对象的 length 属性来获取。例如下面的程序段：

```
short x[ ] = new short[6];
int len = x.length;
for(int i=0;i<len;i++)    //通过循环给每个数组元素赋值
    x[i]=i*2;
for(int i=0;i<len;i++)    //通过循环输出每个数组元素的值
    System.out.print(x[i] + "   ");
```

运行时，输出结果如下：

```
0  2  4  6  8  10
```

由此可以看出，利用数组对象的 length 属性可以方便地实现遍历访问数组的每一个元素。

2. 二维数组

二维数组的声明格式如下：

```
数据类型 [ ][ ] 数组名;
```

或

```
数据类型  数组名[ ][ ];
```

其中，对数据类型和数组名的规定与一维数组相同，所不同的是多了一对中括号。例如：

```
short    [ ][ ] x;
float    y [ ][ ];
```

上述语句分别声明了二维短整型数组 x 和二维单精度浮点型数组 y，与一维数组一样，声明二维数组时也不能指定具体的长度，一般习惯将第一对中括号称为"行维"，将第二对中括号称为"列维"，相应地，访问二维数组的元素时，需要同时提供行下标和列下标。

创建二维数组时同样可以采用两种方式：初始化方式和 new 操作符方式。例如：

```
short [ ] [ ] x = {{1,2,3},{4,5,6},{7,8,9}};
float    y [ ][ ]={{0.1,0.2},{0.3,0.4,0.5},{0.6,0,7,0.8,0.9}};
```

上面为采用初始化方式创建的两个二维数组。其中，x 为 3 行 3 列的等长数组，而 y 为非等长数组，第 1 行有 2 列，第 2 行有 3 列，第 3 行则有 4 列。初学者应注意，Java 语言支持非等长数组并不代表其他语言也支持，如 C、Pascal 等就不支持。

上述二维数组若采用 new 操作符方式来创建，则 x 数组可以用如下语句创建：

```
short [ ] [ ] x = new short[3][3];
```

而 y 数组则相对复杂些：

```
float    y [ ] [ ]= new float[3][];
y[0] = new float[2];
y[1] = new float[3];
y[2] = new float[4];
```

由此可见，非等长数组由于各列元素个数不同，因此只能采取各列分别单独进行创建的方式，显然这种写法要稍微烦琐一些。

创建了二维数组后，下面就可以对数组元素进行访问了，上面说过，访问二维数组元素需要同时提供行下标和列下标，例如：

```
x[0][0] = 1;    x[0][1] = 2;   x[0][2] = 3;
x[1][0] = 4;    x[1][1] = 5;   x[1][2] = 6;
x[2][0] = 7;    x[2][1] = 8;   x[2][2] = 9;
```

上面的 9 条语句分别对每一个数组元素进行了赋值，赋值后的状态就与前面采用初始化方式创建的 x 数组相同了。同理，对非等长数组 y 的各元素赋值如下：

```
y[0][0] = 0.1;    y[0][1] = 0.2;
y[1][0] = 0.3;    y[1][1] = 0.4;   y[1][2] =0.5;
y[2][0] = 0.6;    y[2][1] = 0.7;   y[2][2] = 0.8;   y[2][3] = 0.9;
```

当所要创建的数组元素值已知，且个数不太多时，采用初始化方式是比较方便的。而如果数组元素值未知或数组规模较大，则只能通过 new 操作符方式来创建，再通过循环结构来遍历访问各个数组元素。例如：

```
char    str [ ][ ] = { {'T'},
                {'L', 'o', 'v', 'e'},
                {'C', 'h', 'i', 'n', 'a'} };
int    z [ ][ ] = new [10][10];
for(int i=0;i<z.length.;i++)        //通过循环遍历数组的每一行
    for(int j=0;j<z[i] .length;j++)    //通过循环遍历数组的每一列
            z[i][j] = i*10+j;        //通过行下标和列下标访问数组元素
```

需要特别注意的是：本例中 z 是一个二维数组，z.length 的值代表二维数组 z 的行数，即行长度；而 z[i].length 的值则代表二维数组的第 i 行的元素个数，即列长度。因此，上述使用两重嵌套循环结构遍历访问二维数组的程序对于非等长数组也是适用的。

对于二维字符数组 str 来说，str.length 的值应为 3，而 str[0].length、str[1].length 和 str[2].length 的值分别为 1、4 和 5，str[1][1]的值则为字符'o'。

4.4.3　数组的应用举例

数组很适合用来存储和处理相同类型的一批数据，本节将介绍几个关于数组的应用例子。

【例 4-15】某同学参加了高数、英语、Java 语言、线性代数和心理学 5 门课程的考试，假定成绩分别为 70、86、77、90 和 82，请用数组存放成绩，并计算 5 门课程的最高分和平均分。

新建 Exam4_15.java 文件，输入如下代码：

```java
public class Exam4_15{
    public static void main(String[] args)    {
        int x[]={70,86,77,90,82};
        int max=0;          //临时变量
        int sum=0;          //总分
        for(int i=0;i<x.length;i++)     {
          if(x[i]>max)
              max=x[i];
          sum+=x[i];
        }
        System.out.println("最高分："+max);
        System.out.println("平均分："+sum*1.0/x.length);   //注意/运算
    }
}
```

编译并运行程序，结果如下：

```
最高分：90
平均分：81.0
```

【例 4-16】某班同学参加了高数、英语、Java 语言、线性代数和心理学 5 门课程的考试。假定成绩已公布，请编写程序，通过键盘录入所有的成绩，并计算输出每位同学的课程最高分、最低分和平均分，以及每一门课程的班级最高分、最低分和平均分。

新建 Exam4_16.java 文件，输入如下代码：

```java
import java.io.*;
public class Exam4_16{
    public static void main(String[] args)throws IOException {
        int max=0;          //最高分
        int min=100;        //最低分
        int sum=0;          //总分
        System.out.print("请输入学生人数：");
        InputStreamReader reader=new InputStreamReader(System.in);
        BufferedReader input=new BufferedReader(reader);
        String temp=input.readLine();
        //输入学生人数 n
        int n = Integer.parseInt(temp);
        int x[][]=new int[n][5];
        //录入成绩
        for(int i=0;i<n;i++)    {
          for (int j=0;j<5 ;j++ )    {
                System.out.print((i+1)+"号同学"+(j+1)+"号课程分数");
                temp=input.readLine();
                x[i][j] = Integer.parseInt(temp);
          }
```

```
    }
    //计算并输出每一位同学的课程最高分、最低分和平均分
    for(int i=0;i<n;i++)    {
    for (int j=0;j<5 ;j++ ) {
            if (x[i][j]>max)
                max=x[i][j];
            if (x[i][j]<min)
                min=x[i][j];
        sum+=x[i][j];
    }
    System.out.println((i+1)+"号同学最高分： "+max);
    System.out.println((i+1)+"号同学最低分： "+min);
    System.out.println((i+1)+"号同学平均分： "+sum/5.0);
    max=0;
    min=100;
    sum=0;
    }
    //计算并输出每一门课程的班级最高分、最低分和平均分
    for(int i=0;i<5;i++)    {
    for (int j=0;j<n ;j++ ) {
            if (x[j][i]>max)
                max=x[j][i];
            if (x[j][i]<min)
                min=x[j][i];
        sum+=x[j][i];
    }
    System.out.println((i+1)+"号课程的班级最高分： "+max);
    System.out.println((i+1)+"号课程的班级最低分： "+min);
    System.out.println((i+1)+"号课程的班级平均分： "+sum*1.0/n);
    max=0;
    min=100;
    sum=0;
    }
    }
}
```

程序的某次运行结果如下：

请输入学生人数：2   (为简单起见，这里假定只有两位同学)
1 号同学 1 号课程分数 70
1 号同学 2 号课程分数 50
1 号同学 3 号课程分数 90
1 号同学 4 号课程分数 88
1 号同学 5 号课程分数 67
2 号同学 1 号课程分数 92
2 号同学 2 号课程分数 76
2 号同学 3 号课程分数 81
2 号同学 4 号课程分数 63

2 号同学 5 号课程分数 87
1 号同学最高分：90
1 号同学最低分：50
1 号同学平均分：73.0
2 号同学最高分：92
2 号同学最低分：63
2 号同学平均分：79.8
1 号课程的班级最高分：92
1 号课程的班级最低分：70
1 号课程的班级平均分：81.0
2 号课程的班级最高分：76
2 号课程的班级最低分：50
2 号课程的班级平均分：63.0
3 号课程的班级最高分：90
3 号课程的班级最低分：81
3 号课程的班级平均分：85.5
4 号课程的班级最高分：88
4 号课程的班级最低分：63
4 号课程的班级平均分：75.5
5 号课程的班级最高分：87
5 号课程班级最低分：67
5 号课程班级平均分：77.0

【例 4-17】使用冒泡排序法对数列 10、50、20、30、60 和 40 进行降序排序。
新建 Exam4_17.java 文件，输入如下代码：

```java
public class Exam4_17{
    public static void main(String[] args)    {
    int x[]={10,50,20,30,60,40};
    int temp;                      //临时变量
    for(int i=1;i<x.length;i++)        //比较趟次
     for (int j=0;j<x.length-i;j++){  //在某趟中逐对比较
        if(x[j]<x[j+1])    {
           //交换位置
           temp=x[j];
           x[j]=x[j+1];
           x[j+1]=temp;
        }
     }
     for(int i=0;i<x.length;i++)
      System.out.print(x[i]+" ");    //遍历输出排好序的数组元素
    }
}
```

编译并运行程序，输出结果如下：

60 50 40 30 20 10

冒泡排序法的基本思路如下：对于一个具有 n 个元素的数列，首先比较第 1 个和第 2 个元素，若为降序，则不动，若为升序，则将两数对调，然后比较第 2 个和第 3 个元素，依此类推，当比较 n–1 次以后，最小的数就排在了最后的位置；接下来进行第二趟比较，对前 n–1 个数做同样操作，将次小数排至倒数第 2 的位置；依此类推，在 n–1 趟比较过后，整个数列就从无序变为有序的。由于在每一趟比较过程中，都会将其中最小的数推至最后面，就像水底的泡泡上升一样，故取名为冒泡法排序。

上述程序总共进行了 5 趟排序，排序过程如下所示：

```
第 1 趟： 50,20,30,60,40,10    (10 冒出来了)
第 2 趟： 50,30,60,40,20       (20 也冒出来了)
第 3 趟： 50,60,40,30          (30 冒出来)
第 4 趟： 60,50,40             (40 冒出来)
第 5 趟： 60,50                (50 冒出来，此时只剩最后一个数 60，因此排序完毕)
```

【例 4-18】矩阵相乘运算。

新建 Exam4_18.java 文件，输入如下代码：

```java
public class Exam4_18{
    public static void main(String args[]){
        int i,j,k;
        //创建二维数组 a
        int a[][]=new int [2][3];
        //创建并初始化二维数组 b
        int b[][]={{1,2,3,4},{5,6,-7,-8},{9,10,-11,-12}};
        //创建二维数组 c
        int c[][]=new int[2][4];
        for (i=0;i<2;i++)
        for (j=0; j<3 ;j++)
         a[i][j]=(i+2)*(j+3); //遍历 a 数组并赋值
        for (i=0;i<2;i++){
            for (j=0;j<4;j++){
                c[i][j]=0;
                for(k=0;k<3;k++)
                  c[i][j]+=a[i][k]*b[k][j];
            }
        }
        System.out.println("*******矩阵 C********");
        //输出矩阵 C
        for(i=0;i<2;i++){
            for (j=0;j<4;j++)
              System.out.print(c[i][j]+" ");
            System.out.println();
        }
    }
}
```

编译并运行程序，结果如下：

*******矩阵 C********

```
136 160 -148 -160
204 240 -222 -240
```

上述程序首先利用数组存放 2 行 3 列的矩阵 *a* 和 3 行 4 列的矩阵 *b*，通过循环结构实现矩阵的遍历赋值和相乘运算，并将矩阵相乘的结果存放至 2 行 4 列的矩阵 *c* 中，最后将结果矩阵 *c* 打印输出。

4.5　方法的参数传递

通过方法的参数传递可以实现主程序与子程序之间的数据传递。到目前为止，我们的方法使用的参数都是简单类型，而且一次只能传递少量的几个值，本节将深入了解一下方法的参数传递。

4.5.1　将数组作为方法的参数

方法的参数可以是任意合法的 Java 数据类型，包括简单类型和上面刚刚学习的数组，还可以是后面我们将学习的类和接口等。使用数组作为方法的参数，可以通过传递数组的首地址值来间接达到传递一批数组元素的目的。

【例 4-19】方法中的数组传递。

新建 Exam4_19.java 文件，输入如下代码：

```
public class Exam4_19{
    public static void main(String[] args) {
        int x[]={10,54,30,140,50};
        display(x);
    }
public static void display(int y[]) {
  for(int i : y)
      System.out.print(i+" ");
}
}
```

本例使用 for 循环的 for-each 版本形式遍历数组元素。编译并运行程序，结果如下：

```
10 54 30 140 50
```

由此可见，通过传递数组名(即数组的首地址值)，可以实现在子程序中对主程序的数组各元素进行访问，间接实现了大批量数据的传递，并且这种传递还可以是"双向"的，即如果在子程序中修改了 y 数组中的元素值，则当子程序结束调用返回时，主程序中对应的 x 数组的元素值也被修改了。这应该比较容易理解，因为实际上 y 数组与 x 数组占用同一个数组空间，对 y 数组的操作即是对 x 数组的操作。当然，通过方法实现整个数组的传递本质上是由于传递了一个特殊值——数组的首地址值。

下面使用数组参数来改写例 4-17。

【例 4-20】传递数组的冒泡排序法。

新建 Exam4_20.java 文件，输入如下代码：

```
public class Exam4_20{
    public static void main(String[] args)    {
        int x1[]={10,50,20,30,60,40};
        int x2[]={1,7,2,3,6,4,9,5,8,0};
        bubbleSort(x1);     //对 x1 数组进行冒泡排序
        display(x1);        //对 x1 数组进行输出显示
        System.out.println();  //换行
        bubbleSort(x2);     //对 x2 数组进行冒泡排序
        display(x2);        //对 x2 数组进行输出显示
    }
    //冒泡排序法
    public static void bubbleSort(int x[])    {
    int temp;              //临时变量
    for(int i=1;i<x.length;i++)
        for (int j=0;j<x.length-i;j++)   {
          if(x[j]<x[j+1]) {
              temp=x[j];
                x[j]=x[j+1];
                x[j+1]=temp;
          }
        }
    }
    //输出显示数组各元素
    public static void display(int y[]) {
      for(int i : y)
          System.out.print(i+" ");
    }
    }
```

编译并运行程序，结果如下：

```
60 50 40 30 20 10
9 8 7 6 5 4 3 2 1 0
```

4.5.2 可变长度参数

从 JDK 5 开始，Java 中的方法可以使用可变长度参数，这个特性被称为 varargs(variable-length argument 的英文缩写)。

可变长度参数是指参数的数量可变。例如，求若干整数中的最大者，具体多少个整数不确定，这时就可以使用可变长度参数来实现。在 JDK 5 之前，可变长度参数可以通过两种方式处理：(1) 为方法重载多个版本(将在第 5 章学习)，(2) 使用数组作为参数。这两种处理方式都有一定的局限性，对于第一种处理方式，当参数个数比较多时，需要重载的版本太多；第二种则需要手动构造一个数组，并将这些参数打包到这个数组中。

可变长度参数通过三个点(...)标识。例如，下面声明的 getMax 方法使用了可变长度参数：

```
static int getMax(int ... v) {
```

这种语法告诉编译器，可以使用零个或多个整型参数调用 getMax 方法。所以，v 被隐式地声明为 int[]类型的数组。在 getMax 方法内部，可以使用常规的数组语法来操作 v。

【例 4-21】声明一个使用可变长度参数的方法来返回若干整数中的最大者。

新建 Exam4_21.java 文件，输入如下代码：

```
public class Exam4_21 {
public static int getMax(int... items) {
        int max = Integer.MIN_VALUE;       // int 类型能表示的最小值，值为-2 147 483 648
        for (int item : items) {
                max = item > max ? item : max; // 取大值
        }
        return max;
}
public static void main(String[] args) {
        int m=getMax(23,-87,990,340,3100,-290);
        System.out.println("最大值为 " + m);
}
}
```

编译并运行程序，输出结果如下：

最大值为 3100

使用可变长度参数的方法也可以具有"常规"参数。但是，可变长度参数必须是方法中的最后一个参数。例如，下面的方法声明是合法的：

int myFun(int a, int b, double c, int ... vals)

而下面的方法声明则是不正确的：

int doSome(int a, int b, double c, int ... vals, boolean stopFlag)   // Error!

另外，一个方法中最多只能有一个可变长度参数。

4.5.3 命令行参数

当运行程序时，有时可能希望为程序传递一些信息，这可以通过为 main()方法传递命令行参数来完成。

我们来看一下 main()方法的声明：

public static void main(String[] args)

显然，main()方法接收一个 String 对象的数组作为参数。args 是命令行参数，字符串数组 arg[]的元素是在程序运行时从命令行输入的，形式如下：

java 类文件名 arg[0] arg[1] arg[2] arg[3]…

正如你所看到的，这些字符串已通过空格分开。采用这种方式可以发送不限量的字符串。如果字符串中包含空格，则需要使用引号将其引起来以表示它是一个字符串。

【例 4-22】使用命令行参数运行程序。

新建 Exam4_22.java 文件，输入如下代码：

```
public class Exam4_22 {
public static void main(String[] args) {
    System.out.println("共有  "+args.length+"个命令行参数");
   for(int i=0; i<args.length; i++)
      System.out.println("args[" + i + "]: " + args[i]);
}
}
```

编译该程序，然后在运行时输入命令行参数，输出结果如下：

```
D:\workspace\第 4 章>java Exam4_22 "第一个    参数" second this is
共有  4 个命令行参数
args[0]: 第一个    参数
args[1]: second
args[2]: this
args[3]: is
```

4.6 本章小结

本章对结构化程序设计的核心内容——方法，以及一种构造数据类型——数组做了详细讲述和实例分析。首先对方法的概念、定义做了概要介绍；然后重点讲解了方法的调用以及变量的作用域等内容，包括调用方式、参数传递、返回值、方法的嵌套以及递归(调用)等；接着介绍的是数组，包括数组的概念、声明、创建以及应用等；最后对方法的参数做了深入介绍，包括将数组作为方法参数、可变长度参数以及命令行参数等。这些知识都是后面学习面向对象编程的基础，读者应好好理解本章的示例程序，多上机练习，加深对结构化程序设计思想的理解，为学习面向对象编程做好准备。

4.7 思考和练习

1. 以下叙述中不正确的是_____。
(A) 在方法中，通过 return 语句传回方法值。
(B) 在一个方法中，可以执行多条 return 语句，并返回多个值。
(C) 在 Java 中，主方法 main()的一对圆括号中也可以带有参数。
(D) 在 Java 中，调用方法可以在 System.out.println()语句中完成。
2. 以下描述中正确的是_____。
(A) 方法的定义不可以嵌套，但方法的调用可以嵌套。
(B) 方法的定义可以嵌套，但方法的调用不可以嵌套。
(C) 方法的定义和调用均不可以嵌套。
(D) 方法的定义和调用均可以嵌套。
3. 以下说法中正确的是_____。
(A) 在不同的方法中不可以使用相同名字的变量。

(B) 实际参数可以在被调方法中直接使用。

(C) 在方法内定义的任何变量只在该方法范围内有效。

(D) 在方法内的复合语句中定义的变量只在该方法语句范围内有效。

4. 按 Java 语言的规定，以下正确的说法是_____。

(A) 实参不可以是常量、变量或表达式。

(B) 形参不可以是常量、变量或表达式。

(C) 实参与对应的形参占用同一个存储单元。

(D) 形参是虚拟的，不占用存储单元。

5. 一个 Java 应用程序中有且只有一个_____方法，它是整个程序的执行入口。

6. 方法通常可以认为由两部分组成：_____和_____。

7. 阅读以下程序，写出结果。

```java
public class    Test4_7 {
    static void m(int x, int y, int z) {
        x=111;   y=222;   z=333;
    }
    public static void main(String args[ ] ) {
        int x=100, y=200, z=300;
        m(x, y, z);
        System.out.println("x="+x+"y="+y+"z="+z);
    }
}
```

8. 编写一个判断某个整数是否为素数的方法。

9. 编写两个方法，分别求两个整数的最大公约数和最小公倍数，在主方法中由键盘输入两个整数并分别调用这两个方法，最后输出相应的结果。

10. 以下程序执行后的输出为_____。

```java
public class Test4_10{
    static int m1(int a ,int b)      {
        int c;
        a+=a;
        b+=b;
        c=m2(a,b);
        return(c*c);
    }
    static int m2( int a,int b) {
        int c;
        c=a*b%3;
        return( c );
    }
    public static void main(String[] args) {
        int x=1,y=3,z;
        z= m1(x,y);
        System.out.println("z="+z);
    }
```

}

11. 编写一个方法，求某个整数的各个位上的数字之和。

12. 编写完成十进制整数到八进制数的转换方法。

13. 用于指出数组中某个元素的数字叫做_____；数组元素之所以相关，是因为它们具有相同的_____和_____。

14. 数组 int results[ ] = new int[6]所占的存储空间是_____字节。

15. 使用两个下标的数组称为_____数组，假定有如下语句：

float scores[ ][ ] = { {1，2，3}，{4，5}，{6，7，8，9} };

则 scores.length 的值为_____，scores[1].length 的值为_____，scores[1][1]的值为_____。

16. 从键盘上输入 10 个双精度浮点数后，求出这 10 个数的和以及它们的平均值。要求分别编写求和以及求平均值的方法。

17. 利用数组输入 6 位大学生 3 门课程的成绩，然后计算：

(1) 每个大学生的总分。

(2) 每门课程的平均分。

18. 编写一个方法，实现将字符数组倒序排列，即进行反序存放。

19. Java 语言为什么要引入方法这种编程结构？

20. Java 语言为什么要引入数组这种数据类型？数组有哪些特点？Java 语言创建数组的方式有哪些？

第5章

类和对象

面向对象编程是目前的一种主流编程思想，Java 是一种面向对象编程语言，本章将从面向对象编程的基本思想讲起，详细介绍面向对象程序设计的基础知识，包括类的定义、对象的创建与使用、访问控制符的使用以及包的创建与使用等内容。本章内容是面向对象编程的基础，知识点比较多，理解并掌握这些基础知识对于今后编程有重要意义。

本章的学习目标：
- 理解面向对象编程的思想
- 掌握类的声明和类成员的定义
- 理解方法重载的意义
- 理解构造方法和 finalize 方法
- 掌握对象的创建、使用和清除
- 掌握访问控制符的使用
- 理解包的概念

5.1 面向对象编程概述

面向对象编程(OOP，Object-Oriented Programming)是一种把面向对象的思想应用于软件开发过程中，指导开发活动的系统方法，是建立在"类"和"对象"概念基础上的方法学。

5.1.1 面向过程与面向对象

传统的程序设计语言是结构化的、面向过程的，以"过程"和"操作"为中心来构造系统、设计程序，但当程序的规模达到一定程度时，程序员很难控制其复杂性。

自 20 世纪 90 年代以来，面向对象技术的发展越来越受关注，本书第 1 章就提到过 Java 是一种面向对象编程语言。下面就详细说一下什么是面向过程，什么是面向对象。

1. 面向过程

要想深入了解面向对象，不得不先提一下面向过程。面向过程(Procedure-Oriented)是一种以过程为中心的编程思想。它是最为实际的一种思考方式，即便面向对象的方法也含有面向过程的思想。可以说面向过程是一种基础的方法，它考虑的是实际实现。

一般的面向过程是从上往下逐步求精，所以面向过程最重要的是模块化的思想方法。当程序规模不是很大时，面向过程的方法还会体现出一种优势。因为程序的流程很清楚，按照模块与函数的方法可以很好地组织起来。典型的面向过程编程语言是 C 语言。

图 5-1 为面向过程编程的模块示意，程序中的 main() 方法调用其他 4 个方法，由此可见结构化编程方法专注于操作(方法)而不是操作作用的对象——数据，因此数据常常以无序方式散布于整个系统中，如图 5-2 所示。

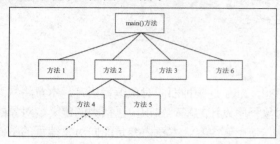
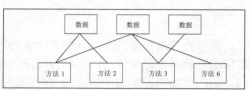

图 5-1　面向过程编程的模块示意　　图 5-2　在结构化编程方法中数据与方法之间的交错关系图

然而，数据对于程序很重要。因此，图 5-2 所示的方法可能会导致如下问题。

- 由于其他方法的影响，数据会发生改变，同时数据可能会出乎意料地遭到破坏，这都将导致程序的可靠性降低，并且使程序很难调试。
- 修改数据时需要重写与数据相关的每个方法，这将导致程序的可维护性降低。
- 方法和操作的数据没有紧密地联系在一起，由于复杂的操作网络而导致代码的重用性降低。

除了上面列出的各种问题，由于使用结构化编程语言往往允许声明全局变量，全局变量在程序中可被所有方法访问；因此，不难想象追踪数据有多困难，同时程序中很容易出现错误。

2. 面向对象

面向对象是基于对象概念，以对象为中心，以类和继承为构造机制，认识、理解、刻画客观世界的编程思想。

对比面向过程，面向对象的方法主要是把现实世界中的事物对象化，方法及其操作的数据都聚合在一个单元中。这种更大粒度的组织单元被称为类，如图 5-3 所示。

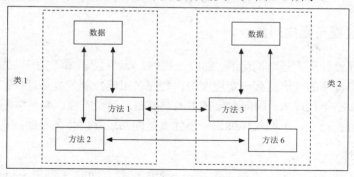

图 5-3　面向对象的类设计

图 5-3 中的类 1 和类 2 分别将紧密相关的数据和方法封装在一起，简化并理顺了传统结构化设计中的交错关系。

在面向对象的方法中，就是用类来进行程序设计的，类是由对现实世界的抽象得到的。例如，在现实世界中，同是人类的张三和李四，有许多共同点，但肯定也有许多不同点。当用面向对象的方法设计时，相同类(人类)的对象(张三和李四)具有共同的属性和行为，它把对象分为两个部分：数据(相当于属性)和对数据的操作(相当于行为)。描述张三和李四的数据可能是姓名、性别、年龄、职业、住址等，而对数据的操作可能是读取或设置他们的名字、年龄等。

从程序设计的观点看，类也可以看作数据类型，通过这种类型可以方便定义或创建某个类的众多具有不同属性的对象，因此类的引入无疑扩展了程序设计语言解决问题的能力。人们把现实世界分解为一个个对象，解决现实世界问题的计算机程序也与此相对应，由一个个对象组成，这些程序就称为面向对象的程序，编写面向对象程序的过程就称为面向对象程序设计(又称面向对象编程)。

面向对象编程中两个最基本的概念就是对象和类。

- 对象：对象就是要研究的任何事物。现实世界中的一切都可看作对象，对象不仅能表示有形的实体，也能表示无形的(抽象的)规则、计划或事件。对象由数据(描述事物的属性)和作用于数据的操作(体现事物的行为)构成独立整体。例如，名为赵一凡的学生就是一个对象，他有姓名、电话、地址等属性(数据)，其行为(方法，对数据的操作)有吃饭、上课、睡觉等。
- 类：类是对象的模板。对相同类型的对象进行分类、抽象后，得出共同的特征就形成了类。一个类所包含的方法和数据描述了一组对象的共同属性和行为。类是对象之上的抽象，对象则是类的具体化，是类的实例。例如，所有的学生可以抽象为一个类，而赵一凡则是该类的一个实例。

面向对象编程就是定义我们抽象出来的这些类。类定义好之后将作为数据类型用于创建类的对象。程序的执行表现为一组对象之间的交互通信。对象之间通过公共接口进行通信，从而完成系统功能。

要想得到正确并且易于理解的程序，必须采用良好的程序设计方法。结构化程序设计和面向对象程序设计是两种主要的程序设计方法。结构化程序设计建立在程序的结构基础之上，主张采用顺序、循环和选择 3 种基本程序结构以及自顶向下、逐步求精的设计方法，实现单入口、单出口的结构化程序；面向对象程序设计则主张按人们通常的思维方式建立问题域的模型，设计能够尽可能自然地表现客观世界和求解方法的软件。与结构化程序设计相比，面向对象程序设计具有更多的优点，适合开发大规模的软件。本章将介绍 Java 面向对象程序设计的基础，包括类、对象、访问控制符和包等内容。

5.1.2 面向对象的主要特征

面向对象编程的 3 大特征是封装、继承和多态。

1. 封装

封装(encapsulation)是将代码及其操作的数据绑定到一起的机制，并且保证代码和数据既不会受到外部干扰，也不会被误用。理解封装的一种方法是将它想象成一个保护性的包装盒，可以阻止盒子外部定义的代码随意访问内部的代码和数据。对盒子内代码和数据的访问是通过精心定义的接口严格控制的。例如，汽车上的自动传动装置，其中封装了引擎的数百位信息，包括当前的加速度、路面的坡度以及目前的挡位等。而作为驾驶司机，只有一个方法可以影响自动传动装置：换挡。因此，换挡就是一个定义良好的传动系统接口。

封装代码的优点是每个人都知道如何访问，因此可以随意访问而不必考虑实现细节，也不必担心会带来意外的负面影响。在 Java 中，封装的基础是类。类定义了一组对象共享的结构和行为(数据和代码)。给定类的每个对象都包含该类定义的结构和行为。因此，类是一种逻辑结构，而对象是物理实体。

2. 继承

继承(inheritance)是子类自动共享父类的数据和方法的机制，由类的派生功能体现。继承具有传递性。一个类可直接继承另一个类的全部描述，同时可修改和扩充。被继承的类又称为基类或父类，新类又称为派生类或子类。

继承分为单继承(一个子类只有一个父类)和多重继承(一个类有多个父类)，Java 中支持单继承。例如，学生和教师属于不同的分类，但他们具有共同的属性：姓名、电话、地址等。所以，我们可以定义一个 Person 类，该类具有所有人都具有的属性(姓名、电话、地址等)和行为(吃饭、睡觉等)；然后，从该类派生出学生类 Student 和教师类 Teacher。Student 和 Teacher 都将继承 Person 类的所有属性和行为，同时还可以定义自己特有的属性和行为。

继承使面向对象程序的复杂性呈线性而非几何性增长。

3. 多态

多态(polymorphism，来自希腊语，表示"多种形态")是允许将一个接口用于一类通用动作的特性。具体使用哪个动作与应用场合有关。利用多态用户可发送一条通用的消息，而将所有的实现细节都留给接收消息的对象自行决定。

多态的概念经常被表达为"一个接口，多种方法"。这意味着可以为一组相关的动作设计一个通用接口。多态允许使用相同的接口指定通用类动作(general class of action)，从而有助于降低复杂性。选择应用于每种情形的特定动作(即方法)是编译器的任务，程序员不需要手动进行选择，只需要记住并使用通用接口即可。

多态的实现受到继承的支持，利用类继承的层次关系，把具有通用功能的协议存放在类层次中尽可能高的地方，而将实现这一功能的不同方法置于较低层次，这样，在这些低层次上生成的对象就能给通用消息以不同的响应。在 OOP 中，可通过在派生类中重定义基类函数(定义为重载函数或虚函数)来实现多态。

4. 多态、封装与继承协同工作

如果应用得当，由多态、封装和继承联合组成的编程环境与面向过程模型环境相比，能支持开发更健壮、扩展性更好的程序。精心设计的类层次结构是重用代码的基础，在这个过程中，需要投入时间和精力进行开发和测试。通过多态可以创建出清晰、易懂、可读和灵活的代码。通过应用面向对象原则，可以将复杂系统的各个部分组合到一起，形成健壮、可维护的整体。

在面向对象方法中，类和继承是适应人们一般思维方式的描述范式。方法是允许作用于类对象上的各种操作。这种对象、类、消息和方法的程序设计范式的基本点在于对象的封装和类的继承。通过封装能将对象的定义和实现分开，通过继承能体现类与类之间的关系，以及由此带来的动态联编和实体多态，从而构成面向对象的基本特征。

5.2 类

OOP 中的抽象和封装主要体现在类的定义及使用上。类是 Java 中一种重要的引用类型，是组成 Java 程序的基本要素。它封装了一类对象的状态和方法，是这一类对象的原型。定义一个新类，就是创建一个新的数据类型。

Java 中的类分为两种：系统定义的类和用户自定义的类。Java 中的类库是系统提供的、已实现的标准类的集合，提供了 Java 程序与运行它的系统软件之间的接口。Java 中的类库还是一组由其他开发人员或软件供应商编写好的 Java 程序模块，每个模块通常对应一种特定的基本功能和任务，当自己编写的 Java 程序需要完成其中某一功能时，就可以直接利用这些现有的类库，而不需要一切从头编写。Java 中的类库大部分是由 Sun 公司提供的，这些类库又称为基础类库，也有少量的类库是由其他软件开发商以商品的形式提供的。由于 Java 语言诞生的时间不长，还处于不断发展、完善的阶段，因此 Java 中的类库也在不断地扩充和修改。

本节主要介绍如何创建用户自定义的类。先看两个简单的例子。

【例 5-1】 定义一个 Car 类。

在 D:\workspace 目录中新建子文件夹"第 5 章"用来存放本章示例源程序，新建名为 Exam5_1.java 的 Java 源文件，输入如下代码：

```
class Car{
        String    color;          //汽车的颜色
        int    year;              //汽车的出厂年份
        String    factory;        //生产厂家
        String    brand ;         //汽车品牌
        int    speed;             //汽车的速度

        public    void    run(){
            System.out.println("汽车正在以每小时"+speed+"的速度前进。");
        }
}
```

编译上述程序，可以看到生成了一个名为 Car.class 的字节码文件。这与我们前面的示例不太一样，在前面的示例中，每个 Java 源文件中都包含一个 public 类，类名与文件名相同，而在例 5-1 中，类名为 Car，文件名为 Exam5_1，两者并不一样，而且编译没有报错，这是因为这里的类声明中没有 public 修饰符，这只是一个普通的类。尽管可以像例 5-1 一样使用任意文件存放普通的 Java 类，但为了方便阅读和维护，还是建议初学者使用与类名相同的文件来存放 Java 类。

【例 5-2】 一个简单的 Java 类。

新建名为 Exam5_2.java 的 Java 源文件，输入如下代码：

```
public class Exam5_2{
    public static void main(String args[ ]){
        System.out.println("热烈庆祝中华人民共和国建国 70 周年！");
    }
}
```

例 5-1 中定义的 Car 类包含的数据部分描述了汽车的相关属性，如品牌、厂家、颜色、速度等，定义的操作方法 run 则描述了汽车的功能。例 5-2 中定义的 Exam5_2 类仅有一个由 static 修饰符修饰的静态 main()方法。严格讲，Exam5_2 类并没有自己的数据和操作方法，main()方法只是在形式上归属 Exam5_2 类。本质上，任何由 static 修饰符修饰的静态方法都是"全局性"的，即使所属类不创建任何对象，它们也可以被调用并执行。特别地，静态 main()方法在整个 Java 应用程序执行时首先被自动调用，是程序的运行起点。因此例 5-1 并不是完整的程序，它缺少必不可少的 main()方法。顺便再提一下，Java 应用程序从形式上看是由一个或多个类构成的，一般程序规模越大，所需定义的类也就越多，类的代码也越复杂。下面再看一个复杂些的较为完整的类。

【例 5-3】定义一个 Teacher 类，如图 5-4 所示。

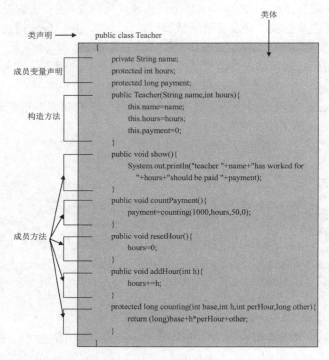

图 5-4 定义的 Teacher 类

本例给出了组成 Teacher 类的两个主要部分：类声明和类体。类体中定义了 3 个成员变量和 6 个成员方法。其中，有一个成员方法比较特殊，它没有返回值类型并且方法名和类名一致，称为构造方法。构造方法是在类对象创建的时候被自动调用的，一般用来初始化类对象的成员变量。

5.2.1 类声明

类声明通过 class 关键字来完成，一般格式如下：

```
[类修饰符]class 类名[extends 父类名][implements 接口列表]
{
… //类体
}
```

其中，class 关键字是必需的，所有其他部分都是可选的。类名是要声明的类的名称，它必须是一个合法的 Java 标识符。根据声明类的需要，类声明还可以包含 3 个选项：类修饰符、父类名和接口列表。

下面对类声明的 3 个选项给出更详细的介绍。

1. 类修饰符

类修饰符用于说明这是一个什么样的类。类修饰符可以是 public、abstract 或 final，如果没有声明这些可选的类修饰符，Java 编译器将给出默认值。类修饰符的含义如下。

- public：声明了类可以在其他任何类中使用。省略时，类只能被同一个包中的其他类使用。
- abstract：声明了类不能被实例化，它是一个抽象类。
- final：声明了类不能被继承，即没有子类。abstract 和 final 最多只能使用其中一个，不能同时出现在类声明中。

2. 父类名

extends 关键字用来指明类的父类。在 Java 中，除了 Object 类之外，每个类都有一个父类。Object 是 Java 语言中唯一没有父类的类。如果某个类没有指明父类，Java 就认为它是 Object 的子类。因此，所有其他类都是 Object 的直接子类或间接子类。需要注意的是，在 extends 之后只能跟唯一的父类名，即使用 extends 只能实现单继承。

3. 接口列表

使用关键字 implements 可以指明类要实现的一个或多个接口，如果有多个接口，则以逗号分隔。接口的定义和实现将在后面详细介绍。

5.2.2 类体

类体定义了类中所有的变量和类所支持的方法。通常变量在方法前定义(并不一定强制要求，在方法后定义也可以)，类体的定义格式如下：

```
class className{                                    //类声明
    [public|protected|private][static][final][transient][volatile]
    type variableName;                              //成员变量
    [public|protected|private][static][final|abstract][native][synchronized]
    returnType methodName([paramList])[throws exceptionList]    //成员方法
    {
        Statements
    }
}
```

类中定义的变量和方法都是类的成员。对类的成员可以设定访问权限，以限定其他对象对它的访问，访问权限可以有以下几种：public、protected、private、default，本书将在后面详细讨论。对类的成员来说，又可分为实例成员和类成员两种，它们都将在后面详细讨论。

5.2.3　成员变量

最简单的成员变量的声明格式如下：

```
type 成员变量名;
```

这里的 type 可以是 Java 中的任意数据结构，包括简单类型、类、接口、数组。类中的成员变量应该是唯一的。

类的成员变量和方法中声明的局部变量是不同的，成员变量的作用域是整个类，而局部变量的作用域只是方法内部。对于成员变量，还可以用以下修饰符限定。

1. static

用来指示一个变量是静态变量(类变量)，不需要实例化类即可使用。类的所有对象都使用同一个类变量。没有用 static 修饰的变量则是实例变量，必须实例化类才可以使用实例变量。类的不同对象都各自拥有自身的实例变量版本。类方法通常只能使用类变量，而不能使用实例变量。

2. final

用来声明常量，例如：

```
class FinalVar{
        final int CONSTANT=50;
        ……
}
```

此例中声明了常量 CONSTANT，并赋值为 50。用 final 限定的常量，在程序中不能改变值。通常，常量名用大写字母表示。

3. transient

用来声明暂时性变量，例如：

```
class TransientVar{
        transient String pwd; // 不会被持久化
        String login;        // 会被持久化
        ……
}
```

默认情况下，类中的所有变量都是对象永久状态的一部分，当对象被存档(串行化)时，这些变量必须同时被保存。用 transient 限定的变量则指示 Java 虚拟机，该变量并不属于对象的永久状态，不需要序列化，它主要用于实现不同对象的存档功能。

当类 TransientVar 的实例对象被序列化(比如将 TransientVar 类的实例对象 t 写入硬盘的某个文件中)时，变量 pwd 的内容不会被保存，变量 login 的内容则会被保存。

4. volatile

用来声明共享变量，指定该变量可以同时被几个线程控制和修改。例如：

```
class VolatileVar{
        volatile int volatileV;
```

```
    ……
}
```

用 volatile 修饰的成员变量在每次被线程访问时，都强迫从共享内存中重读成员变量的值。而且，当成员变量发生变化时，强迫线程将变化值回写到共享内存。这样在任何时刻，多个不同的线程总是看到某个成员变量的同一个值。

5.2.4　成员方法

成员方法的实现包括两部分：方法声明和方法体，如下所示。

```
[public|protected|private][static][final|abstract][native][synchronized]
returnType methodName([paramList])[throws exceptionList]
{
    statements
}
```

1．方法声明

最简单的方法声明包括方法名和返回类型，如下所示：

```
returnType methodName( ){
        ……  //方法体
}
```

其中，返回类型可以是任意 Java 数据类型，当一个方法不需要返回值时，必须声明其返回类型为 void。

(1) 方法的参数

在很多方法的声明中，都要给出一些外部参数，为方法的实现提供信息。这在声明一个方法时，是通过列出它的参数列表来完成的。参数列表指明每个参数的名字和类型，各参数之间用逗号分隔，如下所示：

```
returnType methodName(type name[，type name[，…]]){
        ……
}
```

对于类中的方法，与成员变量相同，可以限定访问权限，可选的修饰符或限制选项有如下几个。

- static：限定为类方法。
- abstract 或 final：指明方法是否可被重写。
- native：用来把 Java 代码和其他语言的代码集成起来。
- synchronized：用来控制多个并发线程对共享数据的访问。
- throws ExceptionList：用来处理异常。

下面来看一个带参数的成员方法的定义。

【例 5-4】方法中的参数。

定义表示圆形的类 Circle，保存在 Circle.java 文件中。

```
class Circle{
    int x,y,radius;                              //x、y、radius 是成员变量
```

```
        public Circle(int x,int y,int radius){          //x、y、radius 是参数
        ......
        }
}
```

Circle 类有 3 个成员变量：x、y 和 radius。Circle 类的构造方法中有 3 个参数，名字也是 x、y 和 radius。构造方法中出现的 x、y 和 radius 指的是参数名，而不是成员变量名。如果要访问这些同名的成员变量，就必须通过"当前对象"指示符 this 来引用，如下所示：

```
class Circle{
    int x,y,radius;
    public Circle(int x,int y,int radius){
        this.x=x;
        this.y=y;
        this.radius=radius;
    }
}
```

带 this 前缀的变量为成员变量，这样，参数和成员变量便一目了然。this 表示的是当前对象本身，更准确地说，this 代表当前对象的引用。对象的引用可以理解为对象的另一个名字，通过引用可以顺利地访问对象，包括访问和修改对象的成员变量、调用对象的方法等。

(2) 方法的参数传递

在 Java 中，可以把任何有效数据类型的参数传递到方法中，这些类型必须预先定义好。

另外，参数的类型既可以是简单数据类型，也可以是引用数据类型(数组、类或接口)。对于简单数据类型，Java 实现的是按值传送，方法接收的是参数的值，但并不能改变这些参数的值，如果要改变参数的值，就要用到引用数据类型，因为引用数据类型传递给方法的是数据在内存中的地址，方法中对数据的操作可以改变数据的值。例 5-5 说明了简单数据类型与引用数据类型的区别。

【例 5-5】方法中简单数据类型和引用数据类型的区别。

新建名为 Exam5_5.java 的文件，输入如下代码：

```
class PassTest{
public int value;
public void changeValue(int value) {
    this.value = value;
    value = 999;
}
public void changeValueByRef(PassTest ref) {
    ref.value = 999;
}
}
public class Exam5_5 {
public static void main(String args[]) {
    PassTest pt1 = new PassTest(); // 生成一个类的实例 pt1
    PassTest pt2 = new PassTest(); // 生成一个类的实例 pt2
    pt1.value = 10;
    pt2.value = 20;
```

```
            System.out.println("pt1.value" + pt1.value);
            System.out.println("pt2.value:" + pt2.value);

            // 简单数据类型
            pt2.changeValue(pt1.value);
            System.out.println("changeValue()修改后");
            System.out.println("pt1.value:" + pt1.value);
            System.out.println("pt2.value:" + pt2.value);

            // 引用数据类型
            pt2.changeValueByRef(pt1);
            System.out.println("changeValueByRef()修改后");
            System.out.println("pt1.value:" + pt1.value);
            System.out.println("pt2.value:" + pt2.value);
    }
}
```

本例中，在一个 Java 源文件中有两个类：PassTest 和 Exam5_5。PassTest 是普通的类，而 Exam5_5 是公共类，所以文件名为 Exam5_5.java。编译该文件将生成两个.class 文件，运行程序，结果如下：

```
D:\workspace\第 5 章>java Exam5_5
pt1.value10
pt2.value:20
changeValue()修改后
pt1.value:10
pt2.value:10
changeValueByRef()修改后
pt1.value:999
pt2.value:10
```

类 PassTest 中定义了两个方法：changeValue(int value)和 changeValueByRef(PassTest ref)。changeValue(int value)接收的参数是 int 类型的值，方法内部对接收到的 value 值进行了重新赋值，但由于该方法接收的是值参数，因此在方法内进行的对 value 值的修改不影响方法外的 value 值；而 changeValueByRef(PassTest ref)接收的参数值为引用类型，所以在该方法中对引用参数所指对象的成员方法进行修改，是对该对象所占实际内存空间进行修改，经过该方法作用之后，pt1.value 的值发生了真实的变化。

2. 方法体

方法体是对方法的实现，包括局部变量的声明以及所有合法的 Java 指令。方法体中可以声明方法中用到的局部变量，作用域仅限于方法内部，当方法返回时，局部变量也不再存在。如果局部变量的名字和类的成员变量的名字相同，则类的成员变量被隐藏。

【例5-6】成员变量和局部变量的作用域示例。

新建名为 Exam5_6.java 的文件，输入如下代码：

```
class Variable{
        int x=0,y=0,z=0;    //类的成员变量
```

```
        void init(int x,int y){
            this.x=x;
            this.y=y;
            int z=5;         //局部变量
            System.out.println("****in init****");
            System.out.println("x="+x+"    y="+y+"    z="+z);
        }
    }
    public class Exam5_6{
        public static void main(String args[]){
            Variable v=new Variable();
            System.out.println("****before init****");
            System.out.println("x="+v.x+"    y="+v.y+"    z="+v.z);
            v.init(20,30);
            System.out.println("****after init****");
            System.out.println("x="+v.x+"    y="+v.y+"    z="+v.z);
        }
    }
```

编译并运行程序，结果如下：

```
D:\workspace\第 5 章>java Exam5_6
****before init****
x=0    y=0    z=0
****in init****
x=20    y=30    z=5
****after init****
x=20    y=30    z=0
```

从运行结果可以看出，局部变量 z 和类的成员变量 z 的作用域是不同的。

5.2.5 方法重载

方法重载是指多个方法可以使用相同的名字。但是这些方法的参数必须不同，要么参数个数不同，要么参数类型不同。

方法重载是 Java 支持多态特性的方式之一。当调用重载的方法时，JVM 会自动分析当前调用中的参数类型和参数个数，然后在类中找到并执行参数类型和参数个数与调用相匹配的方法，换言之，JVM 根据参数的类型和个数来区分应该调用哪个方法。因此，重载的方法在参数的类型和数量方面必须有所区别。我们使用最多的标准输出语句 System.out.println()中的 println 方法就有多个版本的重载，它可以接收几乎任意类型的参数，输出参数对应的字符形式。

【例 5-7】方法重载应用举例。

新建名为 Exam5_7.java 的文件，输入如下代码：

```
class SayHello {
public void Hello() {
    System.out.println("Hello World");
```

```
    }
    public void Hello(String name) {
        System.out.println("Hello " + name + " 欢迎使用 Java 简明教程");
    }
    public void Hello(String name, int i) {
        System.out.println("Hello " + name + " 你的幸运数字是 " + i);
    }
}
public class Exam5_7 {
public static void main(String args[]){
        SayHello obj = new SayHello();
        obj.Hello();
        obj.Hello("李知诺");
        obj.Hello("邱淑娅", 3);
    }
}
```

编译并运行程序，结果如下：

```
D:\workspace\第 5 章>java Exam5_7
Hello World
Hello 李知诺 欢迎使用 Java 简明教程
Hello 邱淑娅 你的幸运数字是 3
```

在本例中，方法 Hello 被重载了 3 次，调用重载的方法时，编译器根据参数的个数和类型来决定当前要调用的方法。

注意：

如果在两个方法的声明中，参数的类型和个数均相同，只是返回值的类型不同，则编译时会产生错误，这表明返回类型不能用来区分重载的方法。

从这个例子可以看出，重载虽然表面上没有减少编写程序的工作量，但实际上重载使程序的实现方式变得很简单，只需要记住方法名，就可以根据不同的输入类型选择方法的不同版本。

对于使用可变长度参数的方法也可以重载。例如，可以在例 4-21 中再定义一个求若干双精度浮点数中最大者的 getMax 方法：

```
public static double getMax(double... items) {
    double max = Double.MIN_VALUE;
    for (double item : items) {
        max = item > max ? item : max;
    }
    return max;
}
```

这里重载的方法参数类型不同，也可以通过增加一个或多个常规参数来重载可变长度参数的方法，甚至可以通过常规方法来重载使用可变长度参数的方法。例如，可以重载一个求两个数中较大者的 getMax 方法，如下所示：

```
public static int getMax(int a,int b) {
    return a>b?a:b;
}
```

但是，下面的重载可能会导致不明确的调用：

```
public static int getMax(int i,int... items)
```

从方法重载的角度看，这个重载完全正确。但是，对于下面的方法调用，编译器无法判断该调用重载的哪个方法：

```
getMax(3,22,12);
```

对于这种情况，有时需要放弃重载，而是使用两个不同的方法名。

5.2.6 构造方法

每创建类的一个实例都要初始化它的所有成员变量是乏味而枯燥的。如果一个对象在被创建时就完成了所有的初始化工作，代码将会很简洁。因此，Java 在类中提供了一个特殊的成员方法——构造方法。当根据类创建对象时，Java 会自动调用类的构造方法。构造方法中主要包含一些用于初始化工作的代码，这些代码可以为类的成员变量进行初始化工作。

构造方法是一个特殊的方法，它看起来有些奇怪，因为它没有返回类型，而且它的名称必须与类名相同，这是因为类的构造方法的返回值类型就是类本身。另外，构造方法一般不能由编程人员显式地直接调用。

一般将构造方法声明为公共的 public 型，如果声明为 private 型，就不能创建对象的实例了，因为构造方法是在对象的外部被默认地调用。构造方法对于对象的创建是必需的。实际上，Java 语言为每个类提供了一个默认的构造方法，也就是说，每个类都有构造方法，用来初始化类的一个新对象。如果不定义构造方法，Java 语言将调用系统为它提供的默认构造方法，对一个新的对象进行初始化。在构造方法的实现中，也可以进行方法重载。

说明：

默认构造方法没有任何参数，它自动地将所有实例变量初始化为默认值。对于数值类型、引用类型和 boolean 类型，默认值分别是 0、null 和 false。对于简单类，默认构造方法通常是足够的，但是对于更加复杂的类，默认构造方法通常不能满足需要。

【例 5-8】构造方法的实现。

```
class Point{
int x,y;
Point(){          //定义构造方法
    x=0;
    y=0;
}
Point(int x, int y){ //构造方法的重载
    this.x=x;
    this.y=y;
}
}
```

本例中，定义了表示坐标点的类 Point，该类有两个构造方法，根据不同的参数分别对点的 x、y 坐标赋予不同的初值。由此可见，构造方法作为一种特殊的方法，也可以进行重载。

在例 5-6 中，曾用 init 方法对成员 x、y 进行初始化。两者完成相同的功能，那么使用构造方法的好处在哪里呢？当用运算符 new 为一个对象分配内存空间时，会自动调用对象的构造方法；而当构建一个对象时，必须用 new 为它分配内存。另外，构造方法只能由 new 运算符调用。因此，用构造方法进行初始化避免了在生成对象后每次都要调用对象的初始化方法。

5.2.7　main( )方法

main()方法是 Java 应用程序必须具备的方法，格式如下：

```
public static void main(String args[]){
......
}
```

所有 Java 应用程序都从 main()方法开始执行。把 static 放在方法名前，表示作为变静态方法的 main()方法是类方法而非实例方法。

5.2.8　finalize 方法

对象是使用 new 运算符动态创建的，那么对象是如何销毁的，又如何释放它们占用的存储空间呢？对于不再使用的对象，JVM 会自动进行垃圾回收(garbage collection)。

事实上，在程序运行期间，不会简单地因为一个或几个对象不再需要就进行垃圾回收。不同的 Java 运行时实现会采用不同的方法进行垃圾回收，程序员在编写程序的过程中不需要考虑这个问题。

有时，在对象销毁时需要执行一些动作。例如，如果对象包含一些非 Java 资源，比如文件句柄或字符字体，那么可能希望确保这些资源在对象销毁之前释放。为了处理这种情况，Java 提供了一种称为"终结"(finalization)的机制。在为对象进行垃圾收集前，Java 运行时系统会自动调用对象的 finalize 方法来释放系统资源，如打开的文件或 socket 连接。finalize 方法的声明必须如下所示：

```
protected void finalize( ) throws throwable
```

其中，关键字 protected 是访问修饰符，用于防止在类的外部定义的代码访问 finalize 方法。

finalize 方法在类 java.lang.Object 中有实现，它可以被所有类使用。如果要在一个自定义的类中实现 finalize 方法以释放该类占用的资源(即重载父类的 finalize 方法)，那么在对该类使用的资源进行释放后，一般需要调用父类的 finalize 方法以清除对象使用的所有资源，包括由于继承关系而获得的资源。

【例 5-9】finalize 方法举例。

```
class Exam5_9{
    int m_DataMember1;
    Object    m_DataMember2;
    public Exam5_9(){
        m_DataMember1=1;            //初始化变量
        m_DataMember2=new Integer(2);
```

```
        }
        protected void finalize(){                    //定义 finalize 方法
                m_DataMember1=0;                      //释放内存
                m_DataMember2=null;
        }
}
```

注意：

如果不定义 finalize 方法，Java 将调用默认的 finalize 方法进行扫尾工作。

5.3 对象

定义类的最终目的是使用它，就像使用系统类一样，程序也可以继承用户自定义类或创建并使用用户自定义类的对象。把类实例化，可以生成多个对象，这些对象通过消息传递来进行交互(消息传递可激活指定的某个对象的方法以改变其状态或让它产生一定的行为)，最终完成复杂的任务。

对象的生命周期包括三个阶段：创建、使用和清除。

5.3.1 对象的创建

对象的创建包括声明、实例化和初始化三方面的内容。通常的格式如下：

```
type ObectName=new type([paramlist]);
```

(1) type objectName 声明了一个类型为 type 的对象(objectName 是一个引用，标识了 type 类型的对象)。其中，type 是引用类型(包括类和接口)，对象的声明并不为对象分配内存空间，但为 objectName 分配了引用的空间。

(2) 运算符 new 为对象分配内存空间，实例化一个对象。new 操作符调用对象的构造方法，返回对象的一个引用(即对象所在的内存地址)。使用 new 操作符可以为一个类实例化多个不同的对象。这些对象分别占用不同的内存空间。因此，改变其中一个对象的状态不会影响其他对象的状态。

(3) 生成对象的最后一步是执行构造方法，进行初始化。由于构造方法可以重载，因此通过给出不同个数或类型的参数会分别调用不同的构造方法。如果类中没有定义构造方法，系统会调用默认空的构造方法。

【例 5-10】 定义类并创建类的对象。

新建名为 Exam5_10.java 的文件，输入如下代码：

```
class Computer{
    String Owner;                        //成员变量
    void set_Owner(String owner){        //成员方法
      Owner=owner;
    }
    void show_Owner( ){
        System.out.println("这台计算机是： "+Owner+"的");
```

```
        }
    }

    public class Exam5_10{
        public static void main(String args[]){
            System.out.println("使用类");
            Computer myComputer=new Computer( );     //生成 Computer 类的对象 MyComputer
            myComputer.set_Owner("软件教研室");
            myComputer.show_Owner( );
        }
    }
```

这里定义了 Computer 和 Exam5_10 两个类。定义好之后，Computer 和 Exam5_10 就可以看成数据类型来使用，这种数据类型的变量就是对象，例如下面的定义：

```
Computer myComputer=new Computer( );
```

等价于

```
Computer myComputer;
myComputer=new Computer( );
```

其中，myComputer 是对象的名称，它是一个 Computer 类对象，所以能够调用 Computer 类的 set_Owner 和 show_Owner 方法。下面再举一个例子。

【例 5-11】设计一个矩形类 Rect，封装它的属性和操作，即定义所需的数据变量和方法，并计算矩形的面积。

```
class Rect{
    double width,height;
    Rect(double w,double h){        //类的构造方法
        width=w;   height=h;
    }
    double area(){                  //求矩形面积的方法
        return width*height;
    }
}
```

本例完成了对矩形类 Rect 的定义，但是并没有创建 Rect 对象，因此下面再编写一个主类 Exam5_11，代码如下：

```
public class Exam5_11{
    public static void main(String args[]){
        double d;
        Rect myRect=new Rect(20,30);                //创建对象 myRect
        d=myRect.area();                            //调用对象方法 product，求矩形面积
        System.out.println("myRect 的面积是："+d);    //输出面积
    }
}
```

在上述主类中，创建了 Rect 类的一个对象 myRect，其实际参数为(20,30)，即宽度为 20、高度为 30，然后调用对象 myRect 的求面积方法 area，将结果保存至变量 d 并进行输出显示。

读者既可以将这两个类保存到一个文件中，也可以分别保存。如果保存在一个文件中，则文件名必须为 Exam5_11.java。

5.3.2　对象的使用

对象的使用包括引用对象的成员变量和方法，通过 . 运算符可以实现变量的访问和方法的调用。

下面的例 5-12 先定义了类 Point，再创建 Point 类的对象并调用其方法。

【例 5-12】对象的使用示例。

```java
class Point{
int x, y;
String name = "a point";
Point() {
     x = 0;
     y = 0;
}
Point(int x, int y, String name) {
     this.x = x;
     this.y = y;
     this.name = name;
}
int getX() {
     return x;
}
int getY() {
     return y;
}
void move(int newX, int newY) {
     x = newX;
     y = newY;
}
Point newPoint(String name) {
     Point newP = new Point(-x, -y, name);
     return newP;
}
boolean equal(int x, int y) {
     if (this.x == x && this.y == y)
          return true;
     else
          return false;
}
void print() {
     System.out.println(name + ":   x=" + x + "   y=" + y);
}
}
```

```
public class Exam5_12 {
public static void main(String args[]) {
    Point p = new Point();
    p.print();
    p.move(50, 50);
    System.out.println("****after moving****");
    System.out.println("直接访问成员变量");
    System.out.println("x=" + p.x + "    y=" + p.y);
    System.out.println("使用 get 方法获取点的坐标");
    System.out.println("x=" + p.getX() + "    y=" + p.getY());
    if (p.equal(50, 50))
        System.out.println("I like this point!");
    else
        System.out.println("I hate it!");
    p.newPoint("a new point").print();
    new Point(10, 15, "another new point").print();
}
}
```

编译并运行程序，结果如下：

```
D:\workspace\第 5 章>java Exam5_12
a point:   x=0    y=0
****after moving****
直接访问成员变量
x=50    y=50
使用 get 方法获取点的坐标
x=50    y=50
I like this point!
a new point:   x=-50    y=-50
another new point:   x=10    y=15
```

1. 引用对象的变量

要访问对象的某个非私有变量，格式如下：

```
objectReference.variable
```

其中，objectReference 是对象的一个引用，它可以是一个已生成的对象，也可以是一个能够生成对象引用的表达式。

例如，在使用 Point p=new Point();生成了类 Point 的对象 p 后，可以使用 p.x 和 p.y 访问该点的 x、y 坐标：

```
p.x = 10;
p.y = 20;
```

或者使用 new 操作符生成对象的引用，然后直接访问：

```
tx = new point( ).x;
```

但是，通常会把成员变量定义为私有的，以防止外部程序对数据进行修改，然后提供公有的 get 和 set 方法来获取/设置私有变量的值。

2. 调用对象的方法

要调用对象的某个方法，格式如下：

```
objectReference.methodName ([paramlist]);
```

例如，要移动 Point 类的对象 p，可以使用下面的语句：

```
p.move(30,20);
```

如果对象对方法仅进行一次调用，也可以不声明相应的变量，而直接调用这个对象的方法，这样的对象叫做匿名对象。

例如，假设通过 Rect 类的构造方法创建一个对象后，只调用了一次 area 方法，这种情况就可以使用匿名对象，代码如下：

```
new Rect(15,21).area();
```

在以下两种情况下可以使用匿名对象。

- 如果一个对象只需要进行一次方法调用，那么就可以使用匿名对象。
- 将匿名对象作为实参传递给函数调用。

5.3.3 对象的清除

在 Java 管理系统中，使用 new 运算符来为对象或变量分配存储空间。程序设计者不用刻意在使用完对象或变量后，删除对象或变量来收回它们占用的存储空间。Java 运行时系统会通过垃圾收集器周期性地释放无用对象占用的内存，完成对象的清除。

当不存在对象的引用(当前的代码段不属于对象的作用域或者把对象的引用赋值为 null，如 p=null)时，对象就成了无用对象。Java 运行时系统的垃圾收集器自动扫描对象的动态内存区，对引用的对象添加标记，然后把没有引用的对象作为垃圾收集起来并释放，释放内存是系统自动处理的。垃圾收集器使得系统的内存管理变得简单、安全。垃圾收集器作为线程运行。当系统的内存用尽或程序调用 System.gc()要求进行垃圾收集时，垃圾收集器将与系统同步运行。否则，垃圾收集器在系统空闲时异步执行。

在 C 语言中，通过 free 来释放内存，C++中则通过 delete 来释放内存，这种内存管理方法需要跟踪内存的使用情况，不仅复杂而且容易造成系统的崩溃，Java 采用自动垃圾收集机制进行内存管理，使程序员不需要跟踪每个对象，避免了上述问题的产生，这是 Java 的一大优点。

当下述条件满足时，Java 内存管理系统将自动完成内存收集工作。

(1) 当堆栈中的存储器数量少于某个特定水平时。
(2) 当程序强制调用系统类的方法时。
(3) 当系统空闲时。

当条件满足时，Java 运行环境将停止程序操作，恢复所有可能恢复的存储器。在一个对象作为垃圾(不被引用)被收集前，Java 运行时系统会自动调用这个对象的 finalize 方法，清除它占用的资源。

5.4　访问控制符

访问控制符是一组限定类、属性和方法是否可以被程序中的其他部分访问和调用的修饰符。具体地说，类及其属性和方法的访问控制符规定了程序其他部分能否访问和调用它们。这里的其他部分是指程序中该类之外的其他类或函数。

无论修饰符如何定义，一个类总能访问和调用自己的成员，但是这个类之外的其他部分能否访问该类的变量或方法，就要看这些变量和方法以及它们所属类的访问控制符了。

类的访问控制符只有 public。成员变量和成员方法的访问控制符有三个，分别为 public、protected 和 private。另外，还有一种没有定义专门的访问控制符的默认情况。

5.4.1　类的访问控制符

Java 中类的访问控制符只有 public，表示公共类。一个类被声明为公共类，表明它可以被所有其他类访问和引用，这里的访问和引用是指该类作为整体是可见和可使用的。程序的其他部分可以创建这个类的对象，访问这个类可用的成员变量和方法。Java 中的类可以通过包来组织，处于同一个包中的类可以不加任何说明而方便地互相访问和引用，而对于不同包中的类，一般来说，它们相互之间是不可见的，当然也不可能互相引用。但是，当一个类被声明为公共类时，它就有了被其他包中的类访问的可能性，只需要在程序中使用 import 语句引入公共类，就可以访问和引用这个公共类了。

一个类作为整体对于程序的其他部分可见，并不代表该类的所有成员变量和方法也同时对程序的其他部分可见。类的成员变量和方法能否被所有其他类访问，还要看这些成员变量和方法的访问控制符。类中被设定为 public 的方法是该类对外的接口部分，程序的其他部分通过调用它们与当前类交换信息、传递消息甚至影响当前类的作用，从而避免程序的其他部分直接去操作类的数据。

如果一个类中定义了常用的操作，希望能作为公共工具供其他的类和程序使用，那么也应该把类本身和这些方法都定义为 public，如 Java 类库中的那些公共类和它们的公共方法。另外，每个 Java 程序的主类都必须是公共类，这也基于相同的原因。

说明：

如果一个类的声明中没有 public 访问控制符，就说明该类具有默认的访问控制特性。该访问控制特性规定这样的类只能被同一个包中的类访问和引用，而不能被其他包中的类使用，这种访问特性又称包访问性。通过声明类的访问控制符可以使整个程序结构清晰、严谨，减少可能发生的类之间的干扰和错误。

5.4.2　对类成员的访问控制

类的成员变量和成员方法在声明时，可以有 public、protected、private 这些修饰符(又称限定词)，这些修饰符的作用是对类的成员施以一定的访问权限限定，实现类中成员在一定范围内的信息隐藏。Java 语言提供了 4 种不同的访问权限，以实现 4 种不同范围的访问能力。表 5-1 给出了这些限定词的作用。

表 5-1　在 Java 中，类的限定词的作用范围比较

限定词	同一个类中	同一个包中	不同包中的子类	不同包中的非子类
private	★			
default	★	★		
protected	★	★	★	
public	★	★	★	★

从表 5-1 中可以看出，类总是可以访问自己的成员。

1. private

限制性最强的访问等级就是 private。类中限定为 private 的成员只能被类本身访问而不能被外部类调用。下面的类包含一个 private 成员变量和一个 private 成员方法。

```
class Alpha{
  private int iamprivate;              // private 成员变量
  private void privateMethod( ){       // private 成员方法
      System.out.println("privateMethod");
  }
}
```

在 Alpha 类中，其对象或方法可以检查、修改 iamprivate 变量，也可以调用 privateMethod 方法，但在 Alpha 类外的任何地方都不行。例如，在下面的 Beta 类中，通过 Alpha 对象来访问私有变量或私有方法是不合法的：

```
class Beta{
  void accessMethod( ){
        Alpha a=new Alpha( );
        a.iamprivate=10;      //非法
        a.privateMethod( );    //非法
  }
}
```

当试图访问一个没有权限访问的成员变量时，编译器就会给出错误信息并拒绝对源程序继续编译。同样，如果试图访问一个不能访问的方法，也会导致编译错误。

一个类不能访问其他类对象的 private 成员，但是同一个类的两个对象能否互相访问 private 成员呢？下面举例说明。

```
class Alpha{
private int iamprivate;
boolean isEqualTo(Alpha anotherAlpha){
    if(this.iamprivate==anotherAlpha.iamprivate)
        return true;
    else
        return false;
}
}
```

同一个类的不同对象可以访问对方的 private 成员变量或调用对方的 private 成员方法,这是因为访问保护发生在类的级别上,而不是发生在对象的级别上。另外,对于构造方法,也可以限定为 private。如果一个类的构造方法被声明为 private,则其他类不能生成该类的实例。

2. default

类中不加任何访问权限控制的成员处于默认(default)访问状态,可以被类本身和同一个包中的其他类访问。这个访问级别假设相同包中的类是相互信任的。例如:

```
package package1;
public class Alpha{
    int iamprivate;
    void packageMethod( ){
        System.out.println("packageMethod");
    }
}
```

Alpha 类可以访问自己的成员,同时所有与 Alpha 类定义在同一个包中的其他类也可以访问这些成员。例如 Alpha 和 Beta 都定义在 package1 包中,Beta 类可以合法地访问 Alpha 类的 default 成员。

```
package package1;
class Beta{
    void accessMethod( ){
        Alpha a=new Alpha( );
        a.iamprivate=10;          //合法
        a.protectedMethod( );   //合法
    }
}
```

3. protected

类中限定为 protected 的成员可以被类本身、该类的子类以及同一个包中的所有其他类访问。因此,在想要允许一个类的子类和相关类访问而禁止其他不相关的类访问时,可以使用 protected 访问级别,并且把相关类放在同一个包中。

```
package package1;
public class Alpha{
    protected int iamprivate;
    protected void privateMethod( ){
        System.out.println("protectedMethod");
    }
}
```

假设 Gamma 类也声明为 package1 包的一个成员,那么 Gamma 类可以合法地访问 Alpha 对象的成员变量 iamprivate,还可以调用 Alpha 对象的 protectedMethod 方法。

```
package package1;
class Gamma{
    void accessMethod( ){
        Alpha a=new Alpha( );
```

```
            a.iamprivate=10;      //合法
            a.protectedMethod( );   //合法
    }
    }
```

下面再来研究一下 protected 是怎样影响 Alpha 的子类的。

首先引入一个新的类 Delta，它继承了类 Alpha，但是在另一个包 package2 中。这个 Delta 类不仅可以访问 Delta 类的成员 iamprivate 和 protectedMethod，而且可以访问它的父类。但 Delta 类不能访问 Alpha 对象的成员 iamprivate 和 protectedMethod。

```
package package2;
import package1.*;
class Delta extends Alpha{
        void accessMethod(Alpha a,Delta d){
            a.iamprivate=10;      //非法
            d.iamprivate=10;      //合法
            a.protectedMethod();   //非法
            d.protectedMethod();   //合法
        }
    }
```

处在不同包中的子类，虽然可以访问父类中限定为 protected 的成员，但这时访问这些成员的对象必须是子类类型，而不能是父类类型。

4. public

在 Java 中，类中限定为 public 的成员可以被所有的类访问。一般情况下，一个成员只有在外部对象使用后不会产生不良后果时，才声明为公共的。为了声明一个公共的成员，需要使用关键字 public，例如：

```
package package1;
public class Alpha{
    public int iampublic;
    public void publicMethod( ){
            System.out.println("publicMethod");
    }
}
```

现在重新编写 Beta 类并将它放置到不同的包中，确保它跟 Alpha 类毫无关系。

```
package package2;
import package1.*;
class Beta{
    void accessMethod( ){
            Alpha a=new Alpha( );
            a.iampublic=10;      //合法
            a.publicMethod( );    //合法
    }
}
```

从上面的代码段可以看出，Beta 类可以合法地访问和修改 Alpha 类中的 iampublic 变量，也可以调用 publicMethod 方法。

5. 访问控制符小结

访问控制符是一组限定类、变量或方法是否可以被其他类访问的修饰符。

(1) 公共访问控制符(public)

- public 类：公共类，可以被其他包中的类引入后访问。
- public 方法：类的接口，用于定义类中对外可用的功能。
- public 变量：可以被其他类访问。

(2) 默认访问控制符(default)

具有包访问性(只能被同一个包中的类访问)。

(3) 私有访问控制符(private)

用于修饰变量或方法，只能被类本身访问。

(4) 保护访问控制符(protected)

用于修饰变量或方法，可以被类本身、同一包中的类、任意包中该类的子类访问。

5.5　包

利用面向对象技术进行实际系统的开发时，通常需要定义许多类协同工作。为了更好地管理这些类，Java 引入了包的概念。包是类和接口定义的集合，就像文件夹或目录把各种文件组织在一起，使硬盘上保存的内容更清晰、更有条理一样。Java 中的包把各种类组织在一起，使得程序功能清楚、结构分明。更重要的是，包可用于实现不同程序之间类的重用。

包是一种松散的类和接口的集合。一般不要求处于同一个包中的类或接口之间有明确的联系，如包含、继承等关系，但是由于同一包中的类在默认情况下可以互相访问，因此为了方便编程和管理，通常把需要在一起协同工作的类和接口放在同一个包中。Java 平台将各种类汇集到了功能包中。用户可以使用系统提供的标准类库，也可以编写自己的类。

Java 语言包含的标准包如表 5-2 所示。

表 5-2　标准的 Java 包列表

包	功 能 描 述
java.applet	包含一些用于创建 Java Applet 的类
java.awt	包含一些编写平台无关的图形用户界面(GUI)应用程序的类。其中包含几个子包，包括 java.awt.peer 和 java.awt.image 等
java.io	包含一些用于输入输出处理的类。数据流就包含在这个包里
java.1ang	包含一些基本的 Java 类。java.1ang 是被隐式引入的，所以用户不必引入其中的类
java.net	包含用于建立网络连接的类。与 java.io 同时使用以完成与网络有关的读写操作
java.util	包含一些其他的工具和数据结构，如编码、解码、向量和堆栈等

5.5.1　包的创建

Java 中的包是一组类，要想使某个类成为包的成员，必须使用 package 语句进行声明。而且它应该是整个.java文件的第一条语句，指明该文件中定义的类所在的包。若省略该语句，则指定为无名包。package语句的一般格式如下：

```
package 包名;
```

Java编译器把包对应为文件系统的目录来管理。例如，名为myPackage的包中，所有类文件都存储在目录myPackage下。

Java使用文件系统目录存储包。例如，对于所有声明为属于myPackage包的类来说，它们的.class文件必须存储在myPackage目录中，而且目录名必须和包的名称精确匹配，包括大小写。

也可以创建层次化的包。为此，简单地使用点运算符(.)来分隔每个包的名称。多层级包语句的一般形式如下：

```
package pkg1[.pkg2[.pkg3]];
```

例如，如下声明的包：

```
package com.zhao.entity;
```

需要存储于Windows环境的path\com\zhao\entity目录中。

包层次的根目录path是由环境变量CLASSPATH确定的。

使用package语句时有以下几个特殊要求。

(1) 对于将要包含到包中的类，要求代码必须和包中的其他文件在同一个目录下。用户可以规避这个要求，但这不是好的办法。

(2) package语句必须是文件中的第一条语句。换句话说，在package语句之前除了空白和注释之外不能有任何东西。

将文件声明为包的一部分之后，实际类的名字应该是包名+点(.)+类名。Java编译器为每个类生成一个字节码文件，且文件名与类名相同，因此同名的类有可能发生冲突。为了解决这一问题，Java提供了包来管理类名空间。包实际上提供了一种命名机制和可见性限制机制。

5.5.2　import语句

如果要使用Java中已提供的类，需要用import语句引入所需的类。import语句的格式如下：

```
import packagel[.package2…].(classname|*);
```

其中，packagel[.package2…]表明了包的层次，与package语句相同，它对应于文件目录，classname则指明了所要引入的类。

Java编译器为所有程序自动引入包java.lang，因此不必用import语句引入该包中所有的类，但是如果需要使用其他包中的类，就必须用import语句引入。

如果要从一个包中引入多个类，则可以用星号(*)代替。例如：

```
import java.awt.*;
```

引入整个包也存在一定的弊端，主要包括以下几点。

(1) 当用户引入整个包时，虚拟机必须跟踪包中所有元素的名字，必须使用额外的内存存储类和方法名。

(2) 如果用户引用了几个包，并且它们有共享的文件名，系统就会崩溃。

(3) 最重要的弊端涉及国际互联网的带宽问题。当引入不在本地机器上的整个包时，浏览器必须在继续执行之前通过网络将包中的所有文件拖过来。如果包中有 30 个类，而只使用其中两个类，应用就不能尽快地加载，所以用户将浪费许多资源。

如果只需要某个包中的一个类或接口，这时可以只装入这个类或接口，而不需要装载整个包。例如，下面的语句只装载类 Date：

```
import java.util.Date;
```

另外，在 Java 程序中使用类的地方，都可以指明包含类的包，这时就不必用 import 语句引入类了。只是这样要在程序中输入大量的字符，因此一般情况下不这样使用。例如，类 Date 包含在包 java.util 中，可以用 import 语句引入以实现子类 myDate：

```
import java.util.*;
class myDate extends Date {
      …
}
```

也可以直接在使用类时指明包名：

```
class myDate extends java.Util.Date    {
      …
}
```

两者是等价的。

如果引入的几个包中包括相同名称的类，在使用这些类时就必须排除二义性。排除二义性类名的方法很简单，就是在类名之前添加包名作为前缀。也就是说，当使用类时，必须指明包含类的包，使编译器能够载入相应的类。

例如，用户在自己的程序中定义了一个 myPackage 包，其中包含一个自定义类 Rectangle，如下所示：

```
package myPackage;
public class Rectangle{
......
}
```

而 java.awt 包中也包含 Rectangle 类。如果在某段程序中，myPackage 和 java.awt 这两个包均被装入，那么下面的代码就具有二义性：

```
Rectangle myRect;
Rectangle rectA=new Rectangle();
```

在这种情况下，必须在类名之前添加包名，以便准确地区分需要的是哪个 Rectangle 类，从而避免二义性。例如：

```
myPackage.Rectangle myRect;
java.awt.Rectangle rectA=new java.awt.Rectangle();
```

5.5.3 编译和运行包

包是通过路径反映的，那么在运行 Java 程序时，JVM 如何才能知道在什么地方查找所需的包呢？答案分三部分。

- 首先，默认情况下，JVM 使用当前工作目录作为起点。如果包位于当前目录的子目录中，你就能够找到它。
- 其次，可以通过设置 CLASSPATH 环境变量来指定目录或路径。
- 最后，可以为 java 和 javac 命令使用-classpath 选项，进而指定搜索路径。

例如，在 test 目录下创建一个名为 packTest 的类并放在包 test 中，然后保存到文件 packTest.java 中。对该文件进行编译后，得到字节码文件 packTest.class。

如果直接在 test 目录下运行 java packTest，解释器将返回 can't find class packTest(找不到类 packTest)，因为这时类 packTest 处于包 test 中，对它的引用应该为 test.packTest，于是运行 java test.packTest，但解释器仍然返回 can't find class test\packTest(找不到类 tesf\packTest)。这时可以查看环境变量 CLASSPATH，假设值为 C:\java\classes，表明 Java 解释器在当前目录和 Java 类库所在目录 C:\java\classes 下查找，也就是在\test\test 目录下查找类 packTest，因此找不到。正确的方法有以下两种。

(1) 在 test 的上一级目录下运行 java test.packTest。

(2) 修改环境变量 CLASSPATH，使其包括当前目录的上一级目录。

由此可见，运行包中的类时，必须指明包含该类的包，而且要在适当的目录下运行，同时，正确地设置环境变量 CLASSPATH，使解释器能够找到指定的类。

5.6 本章小结

本章全面讲述了面向对象程序设计的基础知识。首先，从面向对象编程思想讲起，介绍了面向对象的基本概念及主要特征；然后，介绍了类的定义和构成，以及如何创建和使用类的对象；接着又对访问控制符进行了简单介绍；最后，介绍了包的创建与使用。这些知识都是面向对象编程的基础知识，读者应好好理解面向对象编程的基本思想，认真思考和阅读示例程序，多上机练习，体会面向对象编程与结构化编程的不同。

5.7 思考和练习

1.类 MyClass 的实现源码如下：

```
class MyClass extends Object{
    private int x;
    private int y;
    public MyClass( ){
```

```
            x=0;
            y=0;
        }
        public MyClass(int x, int y){
            ...
        }
        public void show( ){
            System.out.println("\nx="+x+"   y="+y);
        }
        public void show(boolean flag){
            if (flag) System.out.println("\nx="+x+"   y="+y);
            else System.out.println("\ny="+y+"   x="+x);
        }
        protected void finalize( ) throws throwable{
            super.finalize();
        }
    }
```

在以上源代码中，类 MyClass 的成员变量是____，构造方法是____，对 Myclass 类的一个
实例对象进行释放时将调用的方法是____。(多选)

(A) private int x;　　　　　　　　　　　　　(B) private int y;

(C) public MyClass( )　　　　　　　　　　　(D) public MyClass(int x, int y)

(E) public void show( )　　　　　　　　　　(F) public void show(boolean flag)

(G) protected void finalize( ) throws throwable

2. 第 1 题中声明的类 MyClass 的构造方法 MyClass(int x, int y)的目的，是使 MyClass 类的
成员变量 private int x、private int y 的值分别等于方法参数表中所给的值 int x、int y。请写出
MyClass(int x, int y)的方法体(用两条语句)：

_____;

_____;

3. MyClass 的类声明同第 1 题。

假设 public static void main(String args[])的方法体如下：

```
    {
      MyClass myclass;
      myclass.show();
    }
```

编译并运行上述程序将会有何结果？(　　)

(A) x=0　y=0　　　　　　　　　　　　　　(B) y=0　x=0

(C) x=…　y=…　(x、y 具体为何值是随机的)　　(D) 源程序有错

4. MyClass 的类声明同第 1 题。

假设 public static void main(String args[])的方法体如下：

```
    {
      MyClass myclass=new MyClass(5,10);
      myclass.show(false);
```

```
        }
```

编译并运行上述程序将会有何结果？（   ）

(A) x=0   y=0   (B) x=5   y=10

(C) y=10   x=5   (D) y=0   x=0

5. MyClass 的类声明同第 1 题。

假设 public static void main(String args[])的方法体如下：

```
    {
        MyClass myclass=new MyClass(5,10);
        myclass.show(false);
    }
```

现在，我们想在 main()方法中加上一条语句来释放 myclass 对象，应使用下面哪条语句？
（   ）

(A) myclass=null;   (B) free(myclass);

(C) delete(myclass);   (D) Java 语言中不存在相应语句

6. 编译下面的源程序会得到哪些文件（   ）？

```
class A1{
}
class A2{
}
public class B{
public static void main(String[] args){
}
}
```

(A) 只有 B.class 文件   (B) 只有 A1.class 和 A2.class 文件

(C) 编译不成功   (D) A1.class、A2.class 和 B.class 文件

7. 下列哪种类成员修饰符修饰的变量只能在类中被访问？（   ）

(A) protected   (B) public

(C) default   (D) private

8. 定义表示学生的类 student，成员变量有学号、姓名、性别、年龄，方法有获得学号、姓名、性别、年龄以及修改年龄。编写 Java 程序，创建 Student 类的对象并测试其方法。

第6章

继承、多态与接口

你在上一章学习了面向对象编程的基础知识，理解了什么是类与对象，并学会了包的相关知识。本章将继续学习面向对象的高级特性：继承、多态、接口以及内部类等相关内容。这些都是面向对象编程的核心，只有深刻理解了这些特性才能真正掌握面向对象编程的精髓，为后续学习做好准备。

本章的学习目标：

- 理解继承与多态的概念
- 掌握继承与多态的实现机制
- 掌握构造方法的调用时机
- 掌握抽象类和接口的定义
- 理解接口中的默认方法和静态方法
- 掌握 final 关键字的用法
- 理解实例成员和类成员
- 掌握内部类的创建与使用

6.1 继承与多态

继承是面向对象程序设计的一种重要手段，通过继承可以更有效地组织程序结构，明确类之间的关系，充分利用已有的类来创建新类，以完成更复杂的设计、开发任务。多态则可以统一多个相关类对外的接口，并在运行时根据不同的情况执行不同的操作，提高类的抽象度和灵活性。

6.1.1 继承

通过继承可以实现代码的复用，使得程序的复杂性呈线性增长，而不是随规模以几何级数增长。

1. 继承的概念

在面向对象技术中，继承是指存在于面向对象程序中的两个类之间的一种关系。当一个类自动拥有另一个类的所有属性(变量和方法)时，就称这两个类之间具有继承关系。被继承的类又称为父类，继承了父类的所有属性的类又称为子类。

在现实生活中，我们会对事物进行归类，比如动物，如果继续细分，可以分为食草动物和食肉动物，其中食草动物又包括兔子、牛和羊等，食肉动物包括狮子、老虎和豹等。这种类属关系就可以用面向对象中的继承来实现。

应用了继承的两个类存在"是一个"的关系，父类更通用，子类更具体。虽然食草动物和食肉动物都属于动物，但是两者在属性和行为上有差别，所以子类既具有父类的一般特性，也具有自身的特性。

继承是一种由已有的类创建新类的机制。父类和子类之间具有共享性、层次性、差异性。由于父类代表所有子类的共性，而子类既可继承父类的共性，又可具有本身独特的个性，因此在定义子类时，只要定义子类本身特有的属性和方法就可以了。从这个意义上讲，继承可以理解为：子类的对象可以拥有父类的全部属性和方法，但父类的对象却不能拥有子类的全部属性和方法。

Java 语言出于安全、可靠性方面的考虑，仅提供了单继承机制。即 Java 程序中的每个类只有一个直接的父类，而 Java 的多继承功能则是通过接口方式来间接实现的。

2. 类的层次结构

Java 语言中的类具有层次结构，如图 6-1 所示。Object 类定义和实现了 Java 系统所需要的众多类的共同行为，它是所有类的父类。Object 是一个根类，所有的类都是从这个类继承、扩充而来的，该类定义在 java.lang 包中。

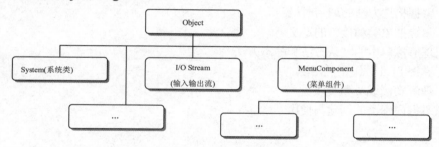

图 6-1　Java 语言中类的层次结构

从图 6-1 中可以看出，位于最高层次的是 Object 类，也称为对象基类、超类或父类。在 Object 类的下层有许多子类，也称为导出类或派生类。事实上，每个子类又可以有许多子类，从而形成规模庞大的类层次结构。

6.1.2　Java 中的继承

在 Java 中，所有的类都是通过直接或间接地继承 java.lang.Object 得到的。子类继承父类(包括所有直接或间接被继承的类)的状态和行为，同时也可以修改父类的状态或重写父类的行为，并且可以添加新的状态和行为，但需要注意的是，Java 不支持多重继承。

1. 创建子类

可通过在类的声明中加入 extends 子句来创建子类，语法格式如下：

```
class 子类名 extends 父类名称{
    ...
}
```

如果父类又是某个类的子类,那么创建的子类同时也是该类的(间接)子类。如果省略 extends 子句,则该类为 java.lang.Object 的子类。子类可以继承父类中访问权限为 public、protected、default 的成员变量和成员方法,但是不能继承访问权限为 private 的成员变量和成员方法。

【例 6-1】声明学生类 Student,然后由该类派生大学生类 UniversityStudent。

在 D:\workspace 目录中新建子文件夹"第 6 章"用来存放本章示例源程序,新建名为 Student.java 的源文件,定义学生类 Student,代码如下:

```
class Student{                      //自定义学生类 Student
    int stu_id;                     //定义属性: 学生学号
    void set_id(int id){            //定义方法: 设置学号
        stu_id=id;
    }
    void show_id(){                 //定义方法: 显示学号
        System.out.println("学号: "+stu_id);
    }
}
```

新建名为 UniversityStudent.java 的源文件,通过继承 Student 类来定义大学生类 UniversityStudent,代码如下:

```
class UniversityStudent extends Student{   //定义 UniversityStudent 是 Student 的子类
    int dep_number;                         //定义子类特有的属性变量: 系别号
    void set_dep(int dep_num){              //定义子类特有的方法
        dep_number=dep_num;
    }
    void show_dep( ){
        System.out.println("院系 ID: "+dep_number);
    }
}
```

通过在定义子类时用 extends 关键字指明新定义类的父类,就在两个类之间建立了继承关系。学生有小学生、中学生和大学生之分,因此,学生类可以作为具有共性的父类,而大学生则是学生的一种,具有特殊性,因此可以作为子类。这样,大学生子类继承了学生类的所有属性和方法,并且可以有自身的特殊属性和方法。

新建名为 Exam6_1.java 的 Java 源文件,输入如下代码:

```
public class Exam6_1 {
    public static void main(String args[]){
        UniversityStudent Lee=new UniversityStudent();
        Lee.set_id(2018070130);   //继承父类的属性
        Lee.set_dep(701);          //使用自身的属性
        Lee.show_id();             //继承父类的方法
        Lee.show_dep();            //使用自身的方法
    }
}
```

编译并运行程序，输出结果如下：

学号：2018070130
院系 ID：701

2. 成员变量的隐藏和方法的覆盖(重写)

如果在子类中又定义了一个与从父类那里继承而来的成员变量完全相同的变量，则称为成员变量的隐藏。这里，所谓隐藏是指子类拥有两个名字相同的变量，一个继承自父类，另一个由子类定义；当子类执行继承自父类的操作时，处理的是继承自父类的变量，而当子类执行自己定义的方法时，操作的就是子类自己定义的变量，而把继承自父类的同名成员变量"隐藏"起来。

类似地，如果子类的一个方法和父类的某个方法具有相同的名称和类型签名，那么称子类的这个方法重写了父类中相应的方法。当在子类中调用被重写的方法时，总是调用由子类定义的版本，由父类定义的版本会被"覆盖"。

【例6-2】演示成员变量的隐藏和方法的覆盖。

```java
class SuperClass {
int x;
void setX(int i){
        x=i;
}
}
class SubClass extends SuperClass {
int x;                //隐藏了父类的成员变量 x
void setX(int i){     //覆盖了父类的方法 setX
        x=5+i;
}
}
public class Exam6_2 {
public static void main(String args[]) {
        SuperClass superObj = new SuperClass();
        SubClass subObj = new SubClass();
        superObj.setX(10);
        subObj.setX(10);
        System.out.println("父类对象 setX(10)后，x="+superObj.x);
        System.out.println("子类对象 setX(10)后，x="+subObj.x);
}
}
```

本例中，SubClass 是 SuperClass 的子类。其中，我们声明了一个和父类 SuperClass 同名的变量 x，并定义了与之相同的方法 setX。这时，在子类 SubClass 中，父类的成员变量 x 被隐藏，父类的方法 setX 被重写。于是子类对象使用的变量 x 为子类中定义的变量，子类对象调用的方法 setX 为子类中实现的方法。子类通过成员变量的隐藏和方法的覆盖可以把父类的状态和行为改变为自身的状态和行为。

编译并运行程序，输出结果如下：

父类对象 setX(10)后，x=10
子类对象 setX(10)后，x=15

注意：

子类在重新定义父类已有的方法时，应保持与父类完全相同的方法头声明，也就是说，应与父类有完全相同的方法名、参数列表和返回类型。

3. super

子类在隐藏了父类的成员变量或覆盖(重写)了父类的方法后，有时还需要用到父类的成员变量，或在重写的方法中使用父类中被重写的方法以简化代码，这时，就要访问父类的成员变量或调用父类的方法了，在 Java 中通过 super 来实现对父类成员的访问。前面曾提到过，this 用来引用当前对象，与 this 类似，super 用来引用当前对象的父类。

super 的使用有以下 3 种情况。

(1) 用来访问父类被隐藏的成员变量，例如：

super.variable

(2) 用来调用父类中被重写的方法，例如：

super.Method([paramlist]);

(3) 用来调用父类的构造方法，例如：

super(rparamlist));

下面通过例 6-3 来说明 super 的使用，以及成员变量的隐藏和方法的重写。

【例 6-3】super 的使用示例。

新建一个表示笔的类 Pen，代码如下：

```java
class Pen {
protected String color;
int length;
String brand="中华";
public Pen(String color, int length){
    this.color=color;
    this.length=length;
}
public void showBrand(){
    System.out.println(brand);
}
public void display() {
    System.out.println("我的铅笔是"+color+"的");
    System.out.println("铅笔的长度是"+length);
}
}
```

铅笔类 Pencil 继承自 Pen 类，新增了成员变量 degree，同时隐藏了父类的成员变量 brand，代码如下：

```
class Pencil extends Pen {
double degree;
String brand="晨光";
Pencil(String color, int length, double degree) {
     super(color,length);      //调用父类的构造方法
     this.degree = degree;
}
public void showBrand(){
     System.out.println("父类 brand"+super.brand);
     System.out.println("子类 brand "+brand);
}
public void display() {
     super.display();              //调用父类覆盖的方法
     System.out.println("铅笔的直径是"+degree);
}
}
```

在子类 Pencil 中，使用 super 关键字分别调用了父类的构造方法、隐藏的成员变量和覆盖的方法。

编写一个测试类，创建子类对象，查看程序的输出结果，代码如下：

```
public class Exam6_3{
public static void main(String[] args){
     Pencil obj=new Pencil("绿色",12,0.7);
     obj.showBrand();
     obj.display();
}
}
```

编译并运行程序，结果如下：

```
父类 brand 中华
子类 brand 晨光
我的铅笔是绿色的
铅笔的长度是 12
铅笔的直径是 0.7
```

4. 构造方法的调用时机

为了更好地理解类的继承，我们来看一下，在继承的类层次结构中，当创建子类对象时，对于构成整个层次结构的类来说，是以什么样的顺序调用这些类的构造方法的。

【例 6-4】创建一个多级继承的类层次结构，查看构造方法的调用时机。

新建名为 Exam6_4.java 的源文件，在该文件中新建类 A、B、C，其中 C 类是 B 类的子类，B 类是 A 类的子类，完整的代码如下：

```
class A {// 父类 A
A() {
     System.out.println(" A 的构造方法.");
}
```

```
}
class B extends A {      // A 的子类 B
B() {
    System.out.println(" B 的构造方法。");
}
B(int i) {
    System.out.println(" B 的带参数的构造方法。");
}
}
class C extends B {      // B 的子类 C
C() {
    System.out.println(" C 的构造方法。");
}
C(int i){
    super(i);// 使用 super 调用类带参数的构造方法
    System.out.println(" C 的带参数的构造方法。");
}
}
public class Exam6_4 {
public static void main(String[] args) {
    System.out.println("创建 c1 时构造方法的调用顺序：");
    C c1=new C();
    System.out.println("创建 c2 时构造方法的调用顺序：");
    C c2=new C(1);
}
}
```

编译并运行程序，输出结果如下：

```
创建 c1 时构造方法的调用顺序：
  A 的构造方法。
  B 的构造方法。
  C 的构造方法。
创建 c2 时构造方法的调用顺序：
  A 的构造方法。
  B 的带参数的构造方法。
  C 的带参数的构造方法。
```

可以看出，不使用 super 关键字，子类的构造方法会调用父类的默认构造方法；如果有多级父类，则构造方法是按照继承顺序调用的，本例中先调用 A 的构造方法，然后调用 B 的构造方法，最后调用 C 的构造方法。

对此稍加分析，就可以看出以继承顺序调用构造方法是合理的。因为超类不知道子类的任何情况，超类需要执行的任何初始化操作独立于子类执行的任何初始化操作，并且超类的初始化操作可能还是子类初始化操作的先决条件。所以，必须先执行超类的构造方法。

通常，在实现子类的构造方法时，先调用父类的构造方法。在实现子类的 finalize 方法时，再调用父类的 finalize 方法，这符合层次化的观点以及构造方法和 finalize 方法的特点。初始化过程总是从高级向低级进行，而资源释放过程应从低级向高级进行。

5. 程序设计原则

在面向对象程序设计中，有以下几条重要且有用的原则。

(1) 尽量将公共的操作和属性放在父类中。这是通过类的继承实现代码重用的基本要求，通过定义父类中的方法，使得所有的子类都能重用这些代码，对于提高程序的开发效率是有很大好处的。

(2) 利用继承实现问题模型中的"子类是父类的一种"的关系。

(3) 子类继承父类的前提是父类中的方法对子类都是可用的。如果要声明一个类继承另一个类，就必须考虑父类的方法是否对子类都是适用的，如果不适用的方法很多，继承就失去了意义。

6.1.3　多态

多态是由封装和继承引出的面向对象程序设计语言的另一特征。在面向过程的程序设计中，各个函数是不能重名的，否则在用名字调用时，就会产生歧异和错误。而在面向对象的程序设计中，有时却需要利用这样的"重名"来提高程序的抽象度和简洁性。

多态是指同名的不同方法在程序中共存。为同一个方法定义几个版本，运行时根据不同情况执行不同的版本。调用者只需要使用同一个方法名，系统会根据不同情况，调用相应的方法，从而实现不同的功能。多态又被称为"一个名字，多个方法"。

在 Java 中，多态的实现有两种方式。

- 覆盖实现多态：通过子类对继承的父类方法的重定义来实现。使用时需要注意：在子类中重定义父类方法时，要求与父类中的方法原型(参数个数、类型、顺序)完全相同。
- 重载实现多态：通过定义类中的多个同名的不同方法来实现。编译时根据参数(个数、类型、顺序)的不同来区分不同的方法。

由于重载发生在同一个类中，不能再用类名来区分不同的方法了，因此在重载中采用的区分方法是使用不同的形式参数表，包括形式参数的个数不同、类型不同或顺序不同。本书在前面讲过方法重载的概念，即完成一组相似功能的方法可以具有相同的方法名，只是方法接收的参数不同。具体调用哪个被重载的方法，是由编译器在编译阶段静态确定的，所以说重载实现多态体现了静态的多态特性。

1. 覆盖实现多态

子类对象可以作为父类对象使用，这是由于子类通过继承具备了父类的所有属性(私有属性除外)。所以，在程序中凡是要求使用父类对象的地方，都可以用子类对象代替。另外，子类还可以重写父类中已有的成员方法，实现父类中没有的功能。

(1) 重写方法的调用规则

对于重写的方法，Java 运行时系统将根据调用方法的实例的类型来决定调用哪个方法。对于子类的实例，如果子类重写了父类的方法，则运行时系统会调用子类的方法；如果子类继承了父类的方法(未重写)，则运行时系统会调用父类的方法。因此，一个对象可以通过引用子类的实例来调用子类的方法，如例 6-5 所示。

【例6-5】重写方法的调用规则示例。

新建动物类 Animal，然后派生子类 Bird 和 Fish，在这两个子类中重写父类方法 run()，代码如下：

```
class Animal{
    void run( ){
        System.out.println("The animal is running.");
    }
}
class Bird extends Animal{
    void run( ){
        System.out.println("The bird is flying.");
    }
}
class Fish extends Animal{
    void run( ){
        System.out.println("The fish is swimming.");
    }
}

public class Exam6_5{
    public static void main(String args[]){
        Animal a=new Bird( );
        Animal b=new Fish( );
        a.run( );
        b.run( );
    }
}
```

编译并运行程序，结果如下：

```
The bird is flying.
The fish is swimming.
```

本例中，我们声明了 Animal 类型的变量 a 和 b，然后分别指向子类 Bird 和 Fish 的实例，在通过 a 和 b 调用 run 方法时，Java 运行时系统会分析引用的类型，然后根据具体情况，分别调用 Bird 或 Fish 类的 run 方法。

用这种方式可以实现运行时的多态，体现了面向对象程序设计中的代码复用和灵活性。已经编译好的类库可以调用新定义的子类的方法而不必重新编译，而且还提供了简明的抽象接口。比如，在例 6-5 中，如果继续增加 A 类的几个子类的定义，只需要分别用 new 创建不同子类的实例并存储在 Animal 对象中，即可通过 a.run()的形式分别调用多个子类的不同 run 方法。

(2) 方法重写时应遵循的原则

方法重写有以下两个原则。

● 改写后的方法不能比被重写的方法有更严格的访问权限。

● 改写后的方法不能比被重写的方法产生更多的异常。

进行方法重写时必须遵守这两个原则，否则会产生编译错误。编译器加上这两个限定，是为了与 Java 语言的多态特性保持一致。这里可以通过分析例 6-6 得出这些结论。

【例 6-6】假设编译器允许重写的方法比被重写的方法有更严格的访问权限，那么下面的程序段可以编译通过，生成.class 文件。

```
class Parent{
    public void fimction( ){
    }
}
class Child extends Parent{
    private void function( ){
    }
}
public class Exam6_6{
    public static void main(String args[]){
        Parent p1 = new Parent( );
        Parent p2 = new Child( );
        p1.function( );
        p2.function( );
    }
}
```

当程序执行到 p2.function( )时，由于 p2 指向的是 Child 类的对象，因此 p2.function( )会调用 Child 类的 function 方法，由于 Child 类的 function 方法的访问权限为 private，因此会导致访问权限冲突。产生这种错误的原因在于子类中重写的方法 function 比父类中被重写的方法有更严格的访问权限。为了避免这种错误的产生，Java 语言规定不允许这样重写方法，否则会在编译时产生错误。

上述第一条原则也与对象的多态有关，这样限定是出于对程序健壮性的考虑，是为了避免程序中有应该捕获而未捕获的异常。涉及异常处理的部分，本书将在后面介绍。

2. 重载实现多态

重载实现多态是通过在类中定义多个同名的不同方法来实现的。编译时则根据参数(个数、类型、顺序)的不同来区分不同的方法。通过重载可定义多种同类的操作方法，调用时根据不同需要选择不同的操作。

第 5 章已经讲过方法重载的概念，在前面的许多例子中也用到了标准输出方法 System.out.println( )，就是一个典型的重载方法，可以给该方法提供不同的参数——int、double、String 等类型，程序会根据参数的不同调用相应的方法、打印不同类型的数据。

3. 对象状态的确定

既然子类对象可以作为父类对象使用，那么在程序中怎样判断对象究竟属于哪一类呢?在 Java 语言中，提供了 instanceof 操作符用来判断对象是否属于某个类的实例。

下面举例说明其用法。在例 6-7 中，方法 method 接收的参数类型为 Animal，Bird 和 Fish 都是 Animal 的子类，由于子类对象可以作为父类对象使用，因此 method 方法也可以接收 Bird 和 Fish 类型的对象，在方法内部，可以通过 instanceof 操作符来判断对象的类型，进而做出不同的处理。

【例6-7】确定对象状态的应用举例。

```
public void method(Animal a) {
    if(a instanceof Bird){
        ……                //do something as a Bird
    }
    else if(a instanceof Fish) {
        ……                //do something as a Fish
    }
    else {
        ……                //do something else
    }
}
```

6.2 抽象类和接口

在某些情况下，我们希望定义这样一种超类：只声明已知抽象内容的结构，而不提供每个方法的完整实现。也就是说，只定义被所有子类共享的一般形式，而让每个子类去填充细节。Java 提供了抽象类和接口来实现这样的功能。

6.2.1 抽象类

用 abstract 关键字修饰的类称为抽象类。声明为 abstract 的类不能被实例化，它只提供了基础，要想实例化，该类必须作为父类，子类可以通过继承它，然后添加自己的属性和方法来形成具体的有意义的类。

同理，用 abstract 修饰的方法称为抽象方法。与 final 类和方法相反，abstract 类必须被继承，abstract 方法必须被重写。

当一个类的定义完全表示抽象的概念时，它不应该被实例化为一个对象。例如，Java 中的 Number 类就是一个抽象类，它只表示数字这一抽象概念，只有当它作为整数类 Integer 或实数类 Float 等的父类时才有意义。抽象类的定义格式如下：

```
abstract class abstractClass{
    ……
}
```

由于抽象类不能被实例化，因此下面的语句将产生编译错误：

```
new abstractClass( );          //abstract class can't be instantiated
```

抽象类中可以包含抽象方法，为所有子类定义统一的接口，对抽象方法只需要声明，而不需要实现，声明格式如下：

```
abstract returnType abstractMethod([paramlist]);
```

抽象类中不一定要包含抽象方法，但是，一旦某个类中包含抽象方法，这个类就必须被声明为抽象类。此外，不能声明抽象的构造方法，也不能声明抽象的静态方法。抽象类的所有子类，要么实现超类中的所有抽象方法，要么自己也声明为抽象类。

【例6-8】抽象类举例。

```
abstract class A {
abstract void callme();
void metoo() {
    System.out.println("Inside A's metoo( ) method");
}
}
class B extends A {
void callme() {
    System.out.println("Inside B's callme( ) method");
}
}
public class Exam6_8 {
public static void main(String[] args) {
    A c = new B();
    c.callme();
    c.metoo();
}
}
```

程序运行结果如下：

```
Inside B's callme( ) method
Inside A's memo( ) method
```

在该例中，首先定义了抽象类 A，其中声明了抽象方法 callme，然后定义了子类 B，并实现了抽象方法 callme。在测试类中，创建子类 B 的一个实例，并把它的引用返回到 A 类型的变量 c 中。对象的多态特性导致上述运行结果。

abstract 和 final 修饰符不能同时修饰一个类，因为 abstract 类自身没有具体的对象，需要派生出子类后，再创建子类的对象；而 final 类则不可能有子类，这样，abstract final 类就无法使用，也就没有意义了。但是，abstract 和 final 可以各自与其他的修饰符合用。例如，一个类可以是 abstract 的，也可以是 public final 的。当使用一个以上的修饰符修饰类或类中的成员时，这些修饰符之间以空格分开，写在 class 关键字之前，修饰符之间的先后次序对类没有影响。

6.2.2　接口

接口是用来实现类间多重继承功能的一种结构，是相对独立的、能够完成特定功能的属性集合。凡是需要实现这种特定功能的类，都可以继承并使用。一个类只能有一个父类，但可以同时实现若干接口。

Java 通过接口使得处于不同层次，甚至互不相关的类可以具有相同的行为。接口就是方法定义和常量值的集合。从本质上讲，接口是一种特殊的抽象类，这种抽象类中只包含常量和方法的定义，而没有变量和方法的实现(JDK 8 开始支持默认方法)。接口的用处主要体现在以下几个方面。

(1) 通过接口可以实现不相关类的相同行为，而不需要考虑这些类之间的层次关系。

(2) 通过接口可以指明多个类需要实现的方法。

(3) 通过接口可以了解对象的交互界面，而不需要了解对象所对应的类。

1. 接口与多继承

与 C++不同，Java 不支持类的多重继承，而是通过接口实现比多重继承更强的功能。多重继承是指一个类可以是多个类的子类，它使得类的层次关系不清晰，而且当多个父类同时拥有相同的成员变量和成员方法时，子类的行为是不容易确定的，这些都将给编程带来困难。单继承则清楚地表明了类的层次关系，指明子类和父类各自的行为。接口则把方法的定义和类的层次区分开来，通过它可以在运行时动态地定位所调用的方法。同时，接口中可以实现"多重继承"，一个类可以实现多个接口。正是这些机制使得接口提供了比多重继承更简单、更灵活、更强劲的功能。

需要特别说明的是：接口只是定义了行为的协议，并没有定义履行接口协议的具体方法。Java 中的某个类在获取某一接口定义的功能时，并不是通过直接继承这个接口中的属性和方法来实现的，因为接口中的属性都是没有方法体的抽象方法。也就是说，接口定义的仅仅是实现某一特定功能的一组功能的对象协议和规范，而并没有真正地实现这个功能，这个功能的真正实现是在实现这个接口的类中完成的，要由这些类具体地定义接口中各抽象方法的方法体，以适合某些特定的行为。因此，在 Java 中通常把对接口功能的继承称为"实现"。

接口是简单的、未实现的一些抽象方法的集合，可以考查一下接口与抽象类到底有什么区别，这对于学习 Java 是很有意义的。它们之间的区别主要有以下几点。

(1) 接口不能实现任何方法，而抽象类可以。

(2) 类可以实现许多接口，但只有一个父类。

(3) 接口不是类层次结构的一部分，没有联系的类可以实现相同的接口。

说明：

从 JDK 8 开始，可以在接口的方法中添加默认实现。然而，默认实现只是构成了一种特殊用途，接口最初的目的没有改变。一般来说，最常创建和使用的仍是不包含默认方法的接口。

2. 接口的定义

接口是由常量和抽象方法组成的特殊类。定义接口跟创建类非常相似。接口的定义包括接口声明和接口体两部分。一般格式如下：

```
接口声明{
    接口体
}
```

(1) 接口声明

接口声明中可以包括接口的访问权限以及父接口列表。完整的接口声明如下：

```
[public]interface 接口名[extends 接口列表]{
    ……
}
```

其中，public 指明任意类均可以使用这个接口，默认情况下，只有与接口定义在同一个包中的类才可以访问这个接口；extends 子句与类声明中的 extends 子句基本相同，所不同的是，一个接口可以有多个父接口，父接口名之间用逗号隔开，而一个类只能有一个父类。子接口将继承父接口中的所有常量和方法。

(2) 接口体

接口体包含常量定义和方法定义两部分。

常量定义的格式如下：

```
type NAME=value;
```

其中，type 可以是任意类型；NAME 是常量名，通常用大写字母；value 是常量值。在接口中定义的常量可以被实现接口的多个类共享，与 C 中用#define 以及 C++中用 const 定义的常量是相同的。接口中定义的常量具有 public、final、static 属性。

方法定义的格式如下：

```
returnType methodName([paramlist]);
```

接口中只进行方法的声明，而不提供方法的实现。所以，方法定义没有方法体，并且以分号(;)结尾。接口中声明的方法具有 public 和 abstract 属性。另外，如果在子接口中定义了和父接口同名的常量或相同的方法，则父接口中的常量被隐藏、方法被重写。

【例 6-9】接口定义举例。

```
interface Collection{
    int MAX_NUM=100;
    void add(Object obj);
    void delete(Object Obj);
    Object find(Object obj);
    int currentCount( );
}
```

该例定义了一个名为 Collection 的接口，其中声明了一个常量和四个方法。这个接口可以由队列、堆栈、链表等类实现。

3. 接口的实现

要使用接口，就必须编写实现接口的类。如果一个类实现了一个接口，那么这个类就必须提供接口中定义的所有方法的实现。

一个类可以根据接口中定义的协议来实现接口。在类的声明中用 implements 子句表示一个类实现了某个接口。一个类可以实现多个接口，在 implements 子句中用逗号分隔。在类体中可以使用接口中定义的常量，而且必须实现接口中定义的所有方法。

【例 6-10】接口的实现：在类 FIFOQueue 中实现上面定义的接口 Collection。

```
class FIFOQueue implements Collection{
    void add (Object obj ){
        ...
    }
    void delete( Object obj ){
        ...
    }
    Object find( Object obj ){
        ...
```

```
    }
    int currentCount {
        ...
    }
}
```

在类中实现接口所定义的方法时，方法的声明必须与接口中定义的完全一致。

实现接口时应注意以下几点。

(1) 在类的声明部分，用 implements 关键字声明类将要实现哪些接口。

(2) 类在实现抽象方法时，必须使用 public 修饰符。

(3) 除抽象类外，在类的定义部分必须为接口中的所有抽象方法定义方法体，且方法头应该与接口中的定义完全一致。

(4) 若实现某接口的类是抽象类，则它可以不实现该接口中的所有方法。但是对于这个抽象类的任何一个非抽象子类，不允许存在未被实现的接口方法，即非抽象类中不能存在抽象方法。

4. 默认方法和静态方法

默认方法和静态方法都是 JDK 8 为接口添加的新功能。在 JDK 8 之前，接口指定的方法都是抽象方法，不包含方法体，当然这样的方法也就不能是静态方法。JDK 8 的发布改变了这一点。

默认方法允许为接口方法定义默认实现，使其不再是抽象方法。推出默认方法的主要动机是提供一种扩展接口的方法，而不破坏现有代码。例如，如果为一个使用广泛的接口添加一个新方法，那么由于找不到新方法的实现，现有实现该接口的类需要添加这个新方法的实现(即使新方法对有的类没有用，也必须添加空的方法体实现)。有了默认方法就不用显式修改所有现有的实现类了。

添加默认方法并没有改变接口的关键特征：不能维护状态信息。例如，接口仍然不能有实例变量。因此，接口与类之间决定性的区别是类可以维护状态信息，而接口不可以。

为接口定义默认方法，类似于为类定义方法。主要区别在于，默认方法的声明前面带有关键字 default。例如，下面为例 6-9 中的 Collection 接口增加了一个默认方法：

```
interface Collection{
    int MAX_NUM=100;
    void add(Object obj);
    void delete(Object Obj);
    Object find(Object obj);
    int currentCount( );
    default String getInfo(){
                return "这是默认方法";
        }
}
```

新增的默认方法 getInfo 包含默认实现。因为该方法包含默认实现，所以实现该接口的类不需要重写这个方法。换句话说，现有实现接口的类无须修改代码即可保持原有功能，而如果没有默认方法，为接口新增方法后，所有实现该接口的类都需要添加新方法的实现，否则将产生编译错误。

JDK 8 为接口添加了另一项新功能：可以定义一个或多个静态方法。类似于类中的静态方法，接口定义的静态方法可以独立于任何对象调用。因此，在调用静态方法时，不需要实现接口，也不需要接口的实例。相反，通过使用接口名加点运算符(.)即可调用静态方法。

我们继续在 Collection 接口中添加一个静态方法，以展示接口中静态方法的使用。这个静态方法将返回一个 double 类型的 PI 值，如下所示：

```
interface Collection{
    int MAX_NUM=100;
    void add(Object obj);
    void delete(Object Obj);
    Object find(Object obj);
    int currentCount( );
    default String getInfo(){
            return "这是默认方法";
    }
    //定义一个静态方法
    static double getPI() {
            return 3.1415926;
    }
}
```

此时，无须实现接口的类，也不需要任何实例，就可以通过如下语句来调用 getPI 方法：

```
double pi=SayHello.getPI();
```

提示：
实现接口的类或子接口不会继承接口中的静态方法。

5. 接口类型的使用

当定义一个新的接口时，实际上定义了一种新的引用数据类型，在可以使用其他类型的名字(如变量声明、方法参数等)的地方，都可以使用这个接口名字。接口可以作为一种引用类型来使用，任何实现该接口的类的实例都可以存储在该接口类型的变量中，通过这些变量可以访问类所实现的接口中的方法。Java 运行时系统会动态地确定该使用哪个类中的方法。

把接口作为一种数据类型时不需要了解对象所对应的具体的类，而着重于它的交互接口，仍以前面定义的 Collection 接口和实现该接口的类 FIFOQueue 为例。可以使用下面的代码，将 Collection 接口作为引用类型来使用。

```
Collection c = new FIIFOQueue( );
c.add(obj);
```

6.3 其他

通过前面的学习，读者已经对面向对象编程的知识有了一定的理解，掌握了类和对象的创建，理解了继承和多态等面向对象的核心思想。本节将介绍其他一些更细微的技巧。

6.3.1　final 关键字

在前面介绍类体的定义时，可以看到在类、类的成员变量和成员方法的定义格式中，都可以使用 final 关键字。对于这三种不同的语法单元，final 的作用也不同，下面分别加以介绍。

1. 使用 final 修饰变量

如果一个变量的前面有 final 修饰符，那么这个变量就变成了常量，一旦被赋值，就不允许在程序的其他地方修改。使用方式如下：

```
final type variableName;
```

用 final 修饰类的成员变量时，在定义的同时就应该给出初始值，而对于局部变量，不要求在定义的同时给出初始值。但无论哪种情况，初始值一旦给定，就不允许再修改。

2. 使用 final 修饰方法

类的成员方法也可以用 final 修饰，用 final 修饰的方法不能被子类重写。使用方式如下：

```
final returnType methodName(paramList){
    ……
}
```

3. final 类

final 类不能被继承。由于安全原因或面向对象设计上的考虑，有时候希望一些类不能被继承。例如，Java 中的 String 类，它对编译器和解释器的正常运行有很重要的作用，不能轻易改变，因此把它声明为 final 类，使它不能被继承，这就保证了 String 类型的唯一性。同时，如果认为一个类的定义已经很完美，不需要再生成它的子类了，这时也应把它声明为 final 类，这就阻止了某些类对它进行其他处理。final 类的定义格式如下：

```
final class 类名{
    ……
}
```

6.3.2　实例成员和类成员

Java 中的类包括两种类型的成员：实例成员和类成员。除非特别指定，定义在类中的成员一般都是实例成员。

如果在声明类中的成员时使用了 static 修饰符，则该成员就是类成员。语法格式如下：

```
static type classVar;
static returnType classMethod([paramlist]){
    ……
}
```

上述语句分别声明了类变量和类方法。如果在声明时没有使用 static 修饰符，则声明为实例变量和实例方法。

1. 实例成员

在前面的示例中，大部分类中的成员都是实例成员。声明了实例变量之后，每创建类的一个新对象，系统就会为该对象创建实例变量的副本；相应的实例方法是对当前对象的实例变量进行操作的，而且可以访问类变量。下面再来看一个具体的例子。

【例 6-11】实例成员举例。

新建名为 Exam6_11.java 的源文件，输入如下代码：

```java
class ClassA {
int x;
public int getX() {
    return x;
}
public void setX(int newX) {
    x = newX;
}
}
public class Exam6_11 {
public static void main(String[] args){
    ClassA obj1 = new ClassA();
    ClassA obj2 = new ClassA();
    obj1.setX(10);
    obj2.x = 22;
    System.out.println("obj1.x=" + obj1.x);
    System.out.println("obj2.x=" + obj2.getX());
}
}
```

本例在 ClassA 类中有一个实例变量 x 以及两个实例方法 getX 和 setX，该类的对象通过它们来设置和查询 x 的数值。类的所有对象共享了一个实例方法的相同实现。ClassA 类的所有对象共享了方法 getX 和 setX 的相同实现。这里的方法 getX 和 setX 都使用了对象的实例变量 x。那么，所有对象共享 getX 和 setX 的相同实现，会不会引起混淆呢？当然不会。在实例方法中，它们都是引用了当前对象的实例变量。因此，方法 getX 和 setX 中的 x 等价于当前对象的 x，不会产生模棱两可的情况。换言之，将实例方法和操作它的对象联系在一起，保证每个对象拥有不同的数据，但处理这些数据的方法仅一套，可被该类的所有对象共享。

我们在测试类的 main()方法中声明了 ClassA 类的两个对象 obj1 和 obj2，这两个对象分别使用 setX 方法和直接访问变量 x(obj2.x)的形式设置实例变量 x 的值。不管使用哪种方法，代码操作了 x 的两个不同副本，一个包含在 obj1 对象中，另一个包含在 obj2 对象中。所以，程序输出结果如下：

```
obj1.x=10
obj2.x=22
```

这说明类的每个对象都有自己的实例变量并且每个实例变量都有不同的数值。

2. 类变量

用 static 修饰符声明的变量是类变量。类变量与实例变量的区别在于，系统只为每个类分配类变量，而不管类创建的对象有多少。当第一次调用类的时候，系统为该类变量分配内存，该类的所有对象共享类变量。因此，可以通过类本身或者该类的任意一个对象来访问类变量。例如，例 6-11 中的 ClassA 类中的成员变量 x 如果使用 static 修饰符，就是一个类变量，修改后的代码如下：

```
static int x;
```

则测试程序的输出结果如下：

```
obj1.x=22
obj2.x=22
```

输出的两个变量结果相同，x 现在是一个类变量了，因此只有这个类变量的唯一副本，它被该类的所有对象所共享，包括 obj1 和 obj2。当在任意对象中调用 setX 方法或直接访问变量赋值时，都会改变该类的所有对象所共享的值。obj1.setX(10);语句把 x 的值修改为 10，紧接着 obj2.x = 22;又将其修改为 22，所以最后输出的结果是 22。

3. 类方法

在进行方法声明的时候，使用 static 关键字即可指定方法为类方法。第一次调用包含类方法的类时，系统就会为类方法创建一个副本。类的所有实例共享类方法的相同副本。

类方法只能操作类变量而不能直接访问类中定义的实例变量，除非这些类方法创建了新的对象，并通过对象访问它们。同时，类方法可以在类中被调用，不必通过实例来调用类方法。

从刚开始学习 Java 就一直在使用的 main()方法就是一个类方法，因此 JVM 在执行 main()方法时不创建 main()方法所在类的实例对象。在 main()方法中，不能直接访问类中的实例成员，必须在创建类的一个实例对象后，才能通过这个实例对象去访问类中的实例成员。

实例成员和类成员之间的另外一个不同点是类成员可以用类名来访问，而不必创建类的对象。形式如下：

```
类名.类成员名
```

【例 6-12】实例成员和类成员举例。

```
class ClassB {
static int classVar;
int instanceVar;
static void setClassVar(int i) {
    classVar = i;
    // instanceVar=i;      //在类方法中不能直接访问实例变量
}
static int getClassVar() {
    return classVar;
}
void setinstanceVar(int i) {
    classVar = i;
    instanceVar = i;
```

```
    }
    int getInstanceVar() {
        return instanceVar;
    }
    }
    public class Exam6_12 {
    public static void main(String[] args) {
        ClassB m1=new ClassB();
        ClassB m2=new ClassB();
        m1.setClassVar(1);
        System.out.println("m1.classVar="+m1.getClassVar());
        System.out.println("m2.classVar="+m2.getClassVar());
        ClassB.setClassVar(2);
        System.out.println("m1.classVar="+m1.getClassVar());
        System.out.println("m2.classVar="+m2.getClassVar());
        m1.setinstanceVar(11);
        System.out.println("m1.classVar="+m1.getClassVar());
        System.out.println("m2.classVar="+m2.getClassVar());
        m2.setinstanceVar(22);
        System.out.println("m1.classVar="+m1.getClassVar());
        System.out.println("m2.classVar="+m2.getClassVar());
        System.out.println("m1.InstanceVar="+m1.getInstanceVar());
        System.out.println("m2.InstanceVar="+m2.getInstanceVar());
    }
    }
```

编译并运行程序，输出结果如下：

```
m1.classVar=1
m2.classVar=1
m1.classVar=2
m2.classVar=2
m1.classVar=11
m2.classVar=11
m1.classVar=22
m2.classVar=22
m1.InstanceVar=11
m2.InstanceVar=22
```

从输出结果可以看出，类变量被类的所有对象共享，每次修改后，无论通过类名还是任意对象访问类变量，结果都是一样的。

从类成员的特性可以看出，可以使用 static 来定义全局变量和全局方法，这时由于类成员仍然封装在类中，因此可以通过限制全局变量和全局方法的使用范围来防止冲突。另外，由于可以从类名直接访问类成员，因此访问类成员之前不需要对它进行实例化。类的 main( )方法必须使用 static 来修饰，就是因为 Java 运行时系统在开始执行一个程序之前，并没有生成类的一个实例，它只能通过类名来调用 main( )方法作为程序的入口。

6.3.3　类 java.lang.Object

类 java.lang.Object 处于 Java 开发环境的类层次树的根部，其他所有的类都直接或间接地成为它的子类。Object 类定义了所有对象最基本的一些状态和行为，包括与同类对象相比较、转换为字符串等，Java 中的每个类都可以继承或重写 Object 类中定义的非私有方法，这些方法的用途如表 6-1 所示。

表6-1　Object 类的方法

方　　法	用　　途
Object clone( )	创建一个与将要复制的对象完全相同的新对象
boolean equals(Object object)	判定一个对象是否和另外一个对象相等
void finalize( )	在回收不再使用的对象之前调用
Class<?> getClass( )	在运行时获取对象所属的类
int hashCode( )	返回与调用对象相关联的散列值
void notify( )	恢复执行在调用对象上等待的某个线程
void notifyAll( )	恢复执行在调用对象上等待的所有线程
String toString( )	返回一个描述对象的字符串
void wait( )	等待另一个线程的执行

其中，方法 notify、notifyAll 以及 wait 被声明为 final，这些方法用于多线程处理中的同步，多线程技术会在后面章节介绍。finalize 方法前面已经介绍过了，其他用得较多的方法是 getClass、equals 和 toString。

1. equals 方法

该方法用来比较两个对象是否相同，如果相同，则返回 true，否则返回 false。该方法比较的是两个对象引用的内容是否相同，而操作符==用来比较两个基本数据类型的值是否相等。

例如：

```
Integer one=new Integer(1);
Integer anotherOne=new Integer(1)'
if(one.equals(anotherOne))
    System.out.println("objects are equal");
```

其中，equals 方法返回 false，因为虽然对象 One 和 anotherOne 都包含相同的整数值 1，但它们在内存中的位置并不相同。

2. getClass 方法

getClass 是 final 方法，不能被重载。它返回一个对象在运行时对应的类的表示，从而可以得到相应的信息。例如下面的方法用于得到并显示对象的类名：

```
void PrintClassName(Object obj){
    System.out.println("The object's class is"+obj.getClass( ).getName( ));
}
```

用户还可以使用 newInstance 方法创建一个类的实例，而不必在编译时就知道到底是哪个类。下面的代码创建了一个新的与对象 obj 拥有相同类型的实例，所创建的对象可以是任何类。

```
Object creatNewInstanceOf(object obj){
    return obj.getClass( ).newInstance( );
}
```

3. toString 方法

toString 方法用来返回对象的字符串表示，可以用来显示对象。例如：

```
System.out.println(Thread.currentThread( ).toString( ));
```

上述代码可以显示当前的线程。

许多类重写了 toString 方法，从而可以为使用它们创建的对象提供特定的描述。

6.3.4　内部类

在一个类的内部定义的类，就是内部类，也叫嵌套类。嵌套类的作用域被限制在包含它的类之中。因此，如果类 B 是在类 A 中定义的，那么类 B 不能独立于类 A 而存在。

内部类可以直接访问嵌套它的类的成员，包括私有成员，但是，内部类的成员却不能被嵌套它的类直接访问。

1. 定义和使用内部类

内部类可以直接在包含类中作为成员进行声明，也可以在代码块中进行声明。无论使用哪种形式，需要注意的是，内部类的类名不能与包含它的类的类名相同。

内部类的定义和普通类的定义没有什么区别，可以直接访问和引用外部类的所有变量和方法，就像外部类中的其他非静态成员的功能一样。

提示：

前面我们学习过，类的访问修饰符只有 public；但内部类是特例，除了 public 外，内部类还可以声明为 private 或 protected，当使用这两个访问修饰符修饰内部类时，内部类的可见性与使用相同修饰符的成员变量和成员方法一样。

【例 6-13】创建一个含有内部类的类，然后演示内部类的使用。

新建名为 Exam6_13.java 的源文件，在该源文件中定义一个 People 类，该类中包含一个内部类 Car，完整的代码如下：

```
class People {
String name;
int age;
People(String name, int age) {
    this.name = name;
    this.age = age;
}
void showCar() {
    Car car = new Car("奥迪");        // 创建一个内部类对象
    car.display();                   // 使用内部类对象的方法
```

```
    }
    class Car {                          // 声明一个内部类 Car
        String name;
        Car(String name){
            this.name=name;
        }
        void display() {
            System.out.println("我叫" + People.this.name + "，今年" + age +"岁了");
            System.out.println("我的车是" + name );
        }
    }
}
public class Exam6_13{
public static void main(String[] args) {
    People p =new People("时运",21);
    p.showCar();
}
}
```

在上述程序中，内部类 Car 定义在 People 类的范围之内。因此，Car 类的 display 方法可以直接访问 People 类的变量，值得一提的是，内部类和外部类都有名为 name 的成员变量，在内部类中通过 People.this.name 来访问外部类的成员变量。

编译并运行程序，结果如下：

```
我叫时运，今年 21 岁了
我的车是奥迪
```

注意：

内部类可以访问外部类的成员，但反过来就不成立了。内部类的成员只有在内部类的范围之内是可知的，并不能被外部类使用(可通过创建内部类的对象来访问)。

内部类也可以通过创建对象从外部类之外被调用，内部类只要不被声明为私有类，即可在相同的包内被引用，如果内部类被声明为公共类，则可以在任意外部类可用的地方被引用。例如，例 6-13 中的内部类也可以在 main()方法中通过创建对象来调用：

```
public static void main(String[] args) {
    People p =new People("时运",21);
    People.Car c=p.new Car("宝马");
    c.display();
}
```

在这个程序中，先创建外部类 People 的实例对象，再通过 People 的实例对象创建内部类 Car 的实例对象，最后可以直接使用内部类对象来调用内部类 Car 的 display 方法。程序运行结果如下：

```
我叫时运，今年 21 岁了
我的车是宝马
```

2. 在方法中定义内部类

内部类并非只能在类中定义，也可以在某个程序块的范围之内定义。例如，在方法中，甚至在 for 循环体内部，都可以定义内部类，例 6-13 中的内部类可以放到 showCar 方法内定义。

```java
void showCar() {
    class Car {                          // 声明一个内部类 Car
        String name;
        Car(String name){
            this.name=name;
        }
        void display() {
            System.out.println("我叫" + People.this.name + "，今年" + age +"岁了");
            System.out.println("我的车是" + name );
        }
    }
    Car car = new Car("奥迪"); // 创建一个内部类对象
    car.display();              // 使用内部类对象的方法
}
```

需要注意的是，此时内部类不是作为类的成员声明的，所以不能通过创建对象从外部类之外调用。

在方法中定义的内部类只能访问方法中的 final 类型的局部变量，因为用 final 定义的局部变量相当于常量，它的生命周期超出方法运行的生命周期。例如，如果 showCar 方法中有一个普通的局部变量 i，那么 showCar 方法中的内部类试图访问变量 i 将产生编译错误：

```java
void showCar() {
    int i=0;
    final double PI=3.14;
    class Car {                          // 声明一个内部类 Car
        String name;
        Car(String name){
            this.name=name;
        }
        void display() {
            System.out.println(PI);
            System.out.println(i);//编译错误，不能访问非 final 类型的局部变量
            System.out.println("我叫" + People.this.name + "，今年" + age +"岁了");
            System.out.println("我的车是" + name );
        }
    }
    Car car = new Car("奥迪");          // 创建一个内部类对象
    car.display();                      // 使用内部类对象的方法
}
```

在内部类的 display 方法中，可以访问 final 变量 PI 和外部类的成员变量，但不能访问 showCar 方法中声明的非 final 变量 i。

3. 匿名内部类

匿名内部类就是没有名字的局部内部类，不使用关键字 class、extends、implements，并且没有构造方法。Java 中匿名内部类用得最多的地方是添加事件监听器，比如为某控件添加鼠标单击事件。

通常，如果满足下面一些条件，使用匿名内部类是比较合适的：

- 只用到类的一个实例。
- 类在定义后马上用到。
- 类非常小。

在使用匿名内部类时，要记住以下几个原则：

- 匿名内部类不能有构造方法。
- 匿名内部类不能定义任何静态成员、方法和类。
- 匿名内部类不能使用关键字 public、protected、private、static。
- 只能创建匿名内部类的一个实例。
- 匿名内部类一定处在 new 关键字的后面，用于隐含实现一个接口或类。
- 因为匿名内部类为局部内部类，所以局部内部类的所有限制也适用于匿名内部类。

匿名内部类由于没有名字，创建方式有点儿奇怪。一般格式如下：

```
new 父类构造器(参数列表)| 实现接口() {
    //匿名内部类的类体部分
    }
```

在这里我们看到，匿名内部类直接使用 new 运算符和父类构造器生成对象的引用，所以匿名内部类必须继承一个父类或者实现一个接口，当然也只能继承一个父类或者实现一个接口。

【例 6-14】通过为 Java Applet 添加鼠标事件，理解匿名内部类的创建与使用。

新建一个类 AnonymousInnerClass，该类继承自 Applet 类，在该类中重写 init 方法，通过匿名内部类添加鼠标事件监听，完整的代码如下：

```
import java.applet.*;
import java.awt.event.*;

public class AnonymousInnerClass extends Applet {
  public void init() {
    addMouseListener(new MouseAdapter() {
      public void mousePressed(MouseEvent me) {
        showStatus("鼠标单击事件");
      }
    });
  }
}
```

在这个程序中，有一个顶级类，名为 AnonymousInnerClass，在 init 方法中调用 addMouseListener 方法，addMouseListener 方法的参数是用于定义并实例化内部类的表达式。下面仔细分析这个表达式。

语法 new MouseAdapter(){…}告诉编译器，大括号中的代码定义了一个匿名内部类，并且该类是抽象类 MouseAdapter 的子类。我们没有对这个新类进行命名，但是当执行这个表达式时会自动实例化这个新类。

因为匿名内部类是在 AnonymousInnerClass 类的作用域内定义的，能够访问 AnonymousInnerClass 类中的所有变量和方法，所以可以直接调用 AnonymousInnerClass 类的 showStatus 方法(继承自父类的方法)。

MouseAdapter 是一个适配器类。适配器类是一种特殊的类，扮演类与接口之间中介的角色，适配器类为接口中的所有方法添加空的实现，这样，我们就可以继承适配器类，然后重写需要的方法即可。使用一个接口意味着必须为该接口的所有方法编码，即使有些方法程序中并不需要，如果不需要的方法太多，这会给程序员带来很多无用的编码工作。而适配器类为这些方法添加了空的实现，我们通过适配器类派生新类，只需要重写需要的方法即可。本例中的 MouseAdapter 实现了多个鼠标监听器接口：MouseListener、MouseWheelListener 和 MouseMotionListener。该类为接口中的所有方法提供了空的实现，我们只需要重写需要的一个或几个方法即可。

4. 静态内部类

如果一个类要被声明为静态类，那么只有一种情况，就是静态内部类。在开发过程中，内部类中使用最多的还是非静态成员内部类。不过在特定的情况下，静态内部类也能够发挥独特的作用。

普通的内部类可以获得外部对象的引用，所以在普通内部类中能够访问外部对象的成员变量，也就能够使用外部类的资源，可以说普通内部类依赖于外部类，普通内部类与外部类是共生死的，在创建普通内部类的对象之前，必须先创建外部类的对象。

创建普通内部类的代码如下：

```
Outer o = new Outer();
Outer.Inner inner = o.new Inner();
```

而在静态内部类中没有外部对象的引用，所以无法获得外部对象的资源，当然好处是，静态内部类无须依赖于外部类，而可以独立于外部对象存在。创建静态内部类的代码如下：

```
Outer.Inner inner = new Outer.Inner();
```

与非静态内部类相比，将某个内部类定义为静态类，有如下几个地方需要引起注意。

(1) 静态内部类可以有静态成员，而非静态内部类则不能有静态成员。这也是静态内部类之所以存在的一个重要原因。

(2) 静态内部类的非静态成员可以访问外部类的静态变量，但不可访问外部类的非静态变量。非静态内部类则可以随意访问外部类中的成员变量与成员方法。

(3) 创建静态内部类时，不需要将静态内部类的实例绑定在外部类的实例上。

总之，静态内部类在 Java 中是一种很特殊的类，程序开发人员需要牢记静态内部类与非静态内部类的差异，并在实际工作中的合适地方使用合适的类。

在以下场合可以使用静态内部类。

(1) 外部类需要使用内部类，而内部类无须使用外部类的资源。

(2) 内部类可以独立于外部类创建对象。

使用静态内部类的好处是加强了代码的封装性，并且提高了代码的可读性。

【例 6-15】使用静态内部类遍历一次数组，找出数组元素的最大值和最小值。

新建一个名为 Exam6_15.java 的源文件，在该源文件中定义一个名为 ArrayMaxMin 的类，该类含有一个静态内部类 Pair，Pair 有两个成员：min 和 max。在 ArrayMaxMin 类中再定义一个静态方法，该方法接收一个数组参数，找出数组元素的最大值和最小值，并用最大值和最小值创建一个 Pair 对象作为方法的返回结果。完整的代码如下：

```java
class ArrayMaxMin{
public static class Pair {
        public Pair(double f, double s) {
                min = f;
                max = s;
        }
        public double getMin() {
                return min;
        }
        public double getMax() {
                return max;
        }
        private double min;
        private double max;
}
public static Pair maxMin(double[] array) {
        double min = Double.MAX_VALUE;
        double max = Double.MIN_VALUE;
        for (double item : array) {
                if (min > item)
                        min = item;
                if (max < item)
                        max = item;
        }
        return new Pair(min, max);
}
}
public class Exam6_15{
public static void main(String[] args) {
        double[] d=new double[10];
        System.out.println("初始化数组元素：");
        for (int i = 0; i < d.length; i++) {
                d[i] = 1000 * Math.random();
                System.out.println("num " + i + ":    " + d[i]);
        }
        ArrayMaxMin.Pair p = ArrayMaxMin.maxMin(d);
        System.out.println("min= " + p.getMin());
        System.out.println("max= "+p.getMax());
}
}
```

编译并运行程序，输出结果如下：

```
初始化数组元素：
num 0:   62.829197694430626
num 1:   514.5673324234134
num 2:   261.0415210896608
num 3:   607.56735246451
num 4:   910.8765388358574
num 5:   66.88707691235707

num 6:   860.8642748369277
num 7:   283.0007725801246
num 8:   392.9820888484609
num 9:   167.3084789437651
min= 62.829197694430626
max= 910.8765388358574
```

6.3.5　嵌套接口

与内部类类似，接口也可以声明为某个类或另外一个接口的成员，这种接口称为成员接口或嵌套接口。与顶级接口不同的是，嵌套接口可以被声明为 public、private 或 protected；而顶级接口要么被声明为 public，要么使用默认访问级别。

在声明嵌套接口的类或接口之外，必须使用包含它的类或接口进行限定。

【例 6-16】嵌套接口示例。

新建一个名为 Exam6_16.java 的源文件，在该源文件中添加一个类 SuperA，在 SuperA 中内嵌接口 NestIntf，然后定义一个类 SubB 以实现 SuperA 中的接口，完整的代码如下：

```java
class SuperA {
public interface NestIntf {
        boolean isPass(int x);
}
}
class SubB implements SuperA.NestIntf {
public boolean isPass(int x) {
        return x < 60 ? false : true;
}
}
public class Exam6_16 {
public static void main(String args[]) {
        SuperA.NestIntf nif = new SubB();
        if (nif.isPass(70))
                System.out.println("考试通过");
        else
                System.out.println("考试不及格");
}
}
```

程序运行结果如下：

考试通过

本例中，在类 SuperA 中定义了成员接口 NestIntf，并且将之声明为 public。接下来，类 SubB 实现了嵌套接口，implements 后面跟的是使用类名限定的接口名 SuperA.NestIntf。

在 main()方法中，创建了接口 SuperA.NestIntf 的一个引用，命名为 nif，并且赋值为 SubB 对象的一个引用。因为类 SubB 实现了 SuperA.NestIntf，所以这是合法的。

6.4　本章小结

本章重点讲述了面向对象程序设计的两大特征——继承和多态，并对抽象类和接口做了简要介绍。首先，从继承的概念讲起，介绍了 Java 中继承和多态的实现方式；接下来，介绍了抽象类和接口的定义与实现；最后，介绍了面向对象的其他一些技巧，包括 final 关键字的用法、实例成员和类成员的区别、内部类的创建和使用以及嵌套接口等。这些知识都是面向对象编程的核心内容，读者应深入理解继承和多态的概念和实现方式，仔细阅读示例程序，体会继承和多态的内涵。

6.5　思考和练习

1. 假定有下面两个类的定义：

```
class Person{
String id;      //身份证号
String name;   //姓名
}
class Student extends Person{
  int score;   //成绩
  int getScore( ){
     return score;
  }
}
```

类 Person 和类 Student 的关系是（　　）。

(A) 包含关系　　　　　(B) 继承关系　　　(C) 关联关系　　　　(D) 无关系

2. 接口与抽象类有什么异同点？

3. 下面关于接口的说法中不正确的是(　　)。

(A) 接口中所有的方法都是抽象的。

(B) 接口中所有的方法都有 public 访问权限。

(C) 子接口继承父接口时使用的关键字是 implements。

(D) 接口是 Java 中的特殊类，包含常量和抽象方法。

4. 什么是默认方法，如何为接口添加默认方法？

5. 接口中可以有的语句为____(从 ABCD 中多选)；一个类可以继承____父类，实现____接口，一个接口可继承____接口(从 EF 中单选)；接口____继承父类，____实现其他接口，实现某个接口的类____当作该接口类型使用(从 GH 中单选)。

(A) int x;   (B) int y=0;   (C) public void aa( );
(D) public void bb( ){System.out.println("hello");}   (E) 仅一个
(F) 一个或多个   (G) 可以   (H) 不可以

6. 解释 this 和 super 的含义和作用。

7. 什么是多态？Java 程序如何实现多态？有哪些实现方式？

8. 利用多态进行编程，实现求三角形、长方形和圆形的面积。(提示：抽象出一个共享父类，定义一个函数作为求面积的公共接口，再重新定义各形状的求面积函数。在父类中创建不同类的对象，并求得不同形状的面积。)

第7章

字符串

字符串是 Java 编程中使用最多的数据类型之一，在 Java 中，字符串属于对象，Java 提供了 String、StringBuffer 和 StringBuilder 类来创建和操作字符串。本章将详细介绍 Java 中的字符串，重点讲述 String 和 StringBuffer 两种类型字符串的创建和操作，同时还将学习字符分析器 StringTokenizer 的使用。

本章学习目标：
- 掌握字符串的定义
- 掌握 String 类型字符串的操作方法
- 掌握 StringBuffer 类型字符串的操作方法
- 理解 String、StringBuffer 和 StringBuilder 之间的区别
- 掌握 StringTokenizer 字符分析器的操作方法

7.1 字符串的创建

字符串可以看成由两个或两个以上的字符组成的数组，Java 语言使用 String、StringBuffer 和 StringBuilder 三个类来存储和操作字符串，因此 Java 语言中的字符串是作为对象来处理的。这三个类都定义在 java.lang 包中，因此，所有程序自动都可以使用它们。这三个类被声明为 final 类，所以不能从它们派生子类。

Java 中的字符串与其他大多数语言一样可以分为字符串常量和字符串变量两种类型。其中，字符串常量由一系列字符用双引号括起来表示，如"Hello!"。字符串变量则利用 String、StringBuffer 或 StringBuilder 类型的变量来表示，例如：

```
String str;
str="Hello!";
```

其中，str 表示一个字符串变量，str 的值为"Hello!"。下面介绍如何创建这三种类型的字符串。

7.1.1 创建 String 类型的字符串

创建 String 类型的字符串有以下几种方法。
(1) 由字符串常量直接赋值给字符串变量，例如：

```
String str="Hello! ";
```

(2) 由一个字符串来创建另一个字符串，例如：

```
String str1=new String("Hello");
String str2=new String(str);
String str3=new String();
```

其中，str3 为空字符串。

(3) 由字符数组来创建字符串，例如：

```
char num[]={'H', 'i'};
String str=new String(num);
```

(4) 由字节型数组来创建字符串，例如：

```
byte bytes[ ]={25,26,27};
String str=new String(bytes);
```

(5) 由 StringBuffer 对象来创建 String 类型的字符串，例如：

```
String str= new String(s);
```

其中，s 为 StringBuffer 类型的字符串对象。

(6) 由 StringBuilder 对象来创建 String 类型的字符串，例如：

```
String str= new String(sb);
```

其中，sb 为 StringBuilder 类型的字符串对象。

7.1.2　创建 StringBuffer 类型的字符串

创建 StringBuffer 类型的字符串有以下几种方法。

(1) 由 String 对象来构造 StringBuffer 类型的字符串，方法如下：

```
StringBuffer( String s );
```

上述方法分配了大小为 s 的空间和 16 个字符的缓冲区。
例如：

```
StringBuffer str=new StringBuffer("Hello!");
```

注意：
字符串常量不能直接赋值给 StringBuffer 类型的字符串变量。

(2) 构造 StringBuffer 类型的空字符串，方法如下：

```
StringBuffer( );
```

这是 StringBuffer 类的默认构造方法，使用该构造方法能创建一个具有 16 个字符缓冲区大小的空字符串。也可以设置缓冲区大小，方法如下：

```
StringBuffer( int len );
```

上述方法生成具有 len 个字符缓冲区大小的空字符串。例如：

```
StringBuffer str=new StringBuffer();
StringBuffer str2=new StringBuffer(12);
```

7.1.3 创建 StringBuilder 类型的字符串

StringBuilder 类是 JDK 5 开始引入的,以增强 Java 的字符串处理能力。StringBuilder 与 StringBuffer 类似,只有一个重要的区别:StringBuilder 不是同步的,这意味着它不是线程安全的。StringBuilder 的优势在于能得到更高的性能。但是,如果可以修改的字符串将被多个线程修改,并且没有使用其他同步措施的话,就必须使用 StringBuffer,而不能使用 StringBuilder。

在今后的编程工作中,当使用字符串对象时,如果要操作少量的数据,可以使用 String 类;如果要在单线程操作字符串缓冲区下操作大量数据,建议使用 StringBuilder 类;而如果要在多线程操作字符串缓冲区下操作大量数据,就必须使用 StringBuffer 类。

创建 StringBuilder 类型的字符串与创建 StringBuffer 类型的字符串一样,可以通过 String 对象来构造或直接构造空字符串,例如:

```
StringBuilder str1=new StringBuilder ("Hello!");
StringBuilder str2=new StringBuilder ();
StringBuilder str2=new StringBuilder(32);
```

7.2 String 类型字符串的操作

String 类是最常用的处理字符串的类型,前面已经学习了多种构造 String 对象的方法,当需要时可以很容易地获取字符串。但是,有一点是需要明确并理解的:当创建 String 对象时,创建的字符串是不能修改的。乍一看,这好像是一个严重的限制。但是,情况并非如此。例如:

```
String name= "赵智暄";
System.out.println("name = " + name);
name = "李知诺";
System.out.println("name = " + name);
```

这段代码的输出结果如下:

```
name=赵智暄
name=李知诺
```

从结果上看像是改变了,但为什么又说 String 对象是不可变的呢?原因在于示例中的 name 只是一个 String 对象的引用,并不是对象本身,当执行 name= "李知诺";时,其实创建了一个新的对象"李知诺",而原来的对象"赵智暄"还存在于内存中,如图 7-1 所示。

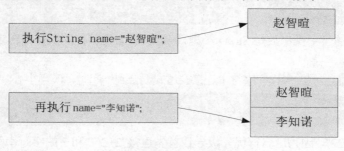

图 7-1 修改 String 引用变量

所谓 String 类型对象中的字符串是不可改变的，是指创建了 String 实例后不能修改 String 实例的内容。但是，在任何时候都可以修改 String 引用变量，使其指向其他的 String 对象，原始字符串保持不变。使用这种方式的原因是：实现固定的、不能修改的字符串与实现能够修改的字符串相比效率更高。对于那些需要能够修改的字符串的情况，可以使用 StringBuffer 和 StringBuilder 类。这两个类用来保存在创建之后仍可以进行修改的字符串。

Java 中的 String 类定义了许多成员方法用来操作 String 类型的字符串。本节将介绍常见的几类操作。

7.2.1 求字符串的长度

String 类提供了 length 方法用来获得字符串的长度，该方法的定义如下：

```
public int length();
```

例如：

```
String s="You are great!";
String t="你很优秀!";
int len_s,len_t;
len_s=s.length();
len_t=t.length();
```

上面的例子可以得到字符串"You are great!"的长度 len_s 为 14，字符串"你很优秀!"的长度 len_t 为 5。需要注意的是，空格也算一个字符。在 Java 语言中，任何一个符号，包括汉字，都只占用一个字符，因为每个字符都是由 Unicode 编码存储的。

因为会为每个字符串字面值创建 String 对象，所以在能够使用 String 对象的任何地方都可以使用字符串字面值。例如，可以直接对加引号的字符串调用方法，就好像它们是对象引用一样，如"字符串字面值".length()。

7.2.2 字符串的连接

在 Java 中，有多种方法用来实现字符串的连接操作。最简单的方法是使用+运算符。该运算符不仅可以连接多个字符串，而且还可以将字符串与其他数据类型进行连接，前面很多案例中都已经使用了这种方法，例如，下面的代码段将输出"他今年 9 岁了"。

```
int age = 9;
String s = "他今年" + age + "岁了";
System.out.println(s);
```

只要+运算符的一个操作数是 String 类型，编译器就会把其他的操作数转换为相应的字符串等价形式。

但是，当将其他类型的操作和字符串连接表达式混合到一起时，应当小心。例如下面的代码

```
String s = "2+2= " + 2 + 2;
System.out.println(s);
```

将输出"2+2= 22"，因为运算符优先级导致首先连接"2+2= "和 2 的字符串等价形式，然后将

这个运算的结果和 2 的字符串等价形式连接起来。如果希望得到 2+2 的计算结果，则需要使用括号改变优先级，比如下面这样：

```
String s = "2+2= " + (2 + 2);
```

除了使用+运算符，还可以使用 concat 方法来连接两个字符串，该方法定义如下：

```
String concat(String str)
```

例如：

```
String str1="I"+"like"+"swimmming";
String str2;
String s=str1. contat("but Jane like running ")
System.out.println(s);
```

与使用+运算符的效果一样，上述代码输出"I like swimming but Jane like running"。

需要注意的是，cancat 方法不是在源字符串的末尾添加要连接的字符串，而是创建一个新的字符串对象，这个新对象包含调用字符串并将 str 的内容追加到结尾。

除了 concat 方法，JDK 8 还为 String 类添加了静态方法 join，用于连接两个或多个字符串，并使用分隔符分隔各个字符串，如空格或逗号。

join 方法有如下两种形式：

```
static String join(CharSequence delim, CharSequence . . . strs)
static String join(CharSequence delim, Iterable<? extends CharSequence> elements)
```

其中，delim 指定了分隔符，用于分隔要连接的字符序列；CharSequence 是一个接口，该接口定义了允许以只读方式访问字符序列的方法，String、StringBuffer 和 StringBuilde 类实现了该接口。第二种形式中的 Iterable 是一个泛型接口，实现了该接口的类，可以通过扩展的 for 循环遍历其中的元素。

【例 7-1】join 方法的使用。

在 D:\workspace 目录中新建子文件夹"第 7 章"用来存放本章示例源程序，新建名为 Exam7_1.java 的源文件，输入如下测试代码：

```
import java.util.ArrayList;
import java.util.List;

public class Exam7_1 {
public static void main(String[] args) {
    String str1="赵智暄";
    String str2=new String("李知诺");
    char[] c= {'刘','嘉','晴'};
    String str3=new String(c);
    List<String> list=new ArrayList<String>();
    list.add(str1);
    list.add(str2);
    list.add(str3);
    list.add(str1);
    String result1=String.join(",", str1,str2,str3);
    String result2=String.join("", list);
```

```
        System.out.println(result1);
        System.out.println(result2);
    }
}
```

编译并运行程序，输出结果如下：

赵智暄,李知诺,刘嘉晴
赵智暄李知诺刘嘉晴赵智暄

本例分别调用了 join 方法的两个不同版本，第 1 次使用逗号作为分隔符；第 2 次没有使用分隔符，并且第 2 次的字符序列位于 List 集合对象中。

7.2.3 格式化字符串

熟悉 C/C++语言的读者一定知道 C 语言中的 printf 函数可以用来格式化输出信息。在 Java 中也有同样的 printf 方法用于输出格式化信息。除了 printf 方法，String 类还提供了静态方法 format，用来创建可复用的格式化字符串，而不仅仅用于一次打印输出。这两个方法的格式说明中都包含一些格式控制符，含义如表 7-1 所示。

表 7-1　格式控制符的含义

格式控制符	适用的转换	格式控制符	适用的转换
%s 或%S	字符串类型	%a 或%A	十六进制浮点类型
%e 或%E	科学记数法	%b 或%B	布尔类型
%h 或%H	哈希散列码	%f	十进制浮点类型
%d	十进制整数	%x 或%X	十六进制整数
%o	八进制整数	%c	字符类型
%g 或%G	浮点类型(f 和 e 类型中较短的)	%t 或%T	日期与时间类型
%%	百分比类型	%n	换行符

表 7-1 中，有的格式控制符有大写和小写两种形式，大写版本与小写版本的区别在于转换得到的字母使用大写还是小写。例如，%b 转换布尔值 true 得到的是小写的 true，而%B 得到的是 TRUE。

【例 7-2】使用 printf 和 format 方法进行字符串的格式化输出。

新建一个名为 Exam7_2.java 的源文件，输入如下测试代码：

```java
public class Exam7_2{
public static void main(String[] args) {
    String str=null;
    str=String.format("Hi，我叫%s，今年%d 岁了", "一凡",3);            // 格式化字符串
    System.out.println(str);
    System.out.printf("字母 a 的大写是：%c %n", 'A');
    System.out.printf("3>7 的结果是：%b %n", 3>7);
    System.out.printf("123 的十六进制数是：%X %n", 123);
    System.out.printf("70 的八进制数是：%o %n", 70);
    System.out.printf("54 元的书打完 8.5 折是：%f 元%n", 54*0.85);
    System.out.printf("上面价格的十六进制数是：%a %n", 54*0.85);
```

```
        System.out.printf("上面价格的指数表示：%E %n", 54*0.85);
        System.out.printf("上面价格的指数和浮点数结果中长度较短的是：%g %n", 54*0.85);
        System.out.printf("上面的折扣是%d%% %n", 85);
        System.out.printf("Abcd 的散列码是：%H %n", "Abcd");
    }
}
```

程序的运行结果如下：

```
Hi，我叫一凡，今年 3 岁了
字母 a 的大写是：A
3>7 的结果是：false
123 的十六进制数是：7B
70 的八进制数是：106
54 元的书打完 8.5 折是：45.900000 元
上面价格的八进制数是：0x1.6f33333333333p5
上面价格的指数表示：4.590000E+01
上面价格的指数和浮点数结果中长度较短的是：45.9000
上面的折扣是 85%
Abcd 的散列码是：1F0862
```

以上格式控制符在使用时，还可以在%和格式控制符之间添加一个整数，用来指定最小字段宽度，当要输出的数据宽度小于该整数时，会用空格填充输出，以确保输出达到特定的最小宽度。如果要输出的数据宽度大于最小宽度，则最小宽度设置被忽略。

例如上面的格式字符串，如果指定了最小字段宽度：

```
str=String.format("Hi，我叫%3s，今年%10d 岁了", "一凡",3);
```

输出如下所示：

```
Hi，我叫  一凡，今年          3 岁了
```

从输出可以看出，使用空格进行填充。如果希望使用 0 进行填充，可以在字段宽度说明符之前放置 0。例如，修改上面的某个格式化输出：

```
System.out.printf("70 的八进制数是：%07o %n", 70);
```

输出如下：

```
70 的八进制数是：0000106
```

说明：

字段宽度说明符可以用于除了%n 以外的所有格式说明符。但只有数字类型的数据可以指定使用 0 进行默认填充，其他格式说明符只能使用空格进行填充。

对于%f、%e、%g 以及%s，还可以使用精度说明符。精度说明符位于最小字段宽度说明符(如果有的话)之后，由一个小数点以及紧跟其后的整数构成。精度说明符的确切含义取决于所应用数据的类型。

- 当将精度说明符应用于使用了%f 或%e 说明符的浮点数时，精度说明符决定了显示的小数位数。例如，%10.4f 显示的数字至少有 10 个字符宽，并且带有 4 位小数。
- 当使用%g 时，精度决定了有效数字的位数，默认精度是 6。

- 如果应用于字符串，那么精度说明符可以指定最大字段宽度。例如，%5.7s 显示的字符串最少有 5 个字符宽，但是不会超过 7 个字符宽。如果字符串比最大字段宽度长，那么会截去字符串末尾的字符。

例如，前面输出%f 的，如果使用精度说明符：

```
System.out.printf("54 元的书打完 8.5 折是：%010.3f 元%n", 54*0.85);
```

输出如下：

```
54 元的书打完 8.5 折是：000045.900 元
```

小数点后保留 3 位，总宽度为 10，不足 10 位的话前面补 0。

7.2.4 字符串的比较

String 类提供了大量用来比较字符串或字符串中子串的方法，在此介绍其中常用的几个。

1. equals 和 equalsIgnoreCase 方法

这两个方法的定义如下：

```
boolean equals(String s);
boolean equalsIgnoreCase(String s);
```

equals 方法对两个字符串进行比较，如果完全相同的话，则返回 true，否则返回 false；equalsIgnoreCase 方法也是对两个字符串进行比较，与 equals 方法不同的是，该方法比较时忽略大小写，即"abc"与"aBC"的比较结果为 true。例如：

```
String date1="SunDay ",date2=" Sunday";
System.out.println(data1. equals (data2));
System.out.println(data1. equalsIgnoreCase (data2));
```

上述代码的输出结果为：

```
false
true
```

需要注意的是，在 Java 语言中比较两个字符串是否完全相同时，不能使用=运算符，因为即使在两个字符串完全相同的情况下也会返回 false。

【例 7-3】比较两个字符串是否相同。

```
pubilc class Exam7_3 {
public static void main(String[] args) {
    String s1=new String("SunDay");
    String s2=new String("SunDay");
    String s3="SunDay";
    String s4="SunDay";
    System.out.println("s1==s2? "+((s1==s2)?true: false));
    System.out.println("s3==s4? "+((s3==s4)? true: false));
    System.out.println("s2==s3? "+((s2==s3)? true: false));
    System.out.println("s2 equals s3? "+s2. equals(s3));
}
}
```

程序运行结果如下：

```
s1==s2? false
s3==s4? true
s2==s3? false
s2 equals s3? true
```

本例中定义了 4 个相同的字符串 s1、s2、s3 和 s4，利用==运算符进行判断时，得到 s1 和 s2 不相等，s2 和 s3 不相等，而 s3 和 s4 相等，得到这样的结果是因为 s3 和 s4 指向的同一个对象，而 s1、s2 和 s3 分别指向不同的对象，==运算符比较的是两个字符串对象，而 equals 方法比较的才是它们的内容，因此利用 equals 方法比较 s2 和 s3，可以得出它们相等的结果。图 7-2 所示是这 4 个字符串在内存中的示意图。

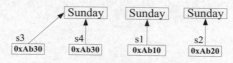

图 7-2　字符串变量内存示意图

2. compareTo 和 compareToIgnoreCase 方法

这两个方法的定义如下：

```
int compareTo(String s);
int compareToIgnoreCase(String s);
```

compareTo 方法对两个字符串按字典顺序进行比较，如果完全相同的话，则返回 0；如果调用 compareTo 方法的字符串大于字符串 s，则返回正数；如果小于的话，则返回负数。compareToIgnoreCase 方法与 compareTo 方法类似，只是在对两个字符串进行比较的时候，不区分两个字符串的大小写。例如：

```
String s1="me" ,s2="6";
```

s1.compareTo("her")大于 0，s1. compareTo("you")小于 0，s1.compareTo("me")等于 0，s2.compareTo("35")大于 0，s2. compareTo("2")小于 0。值得注意的是，对"6"与"35"比较的并不是数值的大小，而是字符"6"和字符"3"在字典顺序中的大小。同样，对"6"与"2"比较的是字符"6"和字符"2"在字典顺序的大小。

3. startsWith 和 endsWith 方法

这两个方法的定义如下：

```
boolean startWith(String s)
boolean startWith(String s,int index)
boolean endsWith(String s)
```

strarWith 方法有两个版本，用来判断字符串的前缀是否是字符串 s。如果是，则返回 true；否则，返回 false。其中，index 是指前缀开始的位置。endsWith 方法则用来判断字符串的后缀是否是字符串 s。如果是，则返回 true；否则，返回 false。例如：

```
String s="abcdgde ";
boolean b1,b2,b3;
b1=s.startsWith("abc");
```

```
b2= s.startsWith(s,2);
b3= s.endsWith("abc");
```

上述比较结果中：b1 的值为 true，b2 的值为 false，b3 的值为 false。

4. regionMatches 方法

regionMatches 方法的定义如下：

```
boolean regionMatches(int index,String s,int begin,int end)
boolean regionMatches(boolean ignoreCase,int index,String s,int begin,int end)
```

该方法用来判断字符串 s 中从 begin 位置开始到 end 位置结束的子串是否跟当前字符串中 index 位置之后的 end-begin 个字符子串相同。如果相同，则返回 true；否则返回 false。如果 ignoreCase 为 true，那么忽略字符的大小写；否则，与上一个版本一样。

7.2.5 修改字符串

因为 String 对象是不可改变的，所以当希望修改 String 对象时，必须将之复制到 StringBuffer 或 StringBuilder 对象中，或者使用 String 类提供的方法来构造字符串修改后的新副本。常用的修改字符串的方法有如下几个。

1. 字符串的大小写转换

方法 toLowerCase 把字符串中所有的字符变为小写，非字母字符(如数字)不受影响；方法 toUpperCase 把字符串中所有的字符变成大写。这两个方法的返回值都是转换后的新的字符串对象。例如：

```
String date="你好，Today is Sunday";
String date_lower,date_upper;
date_lower=date. toLowerCase();
date_upper=date. toUpperCase();
```

执行以后，date_lower 字符串的值为"你好，today is sunday"；date_upper 字符串的值为"你好，TODAY IS SUNDAY"。

2. 求字符串的子集

substring 方法用来获得给定字符串的子字符串，该方法有如下两个版本：

```
String substring(int begin_index);
String substring(int begin_index,int end_index);
```

第一个方法获得的是给定字符串中从 begin_index 位置开始到字符串结束的一个子字符串，共有字符串长度减去 begin_index 个字符；第二个方法得到的是给定字符串中 begin_index 位置和 end_index-1 位置之间的一个子字符串，共有 end_index-begin_index 个字符。其中，begin_index 和 end_index 的取值范围都是从 0 到字符串长度减 1，且 end_index 大于 begin_index。例如：

```
String date="It is Sunday";
String str1,str2;
str1=date.substring(6) ;
str2=date.substring(6,9);
```

　　执行上述操作后，str1 的值为"Sunday"，str2 的值为"Sun"，因为 str2 子字符串获得的是原字符串第 6～8 位的子字符串，而不是第 6～9 位的子字符串。

　　除了 substring 方法，还有几个用于获取字符串中的单个字符或字符数组的方法，如下所示。

- char charAt(int where)：从字符串中提取单个字符，where 是希望获取的字符的索引。where 的值必须是非负的，并且能够指定字符串中的一个位置。
- void getChars(int start, int end, char dst[ ], int dstStart)：一次提取多个字符，start 指定子串的开始索引，end 指定子串的结束索引，dst 指定了接收字符的数组，dst 中开始复制子串的索引是由 dstStart 指定的。
- byte[ ] getBytes( )：将字符保存在字节数组中，该方法有其他重载版本，当将 String 值导出到不支持 16 位 Unicode 字符的环境中时，通常使用该方法。
- char[ ] toCharArray( )：将 String 对象中的所有字符转换为字符数组。

例如：

```
String s = "我叫赵智堃，my name is zhaozhikun.";
System.out.println(s.charAt(4));
System.out.println(s.charAt(6));
char[] buf = new char[10];
s.getChars(2, 12, buf, 0);
System.out.println(buf);
char[] array = s.toCharArray();
System.out.println("字符数组的长度：" + array.length);
```

输出结果如下：

```
堃
m
赵智堃，my nam
字符数组的长度：28
```

3. 字符串的替换

replace 方法用来把字符串中出现的某个字符全部替换成新字符，定义如下：

```
String replace(char oldChar,char newChar);
```

例如：

```
String s="bag";
s=s.replace('a', 'e');
```

替换后可以得到：s="beg"。

要替换字符串中的子串，可以使用如下两个方法：

```
String replaceAll(String oldstring,String newstring);
String replaceFirst(String oldstring,String newstring);
```

它们用来把字符串中出现的子串 oldstring 全部替换为字符串 newstring。

例如：

```
String s="more and more ";
String s1=s.replaceAll ("more", "less");
```

```
String s2=s.replaceFirst ("more", "less");
```

替换后，s1="less and less "，s2="less and more "。

4．删除字符串前后的空格

trim 方法用来把字符串前后部分的空格删除，返回删除空格后的字符串。

例如：

```
String str="    It is Sunday    ";
String s=str.trim();
```

执行后得到字符串 s="It is Sunday"。

7.2.6　字符串的检索

Java 中的 String 类提供了 indexOf 和 lastIndexOf 两个方法用来查找一个字符串在另一个字符串中的位置，定义如下：

```
int indexOf(String s);
int lastIndexOf(String s);
```

indexOf 从字符串的第一个字符开始检索，如果找到，则返回 s 第一次出现的位置，否则返回-1；lastIndexOf 从字符串的最后一个字符开始检索，如果找到，则返回 s 第一次出现的位置，否则返回-1。

这两个方法都有多个重载版本，比较常用的是指定搜索起始位置的版本：

```
int indexOf(String s,int begin_index);
int lastIndexOf(String s,int begin_index);
```

这两个方法都有一个 begin_index 参数，该参数用来指定从 begin_index 位置开始向后/向前搜索字符串 s，如果找到，则返回 s 第一次出现的位置，否则返回-1。

例如：

```
String s="more and more",s1="more";
int a1,a2;
a1=s.indexOf(s1);
a2=s.lastIndexOf(s1);
```

执行完上述代码后，a1=0，a2=9。

【例 7-4】求给定字符串中第一个单词出现的次数(单词之间用空格分隔)。

```
pubilc class Exam7_4 {
public static void main(String[] args) {
    String str="more pains more gains";
    int space_index=str.indexOf(" ");              //求出第一个空格的位置
    String first_word=str.substring(0,space_index);  //求出第一个单词
    int totalnum=0,index=0;
    while(index!=-1) {
        index=str.indexOf(first_word,index+1);
        totalnum++;
    }
```

```
        System.out.println("字符串中第一个单词"+first_word+"出现的次数为："+totalnum);
    }
    }
```

编译并运行程序，结果如下：

字符串中第一个单词 more 出现的次数为：2

7.2.7　字符串类型与其他类型的转换

字符串是最常用的一种数据类型，在实际应用中，经常需要对字符串类型和其他类型进行转换。

1. 字符串类型与数值类型的转换

String 类中定义了一系列静态的 valueOf 方法，用来将数值类型转换为字符串类型。

```
String static valueOf(boolean t);
String static valueOf(int t);
String static valueOf(float t);
String static valueOf(double t);
String static valueOf(char t);
String static valueOf(byte t);
```

valueOf 方法可以把 boolean、int、float、double、char、byte 类型转换为 String 类型，并返回该字符串。调用格式为 String.valueOf(数值类型的值)。

例如：

```
String str1,str2;
str1=String.valueOf(25.1);
str2=String.valueOf('a');
```

相应地，在各个数值类型的类中，也定义了 parseXxx 方法，用于将表示数值的字符串转换为数值类型。

- Integer.parseInt(String s)：把 String 类型转换为 int 类型。
- Float.parseFloat(String s)：把 String 类型转换为 float 类型。
- Double.parseDouble(String s)：把 String 类型转换为 double 类型。
- Short.parseShort (String s)：把 String 类型转换为 short 类型。
- Long.parseLong (String s)：把 String 类型转换为 long 类型。
- Byte.parseByte (String s)：把 String 类型转换为 byte 类型。

例如：

```
int a;
try{
    a=Integer.parseInt("Java");
}catch(Exception e){}
```

上述代码试图将字符串"Java"转换为 int 类型，显然转换会失败，由此可见，将字符串转换为数值类型不一定会成功，所以在进行转换操作时要捕捉异常。

2. 字符串与字符或字节数组的转换

String 类的构造方法中有通过字符数组或字节数组来构造字符串的方法，如下所示：

```
String(char[],int offset,int length);
String(byte[],int offset,int length);
```

也就是说，上述方法可以用来实现字符数组或字节数组到字符串的转换。

在将字符串转换为字符数组或字节数组时，可以使用在求字符串的子集时提到过的几个方法：

- char[ ] toCharArray()：该方法返回一个字符数组。
- getChars(int begin,int end,char c[ ],int index)：该方法用来将字符串中从 begin 位置到 end-1 位置的字符复制到字符数组中，并从字符数组的 index 位置开始存放。值得注意的是，end−begin 的长度应该小于 char 类型数组所能容纳的大小。
- byte[ ] getBytes()：该方法返回一个字节数组。

例如：

```
char c[ ]= new char[10];
"今天星期六".getChars(0, 5, c, 0);
String s1=new String(c,0,4);
System.out.println(s1);
byte b[ ]= "今天星期六".getBytes();
String s2=new String(b,4,6);
System.out.println(s2);
```

输出结果如下：

```
今天星期
星期六
```

7.3 StringBuffer 类型字符串的操作

StringBuffer 类也定义了许多成员方法用来对 StringBuffer 类型的字符串进行操作，不过跟 String 类型的字符串不同，StringBuffer 是对原字符串本身进行操作的，操作后的结果会使原字符串发生改变。

前面曾经说过，StringBuilder 与 StringBuffer 的用法一样，二者的区别在于：StringBuilder 不是线程安全的。因此，本节介绍的 StringBuffer 字符串操作同样适用于 StringBuilder 类型的字符串。

7.3.1 修改字符串

本章一开始就提到过，使用 StringBuffer 创建的字符串对象是可以修改的，常用的修改操作包括：追加字符串、插入字符串、删除字符串、截取子字符串、替换指定内容以及反转字符串等。

1. 追加字符串

append 方法用于将各种其他类型数据的字符串形式追加到调用 StringBuffer 对象的末尾。

该方法有多个重载版本,可以追加任意类型的数据,例如:

```
StringBuffer s=new StringBuffer("It is ");
s.append("JDK");
s.append(8.0);
System.out.println(s);
```

输出结果如下:

```
It is JDK8.0
```

值得注意的是,StringBuffer 类型的字符串不能使用+运算符进行连接,只能使用上面的 append 方法。

2. 插入字符串

insert 方法用于将其他类型的数据插入 StringBuffer 字符串的指定位置。与 append 方法类似,该方法也有多个重载版本,可以接收所有基本类型以及 String、Object 和 CharSequence 类型的值,将参数值的字符串表示形式插入 StringBuffer 对象中。例如:

```
StringBuffer s=new StringBuffer("It is ");
s.insert(6,8.0);
s.insert(6,"JDK ");
System.out.println(s);
```

insert 方法的第 1 个参数是插入的位置索引,上述代码段的输出结果如下:

```
It is JDK 8.0
```

3. 删除字符串

要从 StringBuffer 字符串中删除一个字符,可以使用 deleteCharAt 方法:

```
StringBuffer deleteCharAt(int index);
```

该方法删除字符串中处于 index 位置的字符。

如果要删除连续的多个字符,可以使用 delete 方法:

```
StringBuffer delete(int begin_index,int end_index);
```

该方法删除从 begin_index 位置开始到 end_index-1 位置的所有字符,删除的字符总数为 end_index-begin_index。

例如:

```
StringBuffer s=new StringBuffer("It iss Sunday");
s=s.deleteCharAt(5) ;
s=s.delete(5,12);
```

删除后 s 的值为"It is"。

4. 替换字符串

字符串的替换有如下两个方法:

```
StringBuffer replace(int begin_index,int end_index,String s);
void setCharAt(int index,char ch);
```

replace 方法使用字符串 s 替换 begin_index 位置和 end_index 位置之间的子串。

setCharAt 方法用来把字符串中 index 位置的字符替换为 ch。

例如：

```
StringBuffer s=new StringBuffer("me them");
s.setCharAt(1,'y');
s.replace(3,7,"their");
```

执行替换操作后，字符串 s 的值为"my their"。

5. 字符串的反转

StringBuffer 提供了 reverse 方法用来将字符串倒序，该方法返回调用对象的反转形式，如果原字符串为"abcd"，则调用该方法后的字符串为"dcba"。

```
StringBuffer sb=new StringBuffer("abcd");
sb.reverse();
```

7.3.2 字符串的长度和容量

1. 字符串的长度

StringBuffer 同样提供了 length 方法用来获取字符串的长度，另外，还提供了 setLength(int length)方法用来修改字符串的长度。值得注意的是，如果 length 小于原字符串的长度，那么进行 setLength 操作后，字符串的长度变为 length，且后面的字符将被删除；如果 length 大于原字符串的长度，那么进行 setLength 操作后，会在原字符串的后面补字符'\u0000'以使原字符串变长至 length。字符'\u0000'是字符串的有效字符。

例如：

```
StringBuffer s=new StringBuffer("Sunday");
s.setLength(8) ;
System.out.println(s);
s.setLength(3) ;
System.out.println(s);
```

上述代码段的输出结果如下：

```
Sunday□□
Sun
```

2. 字符串的容量

通过 capacity 方法可以获得已分配的容量，该方法用来求当前 StringBuffer 字符串和 StringBuffer 缓冲区大小之和。通常首次初始化 StringBuffer 对象时，因为自动添加了 16 个附加字符的空间，所以容量比字符串长度多 16。例如：

```
StringBuffer s=new StringBuffer("Sunday");
int len1,len2;
len1=s.capacity();
len2=s.length();
```

得到的结果是：len1=22，len2=6。这是因为在定义字符串"Sunday"时就为其分配了 s 大小的空间和 16 个字符大小的缓冲区，因此调用 s.capacity()后得到的结果为 22。

在创建了 StringBuffer 对象后，如果希望为特定数量的字符预先分配空间，可以使用 ensureCapacity 方法设置缓冲区的大小。ensureCapacity 方法的一般形式如下：

```
void ensureCapacity(int minCapacity)
```

其中，minCapacity 指定了缓冲区的最小尺寸，出于效率方面的考虑，可能实际分配的缓冲区大小会比 minCapacity 大一些。

7.3.3　其他方法

除了以上介绍的方法外，StringBuffer 还提供了其他一些方法，包括与 String 类具有相同功能的方法，如提取字符的方法 charAt 和 getChars，求子字符串的方法 substring，以及查找字符串的方法 indexOf 和 lastIndexOf 等。这些方法的使用都比较简单，这里不再赘述。

另外需要注意的是：String 类对字符串的操作不是对原字符串本身进行的，而是对新生成的原字符串对象的副本进行的，操作结果不影响原字符串。而 StringBuffer 类对字符串的操作是对原字符串本身进行的，可以对字符串进行修改而不产生副本。

【例 7-5】String 与 StringBuffer。

```
public class Exam7_5 {
public static void main(String[] args) {
        String prestr=new String("It is Monday");
        StringBuffer presb=new StringBuffer("Dog is cute");
        String str;
        StringBuffer sb;
        System.out.println("String 类型的原字符串为："+prestr);
        str=prestr.replaceAll("Monday","Sunday");
        System.out.println("执行操作后："+str+" 原字符串变为"+prestr);
        System.out.println("StringBuffer 类型的原字符串为："+presb);
        sb=presb.replace(0,3,"Cat");
        System.out.println("执行操作后："+sb+" 原字符串变为"+presb);
}
}
```

编译并运行程序，输出结果如下：

```
String 类型的原字符串：It is Monday.
执行操作后：It is Sunday 原字符串变为 It is Monday
StringBuffer 类型的原字符串为：Dog is cute.
执行操作后：Cat is cute 原字符串变为 Cat is cute
```

从执行结果可以看出，对 String 类型的字符串 prestr 进行替换后，原字符串并没改变，而对 StringBuffer 类型的字符串 presb 进行替换后，原字符串就变成了替换后的字符串。

7.4 字符分析器

Java 的 java.util 包提供了 StringTokenizer 类，该类可以通过分析把字符串分解成可被独立使用的单词，这些单词被称为语言符号。例如字符串"It is Sunday"，如果把空格作为该字符串的分隔符的话，那么该字符串有 It、is 和 Sunday 三个单词。而对于"It;is;Sunday"字符串，如果把分号作为该字符串的分隔符的话，那么该字符串也有三个单词。

7.4.1 构造 StringTokenizer 对象

StringTokenizer 类通常被称为字符分析器或扫描器，它封装了一系列对字符串进行分解的方法，以简化应用程序中的文本处理工作。

使用字符分析器的第一步就是构造 StringTokenizer 对象，这可以通过 StringTokenizer 类的如下三个构造方法来实现：

```
StringTokenizer(String str)
StringTokenizer(String str, String delim)
StringTokenizer(String str, String delim, boolean returnDelims)
```

其中，str 是需要分析的字符串，delim 是指定分隔符的字符串。默认情况下，分隔符列表是\t\n\r\f，由空格符、制表符、换行符、回车符和进纸符组成，也可以通过指定 delim 参数来设置分隔符。如果 returnDelims 为 true，则标记之间的分隔符也被当作标记返回；如果 returnDelims 为 false 或不使用该参数，则不返回标记之间的分隔符。

例如：

```
StringTokenizer s=new StringTokenizer("It;is;Sunday",";");
```

7.4.2 使用字符分析器

一旦创建了 StringTokenizer 对象，就可以使用 StringTokenize 类的方法对字符串进行操作，常用的方法如表 7-2 所示。

表 7-2　StringTokenize 类的常用方法

方　　法	用　　途
int countTokens()	返回单词计数器的个数
boolean hasMoreTokens()	判断字符串中是否还有更多的可用标记，有的话返回 true，否则返回 false
boolean hasMoreElements()	返回与 hasMoreTokens 方法相同的值
String nextToken()	逐个获取字符串中的单词，返回 StringTokenizer 的下一个标记
Object nextElement()	除了返回值是 Object 而不是 String 之外，其他与 nextToken 方法相同
String nextToken(String delim)	以 delim 作为分隔符逐个获取字符串中的单词并返回字符串

【例 7-6】分析字符串，输出单词的总数和每个单词。

```
import java.util.StringTokenizer ;
public class Exam7_6 {
```

```
public static void main(String[] args) {
    String s="Friday;Saturday;Sunday";
    StringTokenizer stk=new StringTokenizer(s,";");
    System.out.println("共有"+ stk.countTokens()+"个单词，分别为：");
    while(stk.hasMoreTokens()){
        System.out.print(stk.nextToken()+"    ");
    }
}
}
```

编译并运行程序，输出结果如下：

```
共有 3 个单词，分别为：
Friday   Saturday   Sunday
```

7.5　本章小结

本章重点讲述了 Java 中字符串的创建和操作，以及字符分析器的使用。首先，介绍了如何创建 String、StringBuffer 和 StringBuilder 三类字符串，并分析了这三种类型字符串的区别；接下来，着重对 String 和 StringBuffer 类的成员方法做了详细讲述和实例分析；最后，讲述了如何使用字符分析器来分析字符串。

7.6　思考和练习

1. String 类型与 StringBuffer 类型字符串的区别是什么？
2. 有如下 4 个字符串 s1、s2、s3 和 s4。

```
String s1="Hello World! ";
String s2=new String("Hello World! ");
String s3=s1;
String s4=s2;
```

求下列表达式的结果。

```
s1==s3
s3==s4
s1==s2
s1.equals(s2)
s1.compareTo(s2)
```

3. 如下语句的输出结果是什么？

```
String s = "21+12= " + 21 +12;
System.out.println(s);
```

4. 下面程序的输出结果是什么？

```
public class Test 7_4{
    public static void main(String[] args) {
```

```
        String s1="I like cat";
        StringBuffer sb1=new StringBuffer ("It is Java");
        String s2=s1.replaceAll("cat","dog");
        StringBuffer sb2=sb1.delete(2,4);
        System.out.println("s1 为： "+s1);
        System.out.println("s2 为： "+s2);
        System.out.println("sb1 为： "+sb1);
        System.out.println("sb2 为： "+sb2);
    }
}
```

5. 设定 s1 和 s2 为 String 类型的字符串，s3 和 s4 为 StringBuffer 类型的字符串，下列哪个语句或表达式不正确？

```
s1="Hello World! ";
s3="Hello World! ";
String s5=s1+s2;
StringBuffer s6=s3+s4;
String s5= s1-s2;
s1<=s2
char c=s1.charAt(s2.length());
s4.setCharAt(s4.length(),'y');
```

6. StringTokenizer 类的主要用途是什么？该类有哪些常用的方法？它们的功能是什么？

7. 下列程序的输出结果是什么？

```
import java.util.*;
public class Test7_7{
    public static void main(String[] args) {
        String s="Friday;Saturday\Sunday Monday,Tuesday";
        StringTokenizer stk=new StringTokenizer(s,"; \");
        while(stk.hasMoreTokens()){
            System.out.println(stk.nextToken());
        }
    }
}
```

8. 编写程序，输入两个字符串，完成以下几个功能。

(1) 求两个字符串的长度。

(2) 检验第一个字符串是否为第二个字符串的子串。

(3) 把第一个字符串转换为 byte 类型并输出。

第8章

异常处理

所谓"明枪易躲，暗箭难防"，对于本身或测试人员检验出来的语法及逻辑错误，只要遵循系统化的开发策略，配合细心的调试，问题大多可以迎刃而解。但对于用户操作不当引发的错误，往往是程序设计者最头痛的问题，这些错误往往只在运行期间发生。Java 提供了丰富的针对出错和异常情况的处理措施，从而对可能发生错误的地方采取预防措施，并允许你编写有足够弹性的代码来处理可能致命的错误。本章将详细介绍 Java 的异常处理技术。通过本章的学习，读者应该能够编写健壮的应用程序，并学会调试程序，从而解决程序的运行时错误。

本章的学习目标：

- 理解 Java 的异常处理机制
- 了解 Java 的内置异常
- 掌握 try 语句的用法
- 掌握 finally 子句的用法
- 掌握 throw 和 throws 的用法
- 掌握如何定义自己的异常
- 了解多重捕获的实现

8.1 异常处理的基础知识

异常是指程序在运行过程中发生不正确的或者意想不到的错误，而使得程序无法继续执行下去的情况。例如，在内存不足、数组越界、文件找不到或者分母为零的情况下，都会引发异常。在不支持异常处理的计算机语言中，必须手动检查和处理错误——通常是通过使用错误代码，等等。这种方式既笨拙又麻烦。Java 的异常处理机制避免了这些问题，并且在处理过程中采用面向对象的方式管理运行时错误。

8.1.1 Java 的异常处理机制

在传统的面向过程的程序设计中，通常依靠程序设计人员来预先估计可能出现的错误情况，并对出现的错误进行处理。这样，程序中通常要有多个条件判断语句。另外，由于程序员的经验不同，对出现错误的估计能力有所差别。因此，在面向过程的程序设计中，错误处理一直是影响程序设计质量的一个瓶颈。

Java 通过面向对象的方法来处理异常，并引入了异常处理的概念。在程序运行过程中，如果发生了异常，就会创建用来表示异常的对象，并在引起错误的方法中抛出异常对象。可以选择自己处理异常，也可以继续传递异常。无论采用哪种方式，在某一点都会捕获并处理异常。

Java 异常处理通过 5 个关键字进行管理：try、catch、throw、throws 以及 finally。下面简要介绍它们的工作原理。在 try 代码块中封装可能发生异常的程序语句，对这些语句进行监视。如果在 try 代码块中发生异常，就会将异常抛出。代码可以使用 catch 语句捕获异常，并对其进行处理。系统生成的异常由 Java 运行时系统自动抛出。如果要手动抛出异常，需要使用 throw 关键字。从方法抛出的任何异常都必须通过 throws 子句进行指定。另外，在 try 代码块结束后，无论是否发生异常都必须执行的代码需要放入 finally 代码块中。

在 Java 中，异常是一种对象。所有的异常都是 Exception 类对象或 Exception 子类对象，产生异常就是产生异常对象。异常对象可能由应用程序本身产生，也可能由 JVM 产生，这取决于产生异常的类型。

Java 异常处理的优点如下：

- 首先，引入异常处理后，可以使得异常处理代码和程序的其他部分隔开，不仅提高了程序的清晰度、可读性，更重要的是明晰了程序的流程。
- 可以对各种不同的异常事件进行分类处理，从而具有良好的接口和层次性。
- 利用类的层次性既可以根据不同的异常分别处理，也可以把具有相同父类的多个异常统一处理，从而具有灵活性。
- 引入异常后，可以从 try 和 catch 之间的代码段中快速定位异常出现的位置，提高错误处理效率。

8.1.2 异常类型

在 Java 中，所有异常类型都是内置类 Throwable 的子类。Throwable 位于异常类层次中的顶部，Throwable 有两个子类：Error 和 Exception。其中，Error 类由系统保留，一般不能由应用程序直接处理；而 Exception 类则供应用程序使用。

Exception 类既可以用于用户程序应当捕获的异常情况，也可以用于创建自定义异常类型的子类。Exception 的一个重要子类 RuntimeException 及其子类代表运行时异常，如数组越界异常类 ArrayIndexOutOfBoundsException 就是运行时异常；其他则是非运行时异常，如输入输出异常类 IOException。

顶级的异常层次如图 8-1 所示。

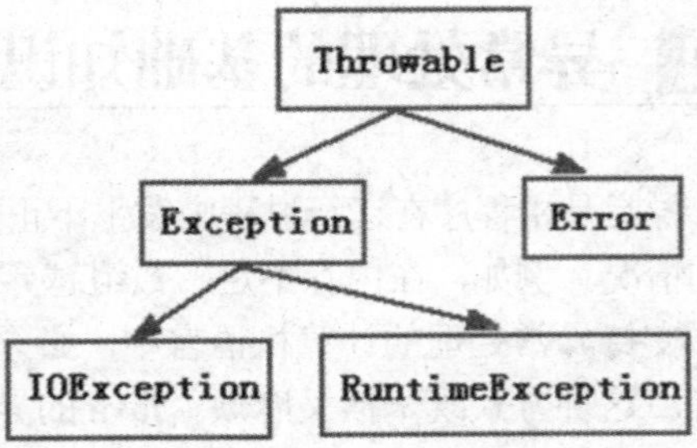

图 8-1 顶级的异常层级

1. Java 的内置异常

在 java.lang 包中，Java 定义了一些异常类。这些异常类中最常用的是 RuntimeException 异常类的子类。这些异常又称为未经检查的异常，因为编译器不检查方法是否处理或抛出这些异常，所以，在所有方法的 throws 列表中不需要包含这些异常。表 8-1 所示为 java.lang 包中定义的未经检查的异常。

表 8-1　未经检查的 RuntimeException 子类

异　常	含　义
ArithmeticException	算术错误，例如除零
ArrayIndexOutOfBoundsException	数组索引越界
ArrayStoreException	使用不兼容的类型为数组元素赋值
ClassCastException	无效转换
EnumConstantNotPresentException	试图使用未定义的枚举值
IllegalArgumentException	使用非法参数调用方法
IllegalMonitorStateException	非法的监视操作，例如等待未锁定的线程
IllegalStateException	环境或应用程序处于不正确的状态
IllegalThreadStateException	请求的操作与当前线程状态不兼容
IndexOutOfBoundsException	某些类型的索引越界
NegativeArraySizeException	使用负数长度创建数组
NullPointerException	非法使用空引用
NumberFormatException	字符串到数值格式的无效转换
SecurityException	试图违反安全性
StringIndexOutOfBounds	试图在字符串边界之外进行索引
TypeNotPresentException	类型未找到
UnsupportedOperationException	遇到不支持的操作

【例 8-1】未经检查的异常。

在 D:\workspace 目录中新建子文件夹"第 8 章"用来存放本章示例源程序，新建名为 Exam8_1.java 的源文件，输入如下测试代码：

```
public class Exam8_1 {
public static void main(String[] args) {
    int a=14,result;
    result =a/0;
}
}
```

本例中有一条除数为 0 的语句，编译上述程序不会报错，但运行后，输出结果如下：

```
D:\workspace\第 8 章>java Exam8_1
Exception in thread "main" java.lang.ArithmeticException: / by zero
        at Exam8_1.main(Exam8_1.java:4)
```

从提示信息可以看出，在源文件的第 4 行代码中出现了异常，异常类型是 ArithmeticException。因为是未经检查的异常，所以 main()方法中没有 throws 语句也能编译通过。但是，例 8-2 中的 main()方法必须包含 throws 子句，否则将产生编译错误。

【例 8-2】已检查的异常。

新建名为 Exam8_2.java 的源文件，输入如下测试代码：

```
import java.io.*;
public class Exam8_2{
public static void main(String[] args) throws IOException{
```

```
            InputStreamReader reader = new InputStreamReader(System.in);
            BufferedReader input = new BufferedReader(reader);
            String temp = input.readLine();
            System.out.println(temp);
        }
    }
```

本例中，main()方法声明中的 throws 子句不可省略，如果没有 throws 子句，程序编译就会报错，这是因为程序中的input.readLine()语句可能会产生IOException 异常，这是已检查的异常，必须使用 try/catch 语句进行捕获并处理，或者使用 throws 语句向上抛出异常。

除了 RuntimeException 异常以外，其他异常都是已检查的异常。

2. 异常类 Exception

由于所有异常都是 Exception 类对象或 Exception 子类对象，因此我们需要先了解一下 Exception 异常类。

Exception 异常类有 5 个构造方法，常用的是如下两个：

```
public Exception()
public Exception( String s )
```

第一种形式创建一个不带任何参数的 Exception 对象；第二种形式创建一个新的对象，并指明一个错误消息字符串，这个字符串将被存储在该对象中。

Exception 异常类没有自己的方法，它从父类 Throwable 那里继承了很多方法，其中比较重要的两个方法是 getMessage 和 printStackTrace，这两个方法在构建异常处理程序和调试程序时非常有用。

- public String getMessage()：返回 Exception 对象中嵌入的错误消息，从而可以显示错误消息的内容。
- public void printStackTrace()：打印异常信息在程序中出错的位置和原因(包括异常的名称)，这有助于识别造成错误的原因。

8.2 捕获并处理异常

在 Java 中，异常处理是通过 try、catch、throw、throws 和 finally 等关键字实现的。本节将详细讲述 Java 捕获异常、处理异常的具体操作规则。

8.2.1 未捕获的异常

学习如何在程序中处理异常之前，先回顾一下本章开头的例 8-1，例 8-1 中包含一个故意引起除零错误的表达式，运行时，将抛出异常并终止程序。

```
D:\workspace\第 8 章>java Exam8_1
Exception in thread "main" java.lang.ArithmeticException: / by zero
        at Exam8_1.main(Exam8_1.java:4)
```

程序在执行到 Exam8_1.java 的第 4 行时，出现了 java.lang.ArithmeticException 异常。在这个例子中，没有提供任何处理异常程序，所以异常会由 Java 运行时系统提供的默认异常处理程序捕获。默认异常处理程序会显示一个描述异常的字符串，输出异常发生点的堆栈踪迹并终止程序。根据输出的描述信息，可以很快定位产生异常的位置为 Exam8_1 类的 main()方法，具体为 Exam8_1.java 的第 4 行代码。

堆栈踪迹总是会显示导致错误的方法调用序列。例如，对上面的程序稍做修改，将产生异常的语句放到一个独立的方法中：

```java
public class Exam8_1 {
static void fun1() {
    int a=14,result;
    result =a/0;
}
public static void main(String[] args) {
    Exam8_1.fun1();
}
}
```

此时，运行程序，默认异常处理程序产生的堆栈踪迹将显示整个堆栈调用过程：

```
D:\workspace\第 8 章>java Exam8_1
Exception in thread "main" java.lang.ArithmeticException: / by zero
        at Exam8_1.fun1(Exam8_1.java:4)
        at Exam8_1.main(Exam8_1.java:7)
```

可以看出，堆栈的底部是 main()方法中的第 7 行代码，该行调用 fun1 方法，该方法在第 4 行引起了异常。

调用堆栈对于调试非常有用，因为它可以精确定位导致错误发生的步骤序列。

8.2.2 使用 try 和 catch

尽管对于调试而言，Java 运行时系统提供的默认异常处理程序很有用，但是默认异常处理程序通常会终止程序的运行，这会让最终用户感动困惑。更好的解决方案是程序员编写代码自己处理异常。自己处理异常有两个优势：(1) 允许修复错误，(2) 阻止程序自动终止。

自己处理异常的第一步就是使用 try 和 catch 子句捕获异常。try 代码块中的代码通常是可能发生异常的语句，紧随 try 代码块之后，提供 catch 子句，指定希望捕获的异常类型。try/catch 语句的语法格式如下：

```
try{
    // 程序代码
}catch(ExceptionName e1){
    //catch 代码块
}
```

【例 8-3】为例 8-1 中的程序添加 try/catch 语句，捕获并处理异常，使程序正常结束。

新建一个名为 Exam8_3.java 的源文件，输入如下代码：

```java
public class Exam8_3{
public static void main(String[] args) {
    int a=14,result;
    try{
```

```
                result =a/0;
                System.out.println("这条语句会被执行吗？");
        }catch(ArithmeticException e) {
                System.out.println("发生了除数为 0 的错误。");
        }
        System.out.println("正常输出，程序运行结束。");
    }
}
```

编译并运行程序，结果如下：

发生了除数为 0 的错误。
正常输出，程序运行结束。

本例中，对 try 代码块中 println 语句的调用永远都不会执行。一旦抛出异常，程序控制就会从 try 代码块中转移出来，进入 catch 代码块。换句话说，不是"调用"catch 代码块，所以执行控制永远不会从 catch 代码块"返回"到 try 代码块。执行完 catch 语句后，程序控制就会进入整个 try/catch 代码块的下一行，所以输出"正常输出，程序运行结束。"。

注意：
由 try 保护的语句必须使用大括号括起来，即使只有一条语句，也不能缺少大括号。

大部分设计良好的 catch 子句，都应当能够分辨出异常情况，然后继续执行，就好像错误根本没有发生一样。

8.2.3　多条 catch 子句

在有些情况下，一个 try 代码块可能会引发多个不同的异常，如果希望对不同的异常采取不同的处理方法，就需要使用多异常处理机制。

多异常处理是通过在一个 try 代码块后面定义多个 catch 子句来实现的，每个 catch 子句捕获不同类型的异常。当 try 代码块中产生异常后，按顺序检查每个 catch 子句，判断异常对象是否为本 catch 代码块所捕获。当异常对象与 catch 语句的参数满足下面任何一个条件时，异常对象将被捕获：

- 异常对象与参数属于相同的异常类。
- 异常对象属于参数异常类的子类。
- 异常对象实现了参数所定义的接口。

如果第一个 catch 语句捕获了异常，程序将跳转到对应的 catch 代码块中，执行相应的异常处理，执行完毕后，程序将退出 try…catch 结构，其他的 catch 代码块将被忽略；如果异常对象与第一个 catch 语句不匹配，那么系统将自动转到第二个 catch 语句进行匹配，如果第二个 catch 语句仍不匹配，则转向第三个，依此类推，直到找到匹配的 catch 语句。

由于异常对象与 catch 代码块的匹配是按照 catch 语句的先后顺序进行的，因此在处理多异常情况时，应正确设计各 catch 代码块的排列顺序。通常在多 catch 语句中，最后一个 catch 语句的参数类型为 Exception 类，用于捕获所有类型的异常。

【例 8-4】 一个 try 代码块带有多个 catch 语句的示例。

```
public class Exam8_4{
```

```
public static void main(String[] args) {
    int i = 0;
    int j = 0;
    try {
        i = Integer.parseInt(args[0]);
        j = Integer.parseInt(args[1]);
        System.out.println(i + "/" + j + " = " + i / j);
    } catch (NumberFormatException e) {
        System.err.println("数字转换异常，输入的参数不是数字");
        System.out.println("用法：java Exam8_4 number1 number2");
    } catch (ArrayIndexOutOfBoundsException e) {
        System.err.println("数组越界异常，本程序运行需要命令行参数");
        System.out.println("用法：java Exam8_4 number1 number2");
    } catch (ArithmeticException e) {
        System.err.println("算术运算异常");
        System.err.println(e.getMessage());
    } catch (Exception e) {
        System.err.println(e);
        System.err.println(e.getMessage());
    }
}
}
```

上述程序在运行时需要指定两个类型为整型的命令行参数，然后输出这两个整数的商(整数除法)。如果用户没指定参数，指定的参数少于两个，指定的参数不是整数，抑或第二个参数为零，都会产生异常。读者可自行编译并使用不同的参数运行并测试。下面是程序的几种运行情况：

```
(第一次执行)
D:\workspace\第 8 章>java Exam8_4
数组越界异常，本程序运行需要命令行参数
用法：java Exam8_4 number1 number2
(第二次执行)
D:\workspace\第 8 章>java Exam8_4 ab c
数字转换异常，输入的参数不是数字
用法： java Exam8_4 number1 number2
(第三次执行)
D:\workspace\第 8 章>java Exam8_4 12
数组越界异常，本程序运行需要命令行参数
用法： java Exam8_4 number1 number2
(第四次执行)
D:\workspace\第 8 章>java Exam8_4 12 0
算术运算异常
/ by zero
```

另外需要注意的是本例中用到的 System.err.println()语句，该语句与 System.out.println()的用法类似，但 System.err. println()用来打印错误文本。

说明：

当使用多条 catch 语句时，要重点记住异常子类必须位于所有超类之前，因为如果子类位于超类之后的话，永远也不会到达子类。而在 Java 中，不可到达的代码被认为是错误，程序将无法编译通过。

8.2.4 finally

当有异常被抛出时，程序的执行就不再是线性的，这就有可能导致方法的执行被中断。例如：在一个方法中打开一个文件，当读取文件信息时抛出一个异常，这时，程序将转向异常处理语句，中断方法的执行，但很可能因为没有关闭文件，导致程序错误。为了防止这种情况发生，我们可以在 try…catch 语句的后面使用 finally 语句。

使用 finally 可以创建一个代码块，无论 try 代码块中的程序是否抛出异常，也无论 catch 语句的异常类型是否与抛出的类型一致，finally 代码块都会被执行，它提供了统一的出口。对于关闭文件句柄或是释放其他一些资源这样的工作，放在 finally 子句中是很好的选择。

注意：

finally 子句是可选的。每条 try 语句至少需要有一条 catch 子句或 finally 子句与之对应。

【例 8-5】演示 finally 子句的用法。

新建一个名为 Exam8_5.java 的源文件，输入如下代码：

```java
public class Exam8_5{
static void funcA() {
    try {
        System.out.println("执行 funcA 方法会抛出异常");
        int a=0;
        int b=22/a;
    } finally {
        System.out.println("funcA 方法中的 finally 子句");
    }
}
static void funcB() {
    try {
        System.out.println("执行 funcB 方法，在 try 代码块中直接返回");
        return;
    } finally {
        System.out.println("funcB 方法中的 finally 子句");
    }
}
static void funcC() {
    try {
        System.out.println("执行 funcC 方法，没有异常，正常结束");
    } finally {
        System.out.println("funcC 方法中的 finally 子句");
    }
}
```

```
static void funcD() {
    try {
        System.out.println("执行 funcD 方法会抛出异常");
        int a=0;
        int b=22/a;
    } catch (ArithmeticException e) {
        System.out.println("在方法 D 中捕获异常并处理");
    } finally {
        System.out.println("funcD 方法中的 finally 子句");
    }
}
public static void main(String args[]) {
    try {
        funcA();
    } catch (Exception e) {
        System.out.println("回到 main()方法中并捕获异常");
    }
    funcB();
    funcC();
    funcD();
}
}
```

编译并运行程序，结果如下：

```
执行 funcA 方法，会抛出异常
funcA 方法中的 finally 子句
回到 main()方法中并捕获异常
执行 funcB 方法，在 try 代码块中直接返回
funcB 方法中的 finally 子句
执行 funcC 方法，没有异常，正常结束
funcC 方法中的 finally 子句
执行 funcD 方法会抛出异常
在方法 D 中捕获异常并处理
funcD 方法中的 finally 子句
```

在这个例子中，声明了 4 个静态方法，它们以不同方式退出。方法 funcA 通过抛出异常过早地跳出了 try 代码块，在退出之后执行 finally 子句，因为没有 catch 子句，所以异常继续被抛出，返回 main()方法后，被 main()方法中的 catch 子句捕获；方法 funcB 通过 return 语句退出 try 代码块，在 funcB 方法返回前执行 finally 子句；在方法 funcC 中，try 语句正常执行，没有异常发生，但是仍然会执行 finally 代码块；方法 funcD 与方法 funcA 的区别是，在 funcD 中有 catch 子句，捕获了异常，在执行完 catch 子句后执行 finally 子句。

try…catch…finally 结构的初学者一定要牢记以下几点：

- catch 子句不能独立于 try 子句存在。
- 在 try/catch 代码块的后面可以没有 finally 代码块。
- Try 代码块后不能既没有 catch 代码块也没有 finally 代码块。
- 在 try、catch、finally 代码块之间不能添加任何代码。

8.2.5 嵌套的 try 语句

与其他程序结构类似，try 语句也可以嵌套。完整的 try…catch…finally 结构(至少有一条 catch 子句或 finally 子句)可以位于另一个 try 代码块中。每次遇到 try 语句时，异常的上下文就会被压入堆栈中。如果内层的 try 语句没有为特定的异常提供 catch 处理程序，堆栈就会弹出 try 语句，检查外层 try 语句的 catch 处理程序，查看是否匹配异常。这个过程会一直继续下去，直到找到一条匹配的 catch 语句，或直到检查完所有嵌套的 try 语句。如果没有找到匹配的 catch 语句，Java 运行时系统会处理异常。

【例 8-6】嵌套的 try 语句。

新建一个名为 Exam8_6.java 的源文件，演示异常的嵌套，输入如下代码：

```java
public class Exam8_6 {
public static void main(String[] args) {
    try {
        int a = args.length;
        int b = 42 / a;
        System.out.println("a = " + a);
        try {
            if (a == 1)
                a = a / (a - a);
            if (a == 2) {
                int[] c = { 1 };
                c[2] = 99;        // 数组越界
            }
        } catch (ArrayIndexOutOfBoundsException e) {
            System.out.println("数组越界异常： " + e);
        }
    } catch (ArithmeticException e) {
        System.out.println("除数为零异常： " + e);
    }
}
}
```

上述程序在一个 try 代码块中嵌套了另外一个 try 代码块。程序执行时，如果没有提供命令行参数，那么外层的 try 代码块会产生除数为零异常；如果执行程序时提供了一个命令行参数，那么嵌套的 try 代码块会产生除数为零异常，该异常不能被内层的 try 代码块捕获，所以会被传递到外层的 try 代码块，在此捕获异常并进行处理；如果执行程序时提供了两个命令行参数，那么内层的 try 代码块会产生数组越界异常。下面是程序的运行情况：

```
(第一次执行)
D:\workspace\第 8 章>java Exam8_6
除数为零异常： java.lang.ArithmeticException: / by zero
(第二次执行)
D:\workspace\第 8 章>java Exam8_6 s1
a = 1
除数为零异常： java.lang.ArithmeticException: / by zero
```

（第三次执行）
D:\workspace\第 8 章>java Exam8_6 s1 s2
a = 2
数组越界异常：java.lang.ArrayIndexOutOfBoundsException: 2

还有一种 try 语句的嵌套发生在方法调用时。例如，可能在一个 try 代码块中包含了对某个方法的调用，而在方法内部又有另一个 try 语句。对于这种情况，方法内部的 try 语句仍然被嵌套在调用方法的外层 try 代码块中。

除了以上嵌套形式，在 catch 子句或 finally 子句中，也可以包含 try 代码块。

8.2.6　throw

到目前为止，捕获的都是由 Java 运行时系统抛出的异常。有时候，我们也可以在自己的程序中使用 throw 显式地抛出异常。throw 的一般形式如下所示：

throw ThrowableInstance;

其中，ThrowableInstance 必须是 Throwable 对象或 Throwable 子类对象。抛出的异常对象既可以通过 catch 子句捕获，也可以是使用 new 运算符实例化的新对象。

【例 8-7】使用 throw 抛出异常。

新建一个名为 Exam8_7.java 的源文件，输入如下代码：

```
public class Exam8_7{
public static void func(String[] args){
        try{
                int a=args.length;
                int b=93/a;
                String str=args[args.length];
        }catch(ArithmeticException e){
                throw new RuntimeException("除数为零");
        }catch(ArrayIndexOutOfBoundsException e) {
                throw new RuntimeException("数组越界");
        }
}
public static void main(String[] args) {
        try {
                func(args);
        } catch(RuntimeException e) {
                System.out.println( e);
        }
}
}
```

func 方法中的 try 语句有两个 catch 子句，在这两个 catch 子句中，都是把捕获到的异常重新封装为一个 RuntimeException，然后使用 throw 抛出，所以在 main()方法中，只要捕获一种异常类型就可以了。可通过异常的描述信息来确定具体的异常情况。程序的运行情况如下：

（第一次执行）
D:\workspace\第 8 章>java Exam8_7
java.lang.RuntimeException: 除数为零

（第二次执行）
D:\workspace\第 8 章>java Exam8_7 s1
java.lang.RuntimeException: 数组越界

前面介绍 Exception 类的时候提到过该类的两个构造方法：一个不带参数，另一个带有一个字符串参数。几乎所有内置的 Java 异常都有这样的构造方法。如果使用带一个字符串参数的构造方法构造一个异常对象，那么这个参数通常用来描述异常信息。当将对象用作 print 或 println 方法的参数时，会显示该字符串。也可以通过调用 getMessage 方法来获取这个字符串。

8.2.7 throws

在例 8-2 中我们就提到过，如果一个方法没有捕获一个已检查的异常，那么该方法必须使用 throws 关键字来声明。throws 关键字放在方法签名的尾部，后跟方法可能抛出的异常类型。下面是包含 throws 关键字的方法声明的一般形式：

```
type method-name(parameter-list) throws exception-list{
    // body of method
}
```

其中，exception-list 是方法可能抛出的异常列表，如果有多个异常类型，需要用逗号隔开。

在下面的程序中，func 方法会抛出无法匹配的异常。但该方法没有使用 throws 来声明，所以程序会产生编译错误 Unhandled exception type IllegalAccessException。

```
class ThrowsDemo {
    public void func() {
        System.out.println("Inside throwOne.");
        throw new IllegalAccessException("demo");
    }
}
```

解决的方法就是在方法声明中添加 throws 关键字：

```
class ThrowsDemo {
    public void func() throws IllegalAccessException {
        System.out.println("Inside throwOne.");
        throw new IllegalAccessException("demo");
    }
}
```

8.3 创建自己的异常子类

尽管 Java 的内置异常处理了大部分常见错误，但是对于某个应用所特有的运行错误，则需要编程人员根据程序的特殊逻辑在用户程序中创建自己的异常类和异常对象。用户定义的异常类必须是 Throwable 的直接或间接子类，Java 推荐用户定义的异常类以 Exception 为直接父类。通常，自定义的异常类不需要实际实现任何内容，只要它们存在于类型系统中，就可以将它们用作异常。

【例 8-8】创建一个表示密码安全与否的异常类，并演示其用法。

新建一个名为 Exam8_8.java 的源文件，在该源文件中先声明一个新的异常类 UnSafePwdException，该类派生自 Exception 类，包含两个构造方法。在 Exam8_8 类中编写判断密码是否安全的方法，如果密码安全级别较低，则抛出 UnSafePwdException 异常，完整的代码如下：

```java
import java.util.Scanner;
class UnSafePwdException extends Exception {
public UnSafePwdException() {
        super("密码过于简单，安全密码的长度应大于 6，且必须包含数字、大写字母和小写字母");
}
public UnSafePwdException(String msg) {
        super(msg);
}
}
public class Exam8_8{
// 抛出异常的方法
void checkPassword(String strPassword) throws UnSafePwdException {
        if (strPassword.length() < 6)
                throw new UnSafePwdException("密码长度太短");
        boolean bNumber = false;
        boolean bUpper = false;
        boolean bLower = false;
        for (int i = 0; i < strPassword.length(); i++) {
                if (bUpper && bLower && bNumber)
                        break;
                if (strPassword.charAt(i) >= 'a' && strPassword.charAt(i) <= 'z')
                        bLower = true;
                if (strPassword.charAt(i) >= 'A' && strPassword.charAt(i) <= 'Z')
                        bUpper = true;
                if (strPassword.charAt(i) >= '0' && strPassword.charAt(i) <= '9')
                        bNumber = true;
        }
        if (bUpper && bLower && bNumber) {
                System.out.println("密码是安全的");
                return;
        } else
                throw new UnSafePwdException();
}
public static void main(String args[]) {
        Exam8_8 obj = new Exam8_8 ();
        try {
                System.out.println("请输入密码：");
                Scanner scanner = new Scanner(System.in);
                String strPwd = scanner.next();
                obj.checkPassword(strPwd);
        } catch (UnSafePwdException e) {
```

```
                System.out.println(e.getMessage());
        } catch (Exception e) {
                System.out.println(e.getMessage());
        }
    }
}
```

上面的程序演示了用户异常的定义和使用方法，其中用户定义的异常类
UnSafePwdException 是由 Exception 类派生的，程序中的 checkPassword 用于判断用户输入的字
符串是否可以作为安全的密码，判断的条件是字符串的长度是否大于 6 并且同时包含数字、大
写字母和小写字母，如果不满足上述条件，则抛出 UnSafePwdException 异常。

运行上述程序，当输入的字符串不满足上述安全密码的条件时，将抛出异常，运行情况如下：

```
请输入密码：
adfe31   ✓
密码过于简单，安全密码的长度应大于 6，且必须包含数字、大写字母和小写字母
```

8.4　JDK 7 新增的异常特性

从 JDK 7 开始，Java 为异常处理添加了 3 个有用的特性。第 1 个特性是带资源的 try 语句，
资源(例如文件)在不再需要时能够自行释放，在第 10 章介绍文件读写时会对此进行描述；第 2
个特性是多重捕获；第 3 个特性是更精确地重新抛出。下面介绍后面两个特性。

8.4.1　多重捕获

这里提到的多重捕获是指允许通过相同的 catch 子句捕获两个或更多个异常。两个或更多
个异常处理程序使用相同的代码段来处理，而不必使用多个 catch 子句逐个捕获所有异常，这
是从 JDK 7 开始添加的一个新特性。

使用多重捕获的方法是在 catch 子句中使用或运算符(|)分隔每个异常。每个多重捕获的参数
都被隐式地声明为 final。因此，不能为它们赋予新值。

例如，例 8-4 中通过多个 catch 子句捕获不同异常的代码，也可以使用一个 catch 子句，将
多个异常使用相同的代码来处理，修改后的代码如下：

```
public static void main(String[] args) {
        int i = 0;
        int j = 0;
        try {
                i = Integer.parseInt(args[0]);
                j = Integer.parseInt(args[1]);
                System.out.println(i + "/" + j + " = " + i / j);
        } catch (NumberFormatException |ArrayIndexOutOfBoundsException |ArithmeticException e) {
                System.err.println("运行该程序需要两个命令行参数，参数为两个整数");
                System.out.println("用法：java MultiCatch number1 number2");
        } catch (Exception e) {
                System.err.println(e);
```

```
                System.err.println(e.getMessage());
        }
    }
```

上面的第一个 catch 子句可以同时捕获 3 种异常类型,代码比之前使用多个 catch 子句简化了很多,而且编译这段代码产生的字节码要比编译多个 catch 子句产生的字节码少。

8.4.2　更精确地重新抛出

更精确地重新抛出是指在方法声明的 throws 子句中指定更具体的异常类型。来看下面的方法:

```java
public void rethrow(String type) throws Exception {
    try {
        if (type.equals("IA")) {
            throw new IllegalAccessException ();
        } else {
            throw new NoSuchFieldException ();
        }
    } catch (Exception e) {
        throw e;
    }
}
```

这个方法中的 try 代码块既可以抛出 IllegalAccessException 异常,也可以抛出 NoSuchFieldException 异常。如果我们在 rethrow 方法声明的 throws 子句中指定异常类型为这两种类型,那么在 JDK 7 之前的版本中无法编译通过。因为 catch 子句的异常参数 e 是 Exception 类型,并且 catch 代码块重新抛出了这个异常参数 e,所以在 rethrow 方法声明的 throws 子句中必须指定异常类型为 Exception。

从 JDK 7 开始,编译器可以探测到由 throw e;语句抛出的异常必然来自于 try 代码块,并且 try 代码块抛出的异常只能是 IllegalAccessException 和 NoSuchFieldException 两种类型。即使 catch 子句的异常参数 e 的类型是 Exception,编译器也可以探测到它是 IllegalAccessException 还是 NoSuchFieldException 的实例,所以可以在 rethrow 方法声明的 throws 子句中指定异常类型为 IllegalAccessException 和 NoSuchFieldException。

```java
public static void rethrow(String type) throws NoSuchFieldException, IllegalAccessException {
    try {
        if (type.equals("IA")) {
            throw new IllegalAccessException();
        } else {
            throw new NoSuchFieldException();
        }
    } catch (Exception e) {
        throw e;
    }
}
```

在 JDK 7 之前的版本中,编译器在 throw e;语句这里会产生 unreported exception Exception;

must be caught or declared to be thrown 错误。编译器会检查抛出的异常类型是否可指定给 rethrow 方法声明的 throws 子句中声明的任意类型。

8.5 本章小结

本章详细讲述了 Java 异常处理的有关知识。首先，讲述了 Java 异常处理机制和内置的异常类，Java 通过面向对象的方法来处理异常；接下来，围绕 Java 处理异常的 5 个关键字—— try、catch、finally、throw 以及 throws，详细介绍了如何在程序中捕获并处理异常；然后介绍了如何创建自己的异常类，尽管 Java 内置的异常机制处理了大部分常见错误，但是对于某个应用所特有的运行错误，则需要创建自己的异常类和异常对象；最后，简要介绍了 JDK 7 新增的两个异常特性，包括多重捕获和更精确地重新抛出。通过异常处理，我们不仅提高了程序运行的稳定性、程序的可读性，而且有利于程序版本的升级与维护。

8.6 思考和练习

1. 什么是异常？Java 处理异常的关键字有哪些？
2. 如果一个 try 代码块没有抛出异常，则在 try 代码块执行完毕后，程序将从什么地方继续执行？
3. 编写一个程序，读取两个 int 类型的数值，计算并演示这两个数值的和、差、乘积、商和模数。在程序中包含一个 try…catch 结构，以捕获并报告可能出现的异常。
4. 观察以下程序，回答后面的问题：

```java
import java.util.Scanner;
public class Text8_4{
public static void main(String[] args) {
        int[] someArray = { 12, 9, 3, 11 };
        int position = getPosition();
        display(someArray, position);
        System.out.println("退出程序");
}
private static int getPosition() {
        System.out.println("输入要显示的元素在数组中的位置");
        Scanner scanner = new Scanner(System.in);
        String positionEntered = scanner.next();
        return Integer.parseInt(positionEntered);
}
private static void display(int[] arrayIn, int posIn) {
        System.out.println("处在这个位置的元素是：" + arrayIn[posIn]);
}
}
```

a) 上述程序会出现编译错误吗？
b) 哪个方法会抛出异常？
c) 判断可能抛出的异常的名称，并且说明在什么情况下将会抛出该异常。

第9章

多线程编程

前面开发的程序大多是单线程的，即一个程序只有一条从头到尾执行的路线。然而，现实世界中的很多事物都是有多种途径且同时运作的。例如：服务器可能需要同时处理多个客户机的请求，这就需要有多个线程同时在工作。多线程编程使得系统资源并不是由某个执行体独占，而是由多个执行单元共同拥有，轮换使用。正确使用多线程可以消除系统的瓶颈问题，提高整个应用系统的性能。本章将详细介绍 Java 语言的多线程技术。通过本章的学习，读者应该理解线程和进程的区别，掌握 Java 的多线程编程技术，了解线程的同步和线程间通信等内容。

本章的学习目标：
- 了解进程和线程的基本概念和区别
- 掌握创建线程的两种方法
- 理解线程的生命期及状态
- 掌握线程同步的概念和方法
- 了解线程的优先级
- 掌握线程的调度方法和优先级设置方法
- 掌握线程间通信的方法
- 了解线程组的概念及实现方法

9.1 多线程概述

多线程程序包含同时运行的两个或多个部分。这种程序的每一部分被称为一个线程，并且每个线程定义了单独的执行路径。因此，多线程是特殊形式的多任务处理。Java 对多线程编程提供了内置支持。

9.1.1 进程与线程

随着计算机的飞速发展，个人计算机上的操作系统可以在同一时间内执行多个程序，于是引入了进程的概念。所谓进程，就是动态执行的程序，当用户运行一个程序的时候，就创建了一个用来容纳组成代码和数据空间的进程。例如，在 Windows XP 上运行的每一个程序都是一个进程，而且每一个进程都有自己的一块内存空间和一组系统资源，它们之间都是相互独立的。进程概念的引入使得计算机操作系统同时处理多个任务成为可能。

跟进程相似，线程是比进程更小的单位。所谓线程，是指进程中单一顺序的执行流，线程可以共享内存单元和系统资源，但不能单独执行，而必须存在于某个进程中。由于线程自身的数据通常只有微处理器的寄存器数据以及一个供程序执行时使用的堆栈，因此线程也被称作轻负荷进程。一个进程中至少包括一个线程。

以前开发的很多程序都是单线程的，即一个进程中只包含一个线程，也就是说，一个程序只有一条执行路线。但是，现实中的很多进程都是可以按照多条路线执行的。例如，在浏览器中，可以在下载图片的同时滚动页面来浏览不同的内容。这与多线程的概念是相似的，多线程其实就意味着一个程序可以按照不同的执行路线共同工作。需要注意的是，计算机系统中的多个线程是并发执行的，因此，任意时刻只能有一个线程在执行，但是由于 CPU 的速度非常快，给用户的感觉就像是多个线程同时在运行。

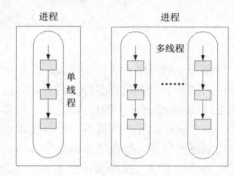

图 9-1 描绘了进程、单线程和多线程的不同。

图 9-1　进程、单线程和多线程

进程和线程的区别可以总结为如下几点：

- 一个程序至少有一个进程，一个进程至少有一个线程，线程是进程的一个实体，是 CPU 调度和分派的基本单位，是比进程更小的能独立运行的基本单位。
- 线程在执行过程中与进程也是有区别的，每个独立的线程有程序运行入口以及顺序执行序列和程序的出口；但是线程不能独立执行，必须依存在应用程序中，由应用程序提供多个线程的执行控制。
- 一个线程可以创建和撤销另一个线程，同一进程中的多个线程之间可以并发执行。

9.1.2　Java 中的线程

Java 语言本身就支持多线程。Java 中的线程由虚拟的 CPU、CPU 执行的代码以及 CPU 处理的数据 3 部分组成。虚拟的 CPU 被封装在 java.lang.Thread 类中，有多少个线程就有多少个虚拟的 CPU 在同时运行，提供对多线程的支持。Java 的多线程就是系统每次给 Java 程序一些 CPU 时间，虚拟的 CPU 在多个线程之间轮流切换，保证每个线程都能机会均等地使用 CPU 资源，不过每个时刻只能有一个线程在运行。

Java 将 main()方法作为入口以执行程序，因此当 Java 程序启动时，会立即开始运行一个 main 线程，因为它是程序开始时执行的线程，所以这个线程通常被称为程序的主线程。主线程很重要，因为其他子线程都是从主线程产生的；倘若 Java 程序中还有其他没运行结束的线程，即使 main()方法执行完最后一条语句，Java 虚拟机也不会结束该程序，而是一直等到所有线程都运行结束后才停止。所以，主线程是最后才结束执行的线程。

尽管主线程是在程序启动时自动创建的，但是可以通过 Thread 对象对其进行控制。为此，必须调用 Thread 对象的静态方法 currentThread 来获取对主线程的一个引用。一旦得到对主线程的引用，就可以像控制其他线程那样控制主线程了。

【例 9-1】使用 Thread 对象控制主线程。

在 D:\workspace 目录中新建子文件夹"第 9 章"用来存放本章示例源程序，新建名为 Exam9_1.java 的源文件，输入如下测试代码：

```
public class Exam9_1 {
public static void main(String[] args) {
        Thread t = Thread.currentThread();
        System.out.println("当前线程：" + t);
        t.setName("我的主线程");
        System.out.println("setName 后，当前线程：" + t);
        try {
                for (int n = 4; n > 0; n--) {
                        System.out.println(n);
                        Thread.sleep(1000);    //睡眠 1000 毫秒
                }
        } catch (InterruptedException e) {
                System.out.println("主线程中断异常");
        }
}
}
```

在本例中，通过调用 Thread 类的 currentThread 方法来获取对当前线程的一个引用，并将这个引用存储在局部变量 t 中。然后通过 t 可以控制当前线程，通过调用 setName 方法更改当前线程的名称。随后，在循环中调用 Thread.sleep()方法，让线程睡眠 1 秒的时间。因为 Thread.sleep()方法可能会抛出 InterruptedException 异常，所以使用了 try/catch 代码块。程序的运行结果如下：

```
当前线程：Thread[main,5,main]
setName 后，当前线程：Thread[我的主线程,5,main]
4
3
2
1
```

当把 t 用作 println 方法的参数时，输出的信息为线程的名称、优先级以及线程所属线程组的名称。默认情况下，主线程的名称是 main，优先级是 5，所属线程组的名称是 main。

9.2　多线程的创建

在 Java 中，当程序运行时，就自动产生一个线程，main()方法就是在这个线程上运行的。当程序不再产生新的线程时，程序就是单线程的，一个程序中有多个线程的，就是多线程程序。在 Java 中创建多线程的方法有两种：一种是直接继承 Thread 类并重写其中的 run 方法，另一种是使用 Runnable 接口。它们都是通过 run 方法来实现的，Java 语言把线程中真正执行的代码块称为线程体，方法 run 就是一个线程体，一个线程在被创建并初始化之后，系统就会自动调用 run 方法。

9.2.1　使用 Thread 子类创建线程

要实现多线程，可以通过继承 Thread 类并重写其中的 run 方法来实现，把线程实现的代码写到 run 方法中，线程从 run 方法开始执行，直到执行完最后一行代码或线程消亡。

Java 中 Thread 类的几个构造方法如下：

```
public Thread();
public Thread(Runnable target);
public Thread(Runnable target， String name);
public Thread(String name);
public Thread(ThreadGroup group， Runnable target);
public Thread(ThreadGroup group， String name);
public Thread(ThreadGroup group， Runnable target， String name);
```

其中，target 通过实现 Runnable 接口来指明实际执行的线程体的目标对象；name 为线程名，Java 中的每个线程都有自己的名称，可以给线程指定一个名称，如果不特意指定，Java 会自动提供唯一的名称给每一个线程；group 指明线程所属的线程组，线程组 ThreadGroup 的具体知识和用法将在 9.7 节中介绍。

Thread 类定义了一些用于帮助管理线程的方法，常用的一些方法如表 9-1 所示。

表 9-1　Thread 类的常用方法

方　　法	功　　能
static int activeCount( )	返回当前线程的线程组中活动线程的数量
static Thread currentThread( )	取得当前活动线程对象的引用
static void yield( )	暂停当前正在执行的线程对象，并执行其他线程
static void sleep(long millis)	令线程休眠由 millis 指定的时间
String getName( )	获取线程的名称
int getPriority( )	获取线程的优先级
void interrupt( )	中断当前线程的运行
ThreadGroup getThreadGruop( )	获取当前线程所属的线程组
boolean isAlive( )	确定线程是否正在运行
void run( )	线程的入口点
void start( )	启动线程的运行
void join( )	等待线程终止
State getState( )	获取线程的状态

【例 9-2】利用 Thread 子类创建一个线程。

新建名为 Exam9_2.java 的源文件，在该源文件中，首先定义 Thread 的一个子类 MyThread，在其中重写 run 方法，完整的代码如下：

```
class MyThread extends Thread {
private String threadname;          // 定义成员变量
public MyThread(String str) {       // 定义构造函数
    threadname = str;
}
public void run() {                 // 重写 run 方法
    for (int i = 0; i < 6; i++) {
        System.out.println(threadname + "被调用！ ");
```

```
                    try {
                            sleep(10);        //线程睡眠 10s
                    } catch (InterruptedException e) {
                    }
            }
            System.out.println(threadname + "运行结束");                // 线程执行结束
    }
}
public class Exam9_2 {
public static void main(String args[]) {
        MyThread firstThread = new MyThread("线程 1");
        MyThread secondThread = new MyThread("线程 2");
        firstThread.start();                // 启动线程
        secondThread.start();

    }
}
```

编译并运行程序，结果如下：

```
线程 1 被调用
线程 2 被调用
线程 2 被调用
线程 1 被调用
线程 2 被调用
线程 1 被调用
线程 1 被调用
线程 2 被调用
线程 2 被调用
线程 1 被调用
线程 1 被调用
线程 2 被调用
线程 1 运行结束
线程 2 运行结束
```

本例中，通过 MyThread 类的构造方法定义了 firstThread 和 secondThread 两个线程对象，这两个线程对象通过 start 方法进行启动，并且调用了 MyThread 类的 run 方法，在 run 方法中将调用的线程循环输出 6 次，并且为了使每个线程都有机会获得调度，定期让线程睡眠 10s。由于两个线程是独立的，而 Java 线程在睡眠一段时间被唤醒后，系统调用哪个线程是随机的，因此得到上述执行结果。为了实现线程的休眠，上述程序调用了 sleep 方法。需要注意的是，上述程序的运行结果并不是唯一的。

9.2.2　使用 Runnable 接口

当一个类已经继承了其他类时，不能通过继承 Thread 类来创建线程，此时只能通过实现 Runnable 接口的方式。

Runnable 接口抽象了一个可执行的代码单元，该接口只有一个 run 方法，它是线程的入口点。可以依托任何实现了 Runnable 接口的对象来创建线程。不过，要采用 Runnable 接口的方式创建线程，还必须引用 Thread 类的构造方法，把实现了 Runnable 接口的类对象作为参数封装到线程对象中。

【例 9-3】利用 Runnable 接口创建一个线程。

```
class SimpleThread implements Runnable {
public void run() {                         // 重写 run 方法
    for (int i = 0; i < 10; i++) {
        System.out.println(Thread.currentThread().getName() + "被调用！");
        try {
            Thread.sleep(10);      // 线程睡眠 10s
        } catch (InterruptedException e) {
        }
    }
    System.out.println(Thread.currentThread().getName() + "运行结束");        // 线程执行结束
}
}
public class Exam9_3 {
public static void main(String args[]) {
    Thread First_thread = new Thread(new SimpleThread(), "线程 1");
    Thread Second_thread = new Thread(new SimpleThread(), "线程 2");
    First_thread.start();             // 启动线程
    Second_thread.start();
}
}
```

上述程序的功能与例 9-2 中的程序相同，只是实现的方法有所不同。在例 9-2 中，通过定义成员变量来获得线程的名字，而本例中，我们在 main()方法中通过 Thread 类的构造方法创建了 firstThread 和 secondThread 两个线程对象，并把实现了 Runnable 接口的 SimpleThread 对象封装其中，用来实现线程的创建；我们在线程类中通过 Thread.currentThread().getName()获取当前线程的名字。

Thread 类实现了 Runnable 接口，并封装了线程的执行。所以，使用实现接口 Runnable 的方法与创建 Thread 类的子类方法没有本质差别，但由于 Java 不支持多继承，任何类只能继承一个类，因此 Thread 子类不能扩展其他的类，而利用 Runnable 接口，线程的创建可以从其他类继承，使得代码和数据分开，但还是需要使用 Thread 对象来操纵线程。

9.3 线程的生命期及状态

线程的生命期是指线程从被创建开始到死亡的过程，线程的大部分生命期都处在操作系统和 JVM 的控制之中；然而，其中的一些状态转换也可以由程序员控制。

9.3.1 线程的状态

Java 中线程的状态分为 6 种：初始(NEW)、运行(RUNNABLE)、阻塞(BLOCKED)、等待(WAITING)、超时等待(TIMED_WAITING)和终止(TERMINATED)。这 6 种状态定义在

Thread.State 枚举中。状态之间的转换关系如图 9-2 所示。

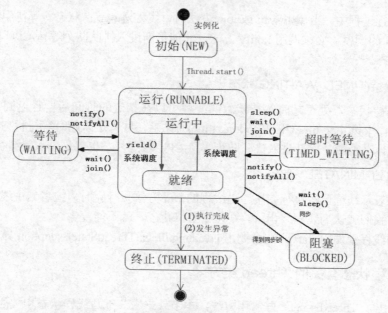

图 9-2　线程生命期的状态转换图

1. 初始(NEW)状态

当使用 Thread 类或其子类创建一个线程对象时，该线程对象就处于新建状态，系统为新线程分配内存空间和其他资源。

尽管新创建了一个线程对象，但还没有调用 start 方法。

2. 运行(RUNNABLE)状态

从 JDK 1.5 开始，Java 线程将就绪和运行中两种状态统称为"运行"状态。

(1) 就绪状态

就绪状态只是说线程有资格运行，但只要调度程序没有挑选到，就永远处于就绪状态。就绪状态的线程位于可运行线程池中，等待被线程调度程序选中，获取 CPU 的使用权。

有三种情况会使得线程进入就绪状态：一是新建状态的线程被启动(调用 start 方法)，但不具备运行的条件；二是处于运行中状态的线程时间片结束了或调用了 yield 方法；三是被阻塞的线程因为引起阻塞的因素消除了，进入排队队列等待 CPU 的调度。

就绪状态的线程在获得 CPU 时间片后变为运行中状态。

(2) 运行中状态

当线程被调度获得 CPU 控制权时，就进入运行中状态。这也是线程进入运行状态的唯一方式。线程处在运行中状态时，会调用对象的 run 方法。一般通过在子类中重写父类的 run 方法来实现多线程。

3. 阻塞(BLOCKED)状态

阻塞状态是指线程在进入使用 synchronized 关键字修饰的方法或代码块(获取锁)时被阻塞。

4. 等待(WAITING)状态

在线程运行过程中，当调用 wait 或 join 方法时，线程进入等待状态。等待中的线程并不会排队等待 CPU 的调度，必须调用 notify 方法，才能重新进入排队队列等待 CPU 时间片，也就是进入就绪状态。

5. 超时等待(TIMED_WAITING)状态

不同于等待状态，处于超时等待状态的线程可以在指定的时间后自行返回。通常在调用 wait(long time)、join(long time)和 sleep(long time)方法后，线程进入超时等待状态，在等待指定的时间后，被自动唤醒，重新进入排队队列等待 CPU 时间片，也就是进入就绪状态。

6. 终止(TERMINATED)状态

终止状态表示线程已经执行完毕。当线程的 run 方法执行完时，或者当主线程的 main()方法执行完时，我们就认为线程终止了。线程一旦终止了，就不能复生。

在终止的线程上调用 start 方法会抛出 java.lang.IllegalThreadStateException 异常。

9.3.2 与线程状态有关的 Thread 类方法

表 9-1 给出了 Thread 类的一些常用方法，本节就来看一下与线程状态相关的几个方法。

1. 获取线程状态

getState 方法可以获取线程的当前状态，该方法返回 Thread.State 枚举值，State 是 Thread 类中定义的枚举类型，共有 6 个枚举值，分别对应前面介绍的 6 个状态。

另外，还可以使用 isAlive 方法判断线程是否在运行。如果在运行，返回 true；否则返回 false。

2. 线程的新建和启动

通过 NewThread 方法可以创建一个线程对象，不过此时 Java 虚拟机并不知道它。因此，还需要通过 start 方法来启动它。

【例 9-4】每隔一段时间检测一下线程的状态。

```java
class NewThread extends Thread {
public void run() {
    System.out.println(Thread.currentThread().isAlive() ? "线程在运行" : "线程结束");
    try {
        for (int i = 0; i < 3; i++) {
            this.sleep(1000);
        }
    } catch (InterruptedException e) {
    }
}
}
public class Exam9_4 {
public static void main(String[] args) {
    NewThread td = new NewThread();
    System.out.println(td.getState());
    td.start();
```

```
        try {
            for (int i = 0; i < 4; i++) {
                System.out.println( "线程状态：　"+td.getState());
                Thread.sleep(1000);
            }
        } catch (InterruptedException e) {
        }
        System.out.println(td.isAlive() ? "线程在运行" : "线程结束");
        System.out.println( "线程状态：　"+td.getState());
    }
}
```

编译并运行程序，下面是某次运行的结果：

```
NEW
线程状态：RUNNABLE
线程在运行
线程状态：TIMED_WAITING
线程状态：TIMED_WAITING
线程状态：RUNNABLE
线程结束
线程状态：TERMINATED
```

本例中，我们通过 NewThread 方法创建了一个线程对象，此时获得的线程状态是 NEW，因为线程此时还没有启动，然后通过 td.start()方法启动线程，并且每隔 1 秒获取一次线程状态，线程在调用 sleep 方法后，状态变为 TIMED_WAITING，最后，线程执行结束后，状态变为 TERMINATED。

3. 线程的阻塞和唤醒

与线程的阻塞和唤醒相关的方法比较多，如前面使用较多的 sleep 方法，除此之外，还有 wait、notify、notifyAll、join 和 yield 等方法。

(1) sleep 方法

sleep 方法让线程睡眠一段时间后，再重新进入排队队列等待 CPU 的调度。sleep 方法会抛出 InterruptedException 异常，因此需要写在 try 代码块中。sleep 方法定义如下：

```
public static void sleep(long time) throw InterruptedException;
public static void sleep(long time,int args) throw InterruptedException;
```

其中，参数 time 表示睡眠时间的毫秒数，args 表示睡眠时间的纳秒数。

(2) wait、notify、notifyAll 方法

wait 方法让线程等待并释放占有的资源。wait 方法可能会抛出 InterruptedException 异常，因此需要写在 try 代码块中。wait 方法定义如下：

```
public final void wait() throw InterruptedException;
public final void wait(long time) throw InterruptedException;
public final void wait(long time,int args) throw InterruptedException;
```

其中，参数 time 表示睡眠时间的毫秒数，args 表示睡眠时间的纳秒数。调用 wait 方法的线程必须通过调用 notify 或 notifyAll 方法来唤醒。这两个方法定义如下：

```
public final void notify();
public final void notifyAll();
```

其中，notify 方法随机唤醒一个等待的线程，而 notifyAll 方法唤醒所有等待的线程。wait、notify 和 notifyAll 方法通常用在线程同步方法中，我们将在 9.4 节中详细介绍。

注意：

Thread 类的 sleep 方法使线程进入睡眠状态，但并不会释放线程持有的资源，不能被其他资源唤醒，不过睡眠一段时间后会自动醒过来；而 wait 方法让线程进入等待状态的同时释放线程持有的资源，线程能被其他资源唤醒。

(3) join 方法

join 方法可以实现线程的联合，一个线程在运行过程中，若其他线程调用了 join 方法，希望与当前运行的线程联合，则运行的这个线程会立刻阻塞，直到与它联合的线程运行完毕后才重新进入就绪状态，等待 CPU 的调度。不过，倘若与运行线程联合的线程在调用 join 方法的时候，已经运行完毕了，那么调用 join 方法将不会对正在运行的线程产生影响。join 方法定义如下：

```
public final void join() throw InterruptedException;
public final void join(long time) throw InterruptedException;
public final void join(long time,int args) throw InterruptedException;
```

【例 9-5】利用 join 方法实现线程的等待。

```java
public class Exam9_5 extends Thread {
private String name;
public Exam9_5(String name) {
        super(name);
        this.name = name;
}
@Override
public void run() {
        try {
                Thread.sleep(1000);
                for (int i = 5; i > 0; i--) {
                        System.out.println(name + ":  ....." +i);
                }
        } catch (InterruptedException e) {
                System.out.println("子线程异常。");
        }
        System.out.println(name + "退出。");
}
public static void main(String[] args) {
        Exam9_5 obj1 = new Exam9_5("线程 1");
        Exam9_5 obj2 = new Exam9_5("线程 2");
        Exam9_5 obj3 = new Exam9_5("线程 3");
```

```
        obj1.start();
        obj2.start();
        obj3.start();
        try {
                System.out.println("主线程等待子线程结束");
                obj1.join();
                obj2.join();
                obj3.join();
        } catch (InterruptedException e) {
                System.out.println("主线程异常。");
        }
        System.out.println("主线程结束，程序退出。");
    }
    }
```

编译并运行程序，结果如下：

```
主线程等待子线程结束
线程 2：.....5
线程 2：.....4
线程 2：.....3
线程 2：.....2
线程 2：.....1
线程 2 退出。
线程 1：.....5
线程 1：.....4
线程 1：.....3
线程 1：.....2
线程 1：.....1
线程 1 退出。
线程 3：.....5
线程 3：.....4
线程 3：.....3
线程 3：.....2
线程 3：.....1
线程 3 退出。
主线程结束，程序退出。
```

上面的例子中启动了 3 个子线程 obj1、obj2 和 obj3，启动后，每个线程开始后都会睡眠 1 秒为的是后面调用这 3 个线程的 join 方法时保证线程没有终止。因为对这 3 个线程进行了联合，所以等线程睡眠结束后，不是 3 个线程同时执行，而是逐个执行，至于哪个先执行，要看哪个线程先被分配到 CPU 资源。相应地，主线程也要等待这 3 个子线程全部结束后，才继续往后执行。

(4) yield 方法

yield 方法释放当前 CPU 的控制权。当线程调用 yield 方法时，若系统中存在相同优先级的线程，则线程立刻停止并调用其他优先级相同的线程；若不存在相同优先级的线程，则 yield 方法不产生任何效果，当前调用的线程将继续运行。

(5) suspend 方法

在 Java 2 之前，可以利用 suspend 和 resume 方法对线程进行挂起和恢复，但这两个方法可能会导致死锁，因此现在不提倡使用。Java 语言建议采用 wait 和 notify 来代替 suspend 和 resume 方法。

4. 线程的停止

在 Java 2 之前，使用 stop 方法停止线程，不过 stop 方法是不安全的，停止线程可能会使线程发生死锁，所以现在不推荐使用。Java 建议使用其他的方法代替 stop 方法。例如，可以把当前线程对象设置为空，或者为线程类设置一个布尔标志，定期检测该标志是否为真。要停止一个线程，把该布尔标志设置为 true 即可。

【例 9-6】线程的停止。

```java
public class Exam9_6{
class SimpleThread extends Thread {
    private boolean stop_singal = false;
    public void run() {
        try {
            while (stop_singal == false && t == Thread.currentThread()) {
                System.out.println(t.getName()+" Go on!");
                Thread.sleep(100);
            }
        } catch (InterruptedException e) {
        }
    }
}
SimpleThread t = new SimpleThread();
public void startThread() {
    t.start();
}
public void StopThread1() {
    System.out.println("用方法 1 停止线程"+t.getName());
    t = null;
}
public void StopThread2() {
    System.out.println("用方法 2 停止线程"+t.getName());
    t.stop_singal = true;
}
public static void main(String[] args) {
    Exam9_6 t1 = new Exam9_6();
    Exam9_6 t2 = new Exam9_6();
    t1.startThread();
    System.out.println("线程 1 开始");
    t2.startThread();
    System.out.println("线程 2 开始");
    try {
        Thread.sleep(500);
```

```
        } catch (InterruptedException e) {
        }
        t1.StopThread1();
        t2.StopThread2();
    }
    }
```

编译并运行程序，结果如下：

```
线程 1 开始
Thread-0 Go on!
线程 2 开始
Thread-1 Go on!
Thread-0 Go on!
Thread-1 Go on!
Thread-0 Go on!
Thread-1 Go on!
Thread-1 Go on!
Thread-0 Go on!
Thread-1 Go on!
Thread-0 Go on!
Thread-1 Go on!
用方法 1 停止线程 Thread-0
用方法 2 停止线程 Thread-1
```

本例通过 stopThread1 和 stopThread2 两个方法来实现线程的停止。stopThread1 方法是通过把当前线程对象设置为空来实现的，而 stopThread2 方法是通过把停止标志设置为 true 来实现的。两个方法在本质上是一样的。

9.4 线程的同步与线程间通信

前面提到的线程都是独立的、异步执行的，不存在多个线程同时访问和修改同一个变量的情况。但是，实际应用中经常出现一些线程需要对同一数据进行操作的情况。例如：在铁路售票系统中，全国有很多个网点同时售票，当只剩 1 张票时，可能有很多售票点都要出售这张票，如何保证这张票只被出售一次呢？

【例 9-7】使用多线程的知识模拟铁路售票系统。

新建一个名为 Exam9_7.java 的源文件，在该源文件中定义一个表示铁路售票系统的线程类 TicketThread，该类实现了 Runnable 接口，完整的代码如下：

```java
class TicketThread implements Runnable {
private static int tickets = 5;
public boolean saleTicket() {
    if (tickets > 0) {
        try {
            Thread.sleep(100);
        } catch (Exception e) {
```

```
                        System.err.println(e.getMessage());
                    }
                    System.out.println(Thread.currentThread().getName() + "正在售票，售出后余票张数为" + --tickets);
                    return true;
            } else
                    return false;
    }
    @Override
    public void run() {
        while (true) {
            try {
                    Thread.sleep(1000);
                    if (!saleTicket()) {
                            break;
                    }
            } catch (InterruptedException e) {
                    e.printStackTrace();
            }
        }
    }
}
public class Exam9_7{
public static void main(String[] args) {
    TicketThread t = new TicketThread();
    for (int i = 0; i < 4; i++) {
            new Thread(t, "售票机-" + i).start();
    }
}
}
```

本例中，通过 saleTicket 方法进行售票，每次售出 1 张票，当票数小于或等于 0 时售票失败，而在 run 方法中，售票失败则结束线程。在 main()方法中，创建了 4 个线程来模拟售票过程。因为所有售票线程都需要访问共享数据"剩余车票数"，所以本例中通过一个静态变量 tickets 来表示剩余车票数。编译并运行程序，输出结果如下：

```
售票机-3 正在售票，售出后余票张数为4
售票机-1 正在售票，售出后余票张数为3
售票机-0 正在售票，售出后余票张数为2
售票机-2 正在售票，售出后余票张数为1
售票机-1 正在售票，售出后余票张数为0
售票机-3 正在售票，售出后余票张数为-1
售票机-2 正在售票，售出后余票张数为-2
售票机-0 正在售票，售出后余票张数为-3
```

从输出结果可以看出，最后只剩 1 张票的时候，还有多个线程在售票，所以尽管程序中有关于 tickets>0 的判断，但还是出现了余票张数为负数的情况。

为解决此问题，我们需要了解有关线程同步的知识。

9.4.1　线程的同步

当两个或多个线程需要访问共享的资源时，它们需要以某种方式确保每次只有一个线程使用资源。实现这一目的的过程称为同步。在 Java 中，同步是通过 synchronized 关键字来定义的。实现同步的方法有同步方法和同步代码块两种。

当一个方法或代码块使用 synchronized 关键字声明时，系统将为其设置一个特殊的内部标记，称为锁。当一个线程调用方法或对象的时候，系统会检查锁是否已经给其他线程了。如果没有，系统就把锁给这个线程。如果锁已经被其他线程占用了，那么这个线程就要等到锁被释放以后才能访问同步方法。有时，需要暂时释放锁，使得其他线程可以调用同步方法，这时可以利用 wait 方法来实现。wait 方法可以使持有锁的线程暂时释放锁，直到有其他线程通过 notify 方法使它重新获得锁为止。

1. 同步方法

通常，一项功能是通过方法来完成的。因此，在多线程应用中通常将线程中的执行方法设置为同步方法。

将前面模拟铁路售票的例子改为以同步方法的方式实现，需要使用 synchronized 关键字修饰售票方法 saleTicket，修改后的 saleTicket 方法如下：

```
public synchronized    boolean saleTicket() {
    if (tickets > 0) {
        try {
            Thread.sleep(100);
        } catch (Exception e) {
            System.err.println(e.getMessage());
        }
        System.out.println(Thread.currentThread().getName() + "正在售票，售出后余票为" + --tickets);
        return true;
    } else
        return false;
}
```

修改后的程序将不会出现余票张数为负数的情况。

说明：

synchronized 还可以用来修饰 static 方法，static 方法属于类方法。如果属于这个类，那么 static 方法获取到的锁属于类。非 static 方法获取到的锁属于当前对象。所以，它们之间不会产生互斥。

2. 同步代码块

虽然在类中创建同步方法是一种比较容易并且行之有效的实现同步的方式，但并不是在所有情况下都可以使用这种方式。例如，某个类没有针对多线程访问进行设计，换言之，类没有使用同步方法，但又希望同步对类的访问。该类是由第三方创建的，我们没有源代码。因此，不能为类中的方法添加 synchronized 修饰符。对于这种情况，Java 提供了同步代码块的方式来同步访问这种类的对象。可以简单地将对这种类定义的方法的调用放到同步代码块中。一般形式如下：

```
synchronized(objRef){
//被同步的语句

}
```

其中，objRef 是对被同步对象的引用。同步代码块确保对 objRef 对象的成员方法的调用，只会在当前线程成功进入 objRef 的监视器之后发生。

【例9-8】通过同步代码块的方式实现铁路售票系统。

定义一个表示车票的类 Ticket，该类中的 saleTicket 方法没有使用 synchronized 关键字进行修饰，完整的代码如下：

```java
class Ticket {
private static int tickets = 5;
public boolean saleTicket() {
    if (tickets > 0) {
        try {
            Thread.sleep(1000);
        } catch (Exception e) {
            System.err.println(e.getMessage());
        }
        System.out.println(Thread.currentThread().getName() + "正在售票，售出后余票为" + --tickets);
        return true;
    } else
        return false;
}
}
```

编写一个新的售票机线程类，在该类中使用同步代码块，使多个线程同步访问 Ticket 对象，代码如下：

```java
class SaleTicket implements Runnable {
Ticket t = new Ticket();
@Override
public void run() {
    while (true) {
        synchronized (t) {
            try {
                Thread.sleep(1000);
                if (!t.saleTicket()) {
                    break;
                }
            } catch (InterruptedException e) {
                // TODO Auto-generated catch block
                e.printStackTrace();
            }
        }
    }
}
```

```
        }
    }
```

在 main()方法中，创建多个线程，代码如下：

```
public class Exam9_8 {
public static void main(String[] args) {
        SaleTicket obj = new SaleTicket ();
        for (int i = 0; i < 4; i++) {
                new Thread(obj, "售票机-" + i).start();
        }
    }
}
```

这个版本的程序也能解决余票张数为负数的问题。

9.4.2　线程间通信

当一个方法或代码段使用 synchronized 关键字声明时，系统会为其加锁，保证该方法或代码段只能由一个线程访问。有时，需要暂时释放锁，使得其他线程可以调用同步方法，这时可以利用 wait 方法来实现。wait 方法可以使持有锁的线程暂时释放锁，直到有其他线程通过 notify 方法使它重新获得锁为止。通过这种方式可以实现线程间的通信。

Java 通过 wait、notify、notifyAll 这 3 个方法来实现线程间的通信，这 3 个方法都属于 Object 类，由于所有的类都是从 Object 类继承的，因此在任何类中都可以直接使用这 3 个方法。下面是对这 3 个方法的简要说明。

- wait：告诉当前线程放弃监视器并进入睡眠状态，直到其他线程进入同一监视器并调用 notify 方法为止。
- notify：唤醒同一监视器中调用 wait 方法的第一个线程。用于类似饭馆中有空位后通知所有等候就餐的顾客中的第一位入座的情况。
- notifyAll：唤醒同一监视器中调用 wait 方法的所有线程，具有最高优先级的线程首先被唤醒并执行。用于类似某个不定期的培训班终于招生满额后，通知所有学员都来上课的情况。

这 3 个方法只能在同步方法中调用，无论线程调用对象的 wait 还是 notify 方法，线程都必须先得到对象的锁，这样，notify 只能唤醒同一监视器中调用 wait 的线程，使用多个监视器，我们就可以分组有多个 wait、notify 的情况，同组的 wait 只能被同组的 notify 唤醒。

如果一个线程使用的同步方法中用到某个变量，而这个变量又需要其他线程修改后才能符合该线程的需要，那么可以在同步方法中使用 wait 方法，使该线程进入等待状态，并运行其他线程以使用这个同步方法。其他线程在使用完这个同步方法的同时，使用 notifyAll 或 notify 方法通知所有的由于使用这个同步方法而处于等待状态的线程，让它们结束等待，再次使用这个同步方法。

【例 9-9】使用 wait 和 notify 方法实现线程间的通信。

新建一个名为 Exam9_9.java 的源文件，在该源文件中定义一个表示产品的类 Product，该类有两个同步方法 produce 和 consume，分别用于生产产品和消费产品。然后定义两个线程类

Producer 和 Customer，分别用来生产和消费。完整的代码如下：

```java
class Product {
private int counter = 1;
private String name = "产品";
private boolean bFlag = false;
public synchronized void produce(String name, int counter) {
    try {
        if (bFlag)           // bFlag 为 true 表示不能生产，需要等待消费完
            wait();
    } catch (Exception e) {
    }
    this.name = name;
    this.counter = counter;
    System.out.println("生产 Product " + name + counter);
    bFlag = true;
    notify();              // 唤醒消费
}
public synchronized void consume() {
    try {
        if (!bFlag)          // bFlag 为 false 表示不能消费，需要等待生产
            wait();
    } catch (Exception e) {
    }
    System.out.println("消费 Product " + name + counter);
    bFlag = false;
    notify();              // 唤醒生产
}
}
class Producer implements Runnable {
Product product;
public Producer(Product obj) {
    product = obj;
}
public void run() {
    int i = 1;
    while (i <= 5) {         // 此处为了使程序不发生无限循环，限制只生产 5 件产品
        product.produce("手机", i++);
    }
}
}
class Customer implements Runnable {
Product product;
public Customer(Product obj) {
    product = obj;
}
public void run() {
```

```
        int i = 1;
        while (i <= 5) {          // 此处对应前面生产的产品数量
            i++;
            product.consume();
        }
    }
}
public class Exam9_9{
public static void main(String[] args) {
    Product p = new Product();
    new Thread(new Producer(p)).start();
    new Thread(new Customer(p)).start();
}
}
```

尽管 Product 类中的方法 produce 和 consume 是同步的，但是如果没有 wait 和 notify 方法，就会一直生产或消费。而在使用 wait 和 notify 方法后，每生产完一件产品就通知消费线程可以进行消费，同时挂起生产线程；这时，消费线程可以进行消费，消费完以后，通知生产线程可以生产新产品了，同时挂起消费线程。程序的输出结果如下：

```
生产 Product 手机 1
消费 Product 手机 1
生产 Product 手机 2
消费 Product 手机 2
生产 Product 手机 3
消费 Product 手机 3
生产 Product 手机 4
消费 Product 手机 4
生产 Product 手机 5
消费 Product 手机 5
```

读者可自行修改程序，注释掉 wait 和 notify 方法，看看输出会有什么变化。

9.4.3　饿死和死锁

当一个程序中存在多个线程共享一部分资源时，必须保证公平，也就是说，每个线程都应该有机会获得资源而被 CPU 调度，否则的话，就可能发生饿死和死锁现象。在程序设计中，我们应该避免这种情况的发生。如果一个线程执行很长时间，一直占用 CPU 资源，而使得其他线程不能运行，就可能导致其他线程"饿死"。而如果两个或多个线程都在互相等待对方持有的锁(唤醒)，那么这些线程都将进入阻塞状态，永远地等待下去，无法执行，程序就出现了死锁。Java 没有办法解决线程的饿死和死锁问题，所以程序员在编写代码时就要保证程序不会发生这两种情况。

【例 9-10】发生死锁的程序。

```
class DeadLock implements Runnable {
public boolean test = true;
static Object r1 = "资源一";
```

```java
static Object r2 = "资源二";
public void run() {
    if (test == true) {
        System.out.println("资源一被锁住");
        synchronized (r1) {
            try {
                Thread.sleep(100);
            } catch (Exception e) {
            }
            synchronized (r2) {
                System.out.println("running2");
            }
        }
    }
    if (test == false) {
        synchronized (r2) {
            System.out.println("资源二被锁住");
            try {
                Thread.sleep(100);
            } catch (Exception e) {
            }
            synchronized (r1) {
                System.out.println("running1");
            }
        }
    }
}
}
public class Exam9_10 {
public static void main(String[] args) {
    DeadLock d1 = new DeadLock();
    DeadLock d2 = new DeadLock();
    d1.test = true;
    d2.test = false;
    Thread t1 = new Thread(d1);
    Thread t2 = new Thread(d2);
    t1.start();
    t2.start();
}
}
```

编译并运行程序，输出如下结果后，程序发生死锁，需要在控制台中按 Ctrl+C 组合键才能退出：

```
资源一被锁住
资源二被锁住
```

线程 t1 先占用资源一，继续运行时需要资源二，而此时资源二却被线程 t2 占用了，因此只能等待 t2 释放资源二才能运行，同时，资源二也在等待 t1 释放资源一才能运行，也就是说，资源一和资源二在互相等待对方的资源，都无法运行，发生了死锁。

9.5 线程的优先级和调度

Java 为每个线程都指定了优先级，优先级决定了相对于其他线程应当如何处理某个线程。线程的优先级是一些整数，它们指定了一个线程相对于另一个线程的优先程度。

9.5.1 线程的优先级

在 Java 中，可以给每个线程赋予一个从 1 到 10 的整数值来表示线程的优先级。Thread 类中定义了 3 个和线程优先级有关的常量：MAX_PRIORITY、MIN_PRIORITY 和 NORMAL_PRIORITY。线程优先级的取值范围为 1(Thread.MIN_PRIORITY)~10 (Thread.MAX_PRIORITY)。默认情况下，线程的优先级为 NORM_PRIORITY(5)。

设置或获取线程优先级的方法如下。

- int getPriority()：获得线程的优先级。
- void setPriority(int newPriority)：改变线程的优先级，参数 newPriority 是要设置的新的优先级。

优先级的绝对数值没有意义，而只用于决定何时从一个运行的线程切换到下一个线程。

9.5.2 线程的调度

Java 实现了一个线程调度器，用于监控某一时刻由哪一个线程占用 CPU。线程的调度遵循以下原则：优先级高的线程比优先级低的线程先被调度，优先级相等的线程按照排队顺序进行调度，先到队列的线程先被调度。如果一个优先级低的线程在运行过程中，来了一个优先级高的线程，那么在时间片方式下，优先级高的线程要等优先级低的线程，等时间片运行完毕才能被调度，而在抢占式调度方式下，优先级高的线程可以立刻获得 CPU 的控制权。由于优先级低的线程只有等优先级高的线程运行完毕或进入阻塞状态时才有机会运行，因此为了让优先级低的线程也有机会运行，通常会不时地让优先级高的线程进入睡眠或等待状态，让出 CPU 的控制权。

【例 9-11】设置线程的优先级。

```
class TestThread extends Thread {
String name;
TestThread(String threadname) {
    name = threadname;
}
public void run() {
    for (int i = 0; i < 2; i++)
        System.out.println(name + "的优先级为：" + getPriority());
}
}
public class Exam9_11 {
public static void main(String[] args) {
```

```
        Thread t1 = new TestThread("c1");
        t1.setPriority(Thread.MIN_PRIORITY);
        t1.start();
        Thread t2 = new TestThread("c2");
        t2.setPriority(Thread.MAX_PRIORITY);
        t2.start();
        Thread t3 = new TestThread("c3");
        t3.setPriority(3);
        t3.start();
        Thread t4 = new TestThread("c4");
        t4.start();
    }
}
```

编译并运行程序，下面是某次运行的结果：

```
c2 的优先级为：10
c2 的优先级为：10
c4 的优先级为：5
c4 的优先级为：5
c1 的优先级为：1
c3 的优先级为：3
c3 的优先级为：3
c1 的优先级为：1
```

从运行结果可以看出，优先级高的线程会被优先分配 CPU。因为本例中的线程运行时间较短，所以可能运行结果不唯一。

9.6 守护线程

setDaemon(boolean on)方法用于把线程设置为守护线程。线程默认为非守护线程，也就是用户线程。把一个线程设置为守护线程的方式如下：

```
thread. setDaemon(true);
```

值得注意的是，要在调用 start 方法之前调用 setDaemon 方法来设置守护线程，一旦线程运行之后，setDaemon 方法就无效了。

【例 9-12】守护线程。

```
class Thread1 extends Thread {
public void run() {
    if (this.isDaemon() == false)
        System.out.println(Thread.currentThread().getName()+"不是守护线程");
    else
        System.out.println(Thread.currentThread().getName()+"是守护线程");
    try {
        Thread.sleep(500);
```

```
        } catch (InterruptedException e) {
        }
        System.out.println(Thread.currentThread().getName()+"线程结束");
    }
}
class Thread2 extends Thread {
public void run() {
    if (this.isDaemon() == false)
        System.out.println(Thread.currentThread().getName()+"不是守护线程");
    else
        System.out.println(Thread.currentThread().getName()+"是守护线程");
    try {
        for (int i = 0; i < 15; i++) {
            System.out.println(i);
            Thread.sleep(100);
        }
    } catch (InterruptedException e) {
    }
    System.out.println(Thread.currentThread().getName()+"线程结束");
}
}
public class Exam9_12 {
public static void main(String[] args) {
    Thread t1 = new Thread1();
    Thread t2 = new Thread2();
    t2.setDaemon(true);
    t1.start();
    t2.start();
}
}
```

编译并运行程序，输出结果如下：

```
Thread-0 不是守护线程
Thread-1 是守护线程
0
1
2
3
4
Thread-0 线程结束
```

本例中，main()方法首先定义了 t1 和 t2 两个线程，然后把线程 t2 设置为守护线程，对线程 t1 不进行任何设置，因此 t1 为系统默认的线程，也就是用户线程，接下来启动线程 t1 和 t2。线程 t1 启动后，睡眠了 500ms 后结束，在这段时间内，线程 t2 循环输出 0~4，在线程 t1 结束的时候，虽然线程 t2 还有 10 个数字未输出，但由于线程 t2 为守护线程，因此，即使运行还没结束也要立刻停止，从而得到了上述运行结果。

9.7 线程组

线程组用于把多个线程集成到一个对象里并且可以同时管理这些线程。每个线程组都有名字以及相关的一些属性。每个线程都属于一个线程组。在创建线程时，可以将线程放在某个指定的线程组中，也可以放在默认的线程组中。创建线程时若不明确指定属于哪个线程组，它们就会自动归属于系统默认的线程组。线程一旦加入某个线程组，它就一直是这个线程组的成员，而不能改变到其他的线程组中。Thread 类的以下 3 个构造方法在实现线程创建的同时指定了线程属于哪个线程组。

```
public Thread(ThreadGroup group,Runnable target);
public Thread(ThreadGroup group,String name);
public Thread(ThreadGroup group,Runnable target， String name);
```

当 Java 程序开始运行时，系统将生成一个名为 main 的线程组，如果没有指定线程组，那么线程就属于 main 线程组。值得注意的是，线程可以访问自己所在的线程组，却不能访问父线程组。对线程组进行操作就相当于对线程组中的所有线程同时进行操作。

Java 中的线程组由 ThreadGroup 类实现，ThreadGroup 类提供了一些方法用于对线程组进行操作，常用的方法如表 9-2 所示。

表 9-2　ThreadGroup 类的常用方法

方　　法	功　　能
int activeCount( )	返回线程组中当前激活的所有线程的数目
int activeGroupCount( )	返回当前激活的线程作为父线程的线程组的数目
ThreadGroup getParent( )	获取线程组的父线程组
void setMaxPriority(int priority)	设置线程组的最高优先级
int getMaxPriority( )	获得线程组所包含线程的最高优先级
String getName( )	获取线程组的名称
boolean isDestroyed( )	判断线程组是否已经被销毁
void destroy( )	销毁线程组及其包含的所有线程
void interrupt( )	向线程组及其子线程组中的线程发送中断信息
boolean parentOf(ThreadGroup group)	判断线程组是否是线程组 group 或其子线程组的成员
void setDaemon(booleam daemon)	将线程组设置为守护状态
boolean isDaemon( )	判断是否是守护线程组
void list( )	显示当前线程组的信息
int enumerate(Thread[ ] list)	将当前线程组中的所有线程复制到 list 数组中
int enumerate(Thread[]list, boolean args)	将当前线程组中的所有线程复制到 list 数组中,若 args 为 true,则把子线程组中的所有线程复制到 list 数组中
int enumerate(ThreadGroup[ ] group)	将当前线程组中的所有子线程组复制到 group 数组中
Int enumerate(ThreadGroup[] group, boolean args)	将当前线程组中的所有子线程组复制到 group 数组中, 若 args 为 true, 则把子线程组中的所有子线程组复制到 group 数组中

【例 9-13】 演示线程组的各种操作。

```java
public class Exam9_13 {
public static void main(String[] args) {
        ThreadGroup group = Thread.currentThread().getThreadGroup();
        System.out.println("group.list():");
        group.list();
        ThreadGroup g1 = new ThreadGroup("线程组 1");
        g1.setMaxPriority(Thread.MAX_PRIORITY);
        Thread t = new Thread(g1, "线程 a");
        t.setPriority(5);
        System.out.println("\ng1.list():");
        g1.list();
        ThreadGroup g2 = new ThreadGroup(g1, "g2");
        System.out.println("\ng2.list():");
        g2.list();
        for (int i = 0; i < 3; i++)
                new Thread(g2, Integer.toString(i));
        System.out.println("\ngroup.list():");
        group.list();
        System.out.println("\nStarting all threads:");
        Thread[] all_thread = new Thread[group.activeCount()];
        group.enumerate(all_thread);
        System.out.println("group.getParent:"+group.getParent());
        for (int i = 0; i < all_thread.length; i++)
                if (!all_thread[i].isAlive())
                        all_thread[i].start();
        System.out.println("all threads started");
        g1.destroy();
}
}
```

编译并运行程序，结果如下：

```
group.list():
java.lang.ThreadGroup[name=main,maxpri=10]
    Thread[main,5,main]

g1.list():
java.lang.ThreadGroup[name=线程组 1,maxpri=10]

g2.list():
java.lang.ThreadGroup[name=g2,maxpri=10]

group.list():
java.lang.ThreadGroup[name=main,maxpri=10]
    Thread[main,5,main]
    java.lang.ThreadGroup[name=线程组 1,maxpri=10]
```

```
            java.lang.ThreadGroup[name=g2,maxpri=10]

Starting all threads:
group.getParent:java.lang.ThreadGroup[name=system,maxpri=10]
all threads started
```

9.8 本章小结

多线程是 Java 语言的重要概念之一，Java 的许多功能都是使用多线程技术来完成的。本章从进程和线程的区别讲起，阐述了多线程的基本概念和 Java 的线程模型；然后介绍了创建多线程程序的两种方法——实现 Runnable 接口和扩展 Thread 类；接着讲解了线程的不同状态的转换关系和调用方法；然后重点介绍了线程的同步与线程间通信，这是开发多线程应用程序必须掌握的关键技术；随后又简要介绍了线程的调度策略以及优先级的定义；最后介绍了守护线程和线程组的相关知识。读者应用心体会线程的各种状态之间的联系，深刻理解多线程的同步和通信机制，掌握 Java 多线程编程技巧，学会用多线程技术解决实际问题。

9.9 思考和练习

1. 下列说法中错误的是(　　)。
(A) 线程就是程序　　　　　　　　　　　　(B) 线程是程序的单个执行流
(C) 多线程是程序的多个执行流　　　　　　(D) 多线程用于实现并发

2. Java 中实现多线程的方法有哪两种？两者有何区别？

3. Thread 类中代表最高优先级的常量是_____，代表最低优先级的常量是_____。

4. 实现同步操作的方法是在共享内存变量的方法前加_____修饰符。

5. 请举例说明如何实现线程的同步(用两种方法)。

6. wait、notify 和 notifyAll 这 3 个方法有什么用？

7. 线程组的作用是什么？如何创建线程组？

8. 如何理解死锁？

9. 编写程序实现如下功能：一个线程进行如下运算 1*2+2*3+3*4+…+1999*2000，另一个线程则每隔一段时间读取一次前一个线程的运算结果。

10. 编写程序实现如下功能：第一个线程打印 6 个 a，第二个线程打印 8 个 b，第三个线程打印数字 1～10，第二个和第三个线程要在第一个线程打印完之后才能开始打印。

第10章

Java 输入输出流

输入输出是人机交互的重要手段，Java 提供了基于流的基本 I/O 系统。Java 在 java.io 包中定义了实现各种功能的 I/O 流类。本章将研究 java.io 包提供的 I/O 操作支持，包括字节流和字符流、文件的读写、处理 I/O 异常等内容。通过本章的学习，读者应该理解流的基本概念，掌握 Java 基本 I/O 系统中的常用输入输出流。

本章的学习目标：

- 理解流的概念
- 掌握 InputStream 和 OutputStream 及其派生字节流类
- 掌握 Reader 和 Writer 及其派生字符流类
- 掌握 File 类和 RandomAccessFile 类的应用
- 了解 java.io 包的封装技术和设计思想

10.1 引言

计算机程序的一般模型可归纳为：输入、计算和输出。输入输出是人机交互的重要手段，设计合理的程序应该首先允许用户根据具体的情况输入不同的数据，然后经过程序算法的计算处理，最后以用户可接受的方式输出结果。在本书的第一个 Java 程序中，System.out.println("Hello,world!");语句被称为标准输出语句，它实现了将信息输出至标准输出设备(计算机屏幕)。在第 3 章的例子中，使用的 InputStreamReader、BufferedReader 和 System.in 等涉及的就是输入，正是通过这些输入类和标准输入流对象，程序才实现了与用户的交互式输入，交互式输入使得程序的计算数据可以由用户灵活控制。

10.2 流的概念

Java 使用流的概念来描述输入输出。Java 提供的输入输出功能是十分强大而灵活的，美中不足的是代码可能并不十分简洁，需要创建许多不同的流对象。在 Java 类库中，I/O 部分的内容有很多，你只要看看 JDK 的 java.io 包就知道了，涉及的主要关键类有 InputStream、OutputStream、Reader、Writer 和 File 等。熟悉了 Java 的输入输出流以后，读者会发现 Java 的 I/O 流使用起来还是挺方便的，因为 Java 已经对各种 I/O 流的操作做了相当程度的简化处理。

10.2.1　什么是流

流(Stream)是对数据传送的一种抽象，当预处理数据从外界"流入"程序时，就称之为输入流。相反地，当程序中的结果数据"流到"外界(如显示屏幕、文件等)时，就称之为输出流，输入或输出是从程序的角度来讲的。

流通过 Java 的 I/O 系统链接到物理设备。所有流的行为方式都是相同的，尽管与它们链接的物理设备是不同的。因此，可以为任意类型的设备应用相同的 I/O 类和方法。输入流代表从外部设备流入计算机的数据序列，如磁盘文件、键盘或网络 socket；输出流代表从计算机流向外部设备的数据序列，输出流可以引用控制台、磁盘文件或网络连接。

流是处理输入输出的一种清晰方式，例如，代码中的所有部分都不需要理解键盘和网络之间的区别。流式输入输出的最大特点是数据的获取和发送均按数据序列顺序进行：每个数据都必须等待排在它前面的数据读入或输出之后才能被读写，每次读写操作处理的都是序列中剩余的未读写数据中的第一个，而不能随意选择输入输出的位置。

流式序列中的数据既可以是未经加工的原始二进制数据，也可以是经过一定编码处理后符合某种格式规定的特定数据，如字符流序列、字节流序列等。包含数据的性质和格式不同，序列运动方向的不同，流的属性和处理方法也就不同，在 Java 的输入输出类库中，有各种不同的流类用来分别对应这些不同性质的输入输出流。

注意：

本章讨论的 I/O 流是指 java.io 包中基本流的 I/O 系统，它们自 Java 最初发布以来就已提供且被广泛使用。然而，从 1.4 版本开始，Java 添加了另一套 I/O 系统，被称为 NIO(也就是新 I/O 系统的英文首字母缩写)。NIO 相关的类位于 java.nio 及其子包中。

10.2.2　Java 中的流

Java 定义了两种类型的流：字节流和字符流。字节流为处理字节的输入输出提供了方法。例如，当读取和写入二进制数据时，使用的就是字节流。字符流为处理字符的输入输出提供了方便的方法。它们使用 Unicode 编码，所以可以被国际化。

Java 中基于流的 I/O 构建在 4 个抽象类之上：InputStream、OutputSteam、Reader 和 Writer。它们用于创建具体的流子类。InputStream 和 OutStream 针对字节流而设计，Reader 和 Writer 针对字符流而设计。字节流类和字符流类形成了不同的层次。通常，当操作字符或字符串时，应当使用字符流；当操作字节或其他二进制对象时，应当使用字节流。

说明：

在最底层，所有 I/O 仍然是面向字节的。基于字符的流只是为处理字符提供了一种方便和高效的方法。

1. 字节流类

字节流的顶级是两个抽象类：InputStream 和 OutputStream。每个抽象类都有几个处理各种不同设备的具体子类，例如磁盘文件、网络连接甚至内存缓冲区。java.io 包中定义的字节流类如表 10-1 所示。

表 10-1　java.io 包中的字节流类

字节流类	含　义
InputStream	描述流输入的抽象类
OutputStream	描述流输出的抽象类
BufferedInputStream	缓冲的输入流
BufferedOutputStream	缓冲的输出流
ByteArrayInputStream	读取字节数组内容的输入流
ByteArrayOutputStream	向字节数组写入内容的输出流
DataInputStream	包含读取 Java 标准数据类型的方法的输入流
DataOutputStream	包含写入 Java 标准数据类型的方法的输出流
FileInputStream	读取文件内容的输入流
FileOutputStream	向文件中写入内容的输出流
FilterInputStream	实现 InputStream
FilterOutputStream	实现 OutputStream
ObjectInputStream	用于对象的输入流
ObjectOutputStream	用于对象的输出流
PipedInputStream	输入管道
PipedOutputStream	输出管道
PrintStream	包含 print 和 println 方法的输出流，System.out 就是该类的对象
PushbackInputStream	支持 1 字节"取消获取"输入流，这种流向输入流返回 1 字节
SequenceInputStream	由两个或多个按顺序依次读取的输入流组合而成的输入流

从名字可以看出，带有 Input 的为输入流类，带有 Output 的为输出流类。抽象类 InputStream 和 OutputStream 定义了其他流类实现的一些关键方法。其中最重要的两个方法是 read 和 write，这两个方法分别用来读取和写入字节数据。每个方法都有抽象形式，派生的流类必须重写这两个方法。

2. 字符流类

字符流的顶层是两个抽象类：Reader 和 Writer。这两个抽象类处理 Unicode 字符流。Java 为这两个类提供了几个具体子类。java.io 包中定义的字符流类如表 10-2 所示。

表 10-2　java.io 包中的字符流类

字符流类	含　义
Reader	描述字符流输入的抽象类
Writer	描述字符流输出的抽象类
BufferedReader	缓冲的输入流
BufferedWriter	缓冲的输出流
CharArrayReader	从字符数组读取内容的输入流
CharArrayWriter	向字符数组写入内容的输出流
FileReader	从文件读取内容的输入流
FileWriter	向文件中写入内容的输出流
FilterReader	过滤的读取器

(续表)

字符流类	含　义
FilterWriter	过滤的写入器
InputStreamReader	将字节转换成字符的输入流
LineNumberReader	计算行数的输入流
OutputStreamWriter	将字符转换成字节的输出流
PipedReader	输入管道
PipedWriter	输出管道
PrintWriter	包含 print 和 println 方法的输出流
PushbackReader	允许字符返回到输入流的输入流
StringReader	从字符串读取内容的输入流
StringWriter	向字符串写入内容的输出流

从名字可以看出，带有 Reader 的为输入流类，带有 Writer 的为输出流类。抽象类 Reader 和 Writer 定义了其他几个流类实现的重要方法。其中最重要的两个方法是 read 和 write，这两个方法分别用来读取和写入字符数据。每个方法都有抽象形式，派生的流类必须实现这两个方法。

10.2.3　标准输入输出

细心的读者可能会问：前面章节中用过的 System.out.println() 和 System.in.read() 是字节流还是字符流呢？事实上，它们是 Java 提供的标准输入输出流。其中，System 为 Java 自动导入的 java.lang 包中的一个类，该类封装了运行时环境的某些方法。System 包含 3 个预定义的流变量：in、out 以及 err。这些变量在 System 类中被声明为 public、static 以及 final。所以，在程序中的其他任何部分都可以直接使用它们，而不需要引用特定的 System 对象。

默认情况下，标准输入 in 用于读取键盘输入，而标准输出 out 和标准错误输出 err 用于把数据输出至终端屏幕。需要说明的是，in 属于 InputStream 对象，而 err 和 out 则属于 PrintStream(由 OutputStream 间接派生)对象。因此，在这个层面上可以认为标准输入输出属于字节流的范畴，它们的数据处理是以字节为单位的。但是，Java 提供的 Decorator(包装)技术又允许用户将标准输入输出流转换为以双字节为处理单位的字符流。所以，字节流和字符流只是相对的概念，它们之间也可以相互转换。另外，利用 System 类提供的以下静态方法，可以把标准输入输出的数据流重定向到一个文件或另一个数据流中，甚至是任何兼容的 I/O 设备。

```
public static void setIn(InputStream in)
public static void setOut(PrintStream out)
public static void setErr(PrintStream err)
```

标准错误输出只用来输出错误信息，它们即使被重定向到其他地方，也仍然会在控制台中输出显示，而标准输入和标准输出则用于交互式的 I/O 处理，下面将对标准输入输出做具体介绍。

1. 标准输入

System.in 是标准输入流对象，可以通过调用它的 read 方法来从键盘读入数据。由于输入比输出容易出错，而且可能因为用户一个不小心的输入错误就会导致整个程序计算结果出错甚至引发程序中断退出，因此，Java 为输入操作强制设置了异常保护。用户在编写的程序中必须抛出异常或捕获异常，否则程序将不能编译通过。常用的 read 方法如下：

```
int read()                     //读入一个字节数据，其值(0~255)以 int 整型格式返回
int read(byte[] b)             //读入一个字节数组的数据
int read(byte[] b, int off, int len)  //读入一个字节数组中从下标 off 开始的 len 个字节数据
```

int read(byte[] b)方法是 int read(byte[] b, int off, int len)方法的特例，此时 off 值为 0，而 len 值为 b.length。

2. 标准输出

System.out 是标准输出流对象，可以通过调用它的 println、print 或 write 方法来实现对各种数据的输出显示。System.out.println();是迄今为止我们用得最多的一条标准输出语句，它可以输出任意简单数据类型的字符串形式；print 方法与之类似，只不过它在输出完数据之后不会进行换行操作，而 println 方法会自动进行换行操作；write 方法在前面章节中没有用到过，它主要用来输出字节数组，方法定义如下：

```
void write(byte[] buf, int off, int len)  //输出字节数组 buf 中从下标 off 开始的 len 个字节数据
```

【例 10-1】标准输入输出方法举例。

在 D:\workspace 目录中新建子文件夹"第 10 章"用来存放本章示例源程序，新建名为 Exam10_1.java 的源文件，输入如下测试代码：

```java
import java.io.IOException;
public class Exam10_1 {
public static void main(String[] args) throws IOException {
    byte c1;
    byte c2[] = new byte[3];
    byte c3[] = new byte[6];
    System.out.print("请输入：");
    c1 = (byte) System.in.read();
    System.in.read(c2);
    System.in.read(c3, 0, 6);
    // 输出刚才读入的字节数据
    System.out.println((char) c1);         // 若去掉强制类型转换，则输出为'a'的 ASCII 码值 97
    System.out.write(c2, 0, 3);
    System.out.println();
    System.out.write(c3, 0, 6);
    System.out.println();
    System.out.print("输入流中还有多余" + System.in.available() + "字节");
}
}
```

编译并运行程序，输入输出结果如下所示：

```
请输入：aabcabcdefg(回车换行)
a
abc
abcdef
输入流中还有多余 3 字节
```

我们从程序一开始输入了 aabcabcdefg，其中 c1=(byte)System.in.read();语句将第一个 a(即 97，因为'a'字符的ASCII码值为97)赋值给字节类型变量c1，System.in.read(c2);语句自动读入3个字符(即 abc)数据到 c2 数组，而 System.in.read(c3,0,6);语句又读入接下来的6字节数据(即 abcdef)，最后还剩字符'g'(事实上，还应该包括回车和换行这两个控制字符，这点可以从后面的 System.in.available()返回值为 3 得到验证)。然后，通过调用标准输出方法对获取的字节数据进行输出显示。

通常所说的字符是指 ASCII 码字符，属于单字节编码数据，这点从上述程序的系统输入可以看出，但由于 Java 采用的字符存储类型是 Unicode 编码的，因此需要的存储空间为两字节，这点很容易使读者产生疑惑：到底一般字符是单字节还是双字节？这要视具体情况而定。对于多数程序设计语言(如 C 和 Pascal)来说，所处理的字符一般都是单字节的，而对于 Java 来说，当用户输入一般字符(此时为单字节)给Java程序后，如果程序中用来存放字符的数据类型为char，则原本的单字节会自动在高位补 0 以扩充为双字节进行存储，也可以只定义单字节的 byte 类型来存放字符。

3. 扩充的标准输入

Java 采用双字节存储字符，是为了将字符与汉字统一起来，方便处理。字符流是指双字节流。标准输入提供的 read 方法显然不够方便，因为它是以单字节或字节数组的方式来获取输入的，但通常需要用户输入的数据是其他类型的，如字符串、int、double 等。怎么办呢？Java 采用了一种称为 Decorator(包装)的设计模式来对标准输入进行功能扩充，具体什么是 Decorator 设计模式，这里不做介绍。第 3 章的例 3-4 引入的交互式输入中有下面这样的代码：

```
//以下代码通过控制台交互输入行李重量
InputStreamReader reader=new InputStreamReader(System.in);
BufferedReader input=new BufferedReader(reader);
System.out.println("请输入旅客的行李重量：");
String temp=input.readLine();
w = Float.parseFloat(temp);    //将字符串转换为单精度浮点型
```

原本 System.in 标准输入流对象只能提供以字节为单位的数据输入，通过引入 InputStreamReader 和 BufferedReader 对象对其进行两次包装(第一次将 System.in 对象包装为 reader 对象的内嵌成员，第二次又将 reader 对象包装为 input 对象的成员)后，就可以使用 BufferedReader 类提供的 readLine 方法，实现以行为单位(对应的字节数据流中以回车换行符为间隔)的字符串输入功能。当获取到字符串数据以后，还可以根据具体的数据类型进行相应的转换，比如将字符串转换为单精度浮点型数据。另外，也可以使用 Double 类的 parseDouble 方法或 Integer 类的 parseInt 方法进行类似的转换。

【例 10-2】扩充的标准输入方法。

```
import java.io.BufferedReader;
import java.io.IOException;
import java.io.InputStreamReader;
public class Exam10_2 {
public static void main(String[] args) throws IOException {
    String temp;
    float f;
    double d;
```

```
        int i;
        // 将 System.in 对象包装到 InputStreamReader 对象中
        InputStreamReader reader = new InputStreamReader(System.in);
        // 将 reader 对象包装到 BufferedReader 对象中
        BufferedReader input = new BufferedReader(reader);
        System.out.println("请输入字符串数据：");
        temp = input.readLine();
        System.out.println("刚才输入的字符串为：" + temp);
        System.out.println("请输入单精度浮点数：");
        temp = input.readLine();
        // 将字符串转换为单精度浮点型
        f = Float.parseFloat(temp);
        System.out.println("刚才输入的单精度浮点数为：" + f);
        System.out.println("请输入双精度浮点数：");
        temp = input.readLine();
        // 将字符串转换为双精度浮点型
        d = Double.parseDouble(temp);
        System.out.println("刚才输入的单精度浮点数为：" + d);
        System.out.println("请输入 int 整型数：");
        temp = input.readLine();
        // 将字符串转换为 int 型
        i = Integer.parseInt(temp);
        System.out.println("刚才输入的 int 整型数为：" + i);
    }
}
```

编译并运行程序，结果如下：

```
请输入字符串数据：
i love China
刚才输入的字符串为：i love China
请输入单精度浮点数：
1.14
刚才输入的单精度浮点数为：1.14
请输入双精度浮点数：
2.2854691
刚才输入的单精度浮点数为：2.2854691
请输入 int 整型数：
56
刚才输入的 int 整型数为：56
```

由上可见，通过 Java 的包装及类型转换技术，可以灵活地进行各种类型数据的交互式输入。为了避免在不同地方需要进行交互式输入时每次都要重新编写包装语句，建议读者可以这样做：将上述常用交互式输入单独定义为用户输入类 MyInput，并放置到用户自定义包 myPackage 中，以后的各个程序或在程序的不同地方就可以通过该类很方便地进行交互式输入了。请看下面的例子。

【例 10-3】定义用户输入类 MyInput，然后编写测试代码使用 MyInput 类。

在 myPackage 包中定义用户输入类 MyInput，代码如下：

```
package myPackage;
import java.io.*;
public class MyInput {
public static String inputStr() throws IOException {
    // 将 System.in 对象包装到 InputStreamReader 对象中
    InputStreamReader reader = new InputStreamReader(System.in);
    // 将 reader 对象包装到 BufferedReader 对象中
    BufferedReader input = new BufferedReader(reader);
    String temp = input.readLine();
    return temp;
}
public static String strData() throws IOException {
    // 将 System.in 对象包装到 InputStreamReader 对象中
    InputStreamReader reader = new InputStreamReader(System.in);
    // 将 reader 对象包装到 BufferedReader 对象中
    BufferedReader input = new BufferedReader(reader);
    System.out.println("请输入字符串数据：");
    String temp = input.readLine();
    return temp;
}
public static float floatData() throws IOException {
    System.out.println("请输入单精度浮点数：");
    String temp = inputStr();
    float f = Float.parseFloat(temp);
    return f;
}
public static double doubleData() throws IOException {
    System.out.println("请输入双精度浮点数：");
    String temp = inputStr();
    double d = Double.parseDouble(temp);
    return d;
}
public static int intData() throws IOException {
    System.out.println("请输入 int 整型数：");
    String temp = inputStr();
    int i = Integer.parseInt(temp);
    return i;
}
}
```

编写测试类，引入 MyInput 类，完整的代码如下：

```
import myPackage.MyInput;
import java.io.IOException;
public class Exam10_3 {
```

```
public static void main(String args[]) throws IOException {
    String str = MyInput.strData();
    System.out.println("刚才输入的字符串为："+ str);
    float f = MyInput.floatData();
    System.out.println("刚才输入的单精度浮点数为："+ f);
    double d = MyInput.doubleData();
    System.out.println("刚才输入的双精度浮点数为："+ d);
    int i = MyInput.intData();
    System.out.println("刚才输入的 int 整型数为："+ i);
    }
    }
```

上述测试程序的某次运行过程如下：

```
D:\workspace\第 10 章>java Exam10_3
请输入字符串数据：
hello
刚才输入的字符串为：hello
请输入单精度浮点数：
1
刚才输入的单精度浮点数为：1.0
请输入双精度浮点数：
2.20123
刚才输入的双精度浮点数为：2.20123
请输入 int 整型数：
10
刚才输入的 int 整型数为：10
```

通过上面自定义的用户输入类 MyInput，读者可以更方便、更简洁地编写交互式输入程序。希望读者能将这种自定义用户类的策略应用到以后的编程实践中。事实上，自定义类与自定义方法在本质上是一样的，都是为了提高程序的复用度，进而达到提高编程效率的目的。只不过由于类的"粒度"比方法要大，同时类中封装的成员变量和成员方法通常都是紧密相关的，具有良好的"结构相关性"，因此，类比方法更能体现程序复用的思想。正是由于引入了类的概念，才使得程序设计从原先的面向(方法)过程上升为面向(类)对象的高度，从而大大促进了软件行业生产率的提高。

10.3　文件

文件是存储永久信息以及共享信息的主要资源。在许多程序中，文件是主要的数据源和目标。读写文件是程序中最常见的 I/O 操作，本节将介绍与文件相关的两个类：File 和 RandomAccessFile。

10.3.1　File 类

与 java.io 包中的其他输入输出类不同的是，File 类直接处理文件和文件系统本身，File 类主要用来描述文件或目录的自身属性。通过创建 File 对象，可以处理和获取与文件相关的信息，如文件名、相对路径、绝对路径、上级目录、是否存在、是否是目录、可读、可写、上次修改时间和文件长度等。当 File 对象为目录时，还可以列举出它的文件和子目录。一旦 File 对象被创建后，它的内容就不能再改变了，要想改变(即进行文件读写操作)，就必须利用前面介绍过的强大 I/O 流类对其进行包装，或者使用后面将介绍的 RandomAccessFile 类。总之，对于 Java 语言，不管是文件还是目录，都用 File 类来表示。File 类的构造方法如下：

```
public File(String pathname)
public File(String parent,String child)
public File(File parent,String child)
public File(URI uri)
```

【例 10-4】File 类的一个示例程序，查看文件或文件夹信息。

```java
import java.io.*;
import java.util.*;
public class Exam10_4{
public static void main(String[] args) {
    try {
        File f = new File(args[0]);
        if (f.isFile()) {                    // 是否是文件
            System.out.println("文件属性如下所示：");
            System.out.println("文件名->" + f.getName());
            System.out.println(f.isHidden() ? "->隐藏" : "->没隐藏");
            System.out.println(f.canRead() ? "->可读" : "->不可读");
            System.out.println(f.canWrite() ? "->可写" : "->不可写");
            System.out.println("大小->" + f.length() + "字节");
            System.out.println("最后修改时间->" + new Date(f.lastModified()));
        } else {                    // 列出所有的文件和子目录
            File[] fs = f.listFiles();
            ArrayList fileList = new ArrayList();
            for (int i = 0; i < fs.length; i++) {
                // 先列出文件
                if (fs[i].isFile())// 是否是文件
                    System.out.println("    " + fs[i].getName());
                else
                    // 子目录存入 fileList，后面再列出
                    fileList.add(fs[i]);
            }
            // 列出子目录
            for (int i = 0; i < fileList.size(); i++) {
                f = (File) fileList.get(i);
                System.out.println("<DIR> " + f.getName());
            }
            System.out.println();
        }
    } catch (ArrayIndexOutOfBoundsException e) {
```

```
                    System.out.println(e.toString());
            }
    }
}
```

编译并运行程序，通过命令行参数指定要查看的文件或文件夹，运行情况如下：

```
(第 1 次运行 查看文件信息)
D:\workspace\第 10 章>java Exam10_4 Exam10_4.java
文件属性如下所示：
文件名->Exam10_4.java
->没隐藏
->可读
->可写
大小->1271 字节
最后修改时间->Sat Apr 13 14:51:15 GMT+08:00 2019
(第 2 次运行 查看文件夹信息)
D:\workspace\第 10 章>java Exam10_4 test
        file1.txt
        file2.dat
        file3.mp4
        file4.doc
<DIR> 子文件夹 1
<DIR> 子文件夹 2
```

下面再列举 File 类的几个常用方法：

```
public boolean delete()                          //删除文件或目录
public boolean createNewFile() throws IOException //新建文件
public boolean mkdir()                            //新建目录
public boolean mkdirs()                           //新建包括上级目录在内的目录
public boolean renameTo(File dest)                //重命名文件或目录
public boolean setReadOnly()                      //设置只读属性
public boolean setLastModified(long time)         //设置最后修改时间
```

10.3.2 RandomAccessFile 类

前面介绍的 File 类不能进行文件读写操作，必须通过其他类来提供该功能，Random AccessFile 类就是其中之一。RandomAccessFile 类封装了随机访问文件的功能，该类并非派生自 InputStream 或 OutputStream 类，而是实现了 DataInput 和 DataOutput 接口，这两个接口定义了基本的 I/O 方法。RandomAccessFile 类与前面提到的字节流和字符流中的文件输入输出流类相比，其文件存取方式更灵活，它支持文件的随机存取(Random Access)：在文件中可以任意移动读取位置。RandomAccessFile 对象可以使用 seek 方法移动文件的读取位置，移动单位为字节，为了能正确地移动存取位置，编程人员必须清楚随机存取文件中各数据的长度和组织方式。

RandomAccessFile 类的构造方法如下：

```
public RandomAccessFile(String name,String mode)  throws FileNotFoundException
public RandomAccessFile(File file,String mode)  throws FileNotFoundException
```

其中，mode 的取值可以是如下几个。

- r：只读。
- rw：读写。文件不存在时会创建该文件，文件存在时，原文件内容不变，通过写操作来改变文件内容。
- rws：同步读写。等同于读写，但任何文件内容的写操作都被直接写入物理文件，包括文件内容和文件属性。
- rwd：数据同步读写。等同于读写，但任何文件内容的写操作都被直接写入物理文件，而文件属性的变动不是这样。

RandomAccessFile 类实现了标准的输入输出方法，可以使用这些方法读取或写入各种类型的数据。在创建了一个 RandomAccessFile 对象之后，文件的指针处于文件开始位置。可以通过 seek(long pos)方法设置文件指针的当前位置，以进行文件的快速定位，然后使用相应的 read 和 write 方法对文件进行读写操作。在对文件的读写操作完成后，调用 close 方法关闭文件。

另外，该类还提供了一个常用方法 setLength((long len)，这个方法可用于加长或缩短文件。如果文件被加长，那么添加的部分是未定义的。

需要特别指出的是，与文件输入流或文件输出流不同，RandomAccessFile 类同时支持文件的输入(读)和输出(写)功能，这点从它提供的众多读写方法就可以看出。

【例 10-5】RandomAccessFile 类的一个示例程序。

新建名为 Exam10_5.java 的源文件，在该源文件中定义一个图书类 Book，用来表示图书信息，在主类 Book 的 main()方法中，使用 RandomAccessFile 类，将图书信息保存至 book.dat 文件中，然后根据用户输入从 book.dat 中读取指定图书的信息。

```java
import java.io.*;
import java.util.*;
import myPackage.MyInput;
//定义图书类 Book
class Book {
private StringBuffer name;
private short price;        // 2 字节
private StringBuffer author;
public Book(String n, int p,String au) {
    name = new StringBuffer(n);
    name.setLength(12);        // 限定为固定的 12 个字符(24 字节)
    author = new StringBuffer(au);
    author.setLength(3);        // 限定为固定的 3 个字符(6 字节)
    price = (short) p;
}
public String getName() {
    return name.toString();
}
public short getPrice() {
    return price;
}
public String getAuthor() {
    return author.toString();
```

```
}
public static int size() {
      return 32;
}
}
public class Exam10_5{
public static void main(String[] args) throws IOException {
      Book[] books = { new Book("Java 程序设计案例教程", 37, "赵艳铎"),
                  new Book("犯罪心理学", 32, "高晨曦"),
                  new Book("舞蹈与艺术", 49, "刘嘉晴"),
                  new Book("经济学原理(第 6 版)", 62, "时运"),
                  new Book("易中天品三国", 58, "易中天"),
                  new Book("中学生行为准则", 19, "邱淑娅") };
      File f = new File("book.dat");
      // 以读写方式打开 book.dat 文件
      RandomAccessFile raf = new RandomAccessFile(f, "rw");
      // 将 books 中的书本信息写入文件
      for (int i = 0; i < books.length; i++) {
            raf.writeChars(books[i].getName());
            raf.writeShort(books[i].getPrice());
            raf.writeChars(books[i].getAuthor());
      }
      while (true) {
            System.out.println("请选择");
            System.out.println("--> 1    查询图书信息");
            System.out.println("--> 2    退出程序");
            Scanner scanner = new Scanner(System.in);
            // 利用自定义类 MyInput 进行数据输入
            int n = MyInput.intData();
            boolean flag = false;
            switch (n) {
            case 1:
                  System.out.print("查询第几本书?");
                  n = MyInput.intData();
                  // 通过 seek 方法定位到第 n 本书的数据起始位置
                  raf.seek((n - 1) * Book.size());
                  // bname 用于存放读取到的第 n 本书的书名
                  char[] bname = new char[12];
                  char ch;
                  for (int i = 0; i < 12; i++) {
                        ch = raf.readChar();
                        if (ch == 0)
                              bname[i] = '\0';
                        else
                              bname[i] = ch;
                  }
```

```
                        System.out.println("书名：" + new String(bname));
                        System.out.println("单价：" + raf.readShort());           // 输出读取到的第 n 本书的单价
                        char[] author = new char[3];
                        for (int i = 0; i < 3; i++) {
                                ch = raf.readChar();
                                if (ch == 0)
                                        author[i] = '\0';
                                else
                                        author[i] = ch;
                        }
                        System.out.println("作者：" + new String(author)+"\n");
                        break;
                case 2:
                        flag = true;
                        break;
                }
                if (flag)
                        break;
        }
        raf.close();      // 关闭文件
}
}
```

编译并运行程序，结果如下所示：

```
D:\workspace\第 10 章>java Exam10_5
请选择
--> 1    查询图书信息
--> 2    退出程序
请输入 int 整型数：
1   (回车)
查询第几本书?请输入 int 整型数：
3   (回车)
书名：舞蹈与艺术
单价：49
作者：刘嘉晴

请选择
-> 1    查询图书信息
-> 2    退出程序
请输入 int 整型数：
2   (回车)
```

程序运行结束后，会创建一个名为 book.dat 的文件，这是一个二进制文件，其中的内容不是直观的字符数据，而是进行过编码处理，字符(即书名和作者)用 Unicode 进行编码，非字符数据(即单价)是两字节的 short 类型，图 10-1 所示是用 UltraEdit 打开(并切换至 HEX 模式)该文件后看到的效果。

文件读写操作一般包括以下 3 个步骤：

(1) 以某种读写方式打开文件。

(2) 进行文件读写操作。

(3) 关闭文件。

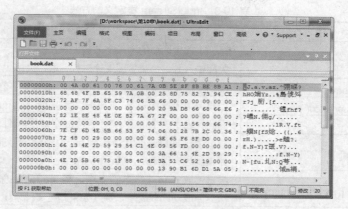

图 10-1　book.dat 文件中的二进制数据(以十六进制形式显示)

注意:

对于某些文件存取对象来说,关闭文件的动作就意味着将缓冲区(Buffer)中的数据全部写入磁盘文件。如果不进行(或忘记)文件关闭操作,某些数据可能会因为没能及时写入文件而丢失。

10.4　字节流

以字节为处理单位的流称为字节流,字节流相应地分为字节输入流和字节输出流两种。本节将对它们做简要介绍。

10.4.1　InputStream 和 OutputStream 类

输入字节流的父类为 InputStream,输出字节流的父类为 OutputStream,所以先从它们开始讨论 Java 的字节流类。

1. InputStream 类

InputStream 是一个从 Object 类直接继承而来的抽象类,它定义了 Java 的字节流输入模型,并且还实现了 AutoCloseable 和 Closeable 接口,这个类中声明了多个用于字节输入的方法,为其他字节输入流派生类奠定了基础,它与其他派生类的继承关系如图 10-2 所示。

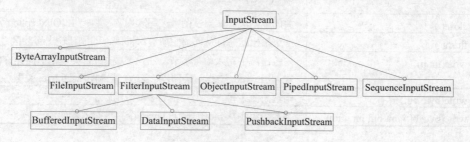

图 10-2　InputStream 的派生类

InputStream 类定义的方法如表 10-3 所示。当发生 I/O 错误时，该类中的大部分方法都会抛出 IOException 异常(方法 mark 和 markSupported 除外)。

表 10-3　InputStream 类定义的方法

方　　法	描　　述
int available( )	返回当前可读取的输入字节数
void close( )	关闭输入源。如果试图继续进行读取，会产生 IOException 异常
void mark(int num)	在当前位置放置标记，标记在读入 num 个字节之前一直有效
boolean markSupported( )	如果调用流支持 mark 或 reset 方法，就返回 true
int read( )	返回代表下一个可用字节的整数。当到达文件末尾时，返回−1
int read(byte buf[ ])	尝试读取 buf.length 个字节到 buf 中，并返回实际成功读取的字节数。如果到达文件末尾，就返回−1
int read(byte b[ ], int off, int num)	尝试读取 num 个字节到 b 中，从 b[off]开始保存读取的字节。该方法返回成功读取的字节数；如果到达文件末尾，就返回−1
void reset( )	将输入指针重置为前面设置的标记
long skip(long num)	忽略(即跳过)num 个字节的输入，返回实际忽略的字节数

2. OutputStream 类

抽象类 OutputStream 是所有字节输出流类的基类，它的派生关系如图 10-3 所示。

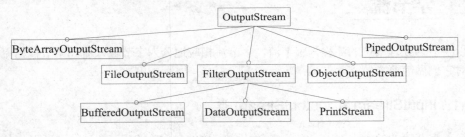

图 10-3　OutputStream 的派生类

OutputStream 类实现了 AutoCloseable、Closeable 以及 Flushable 接口。该类中的大部分方法都返回 void，并且如果发生 I/O 错误，大部分方法会抛出 IOException 异常。OutputStream 类定义的方法如表 10-4 所示。

表 10-4　OutputStream 类定义的方法

方　　法	描　　述
void close( )	关闭输出流。如果试图继续写入内容，将产生 IOException 异常
void flush( )	结束输出状态，从而清空所有缓冲区，即刷新输出缓冲区
void write(int b)	向输出流中写入单个字节。注意参数是 int 类型，从而允许使用表达式调用 write 方法，而不用将表达式强制转换回 byte 类型
void write(byte buffer[ ])	向输出流中写入一个完整的字节数组
void write(byte b[ ], int off, int num)	将 b 数组中从 b[off]开始的 num 个字节写入输出流

10.4.2　ByteArrayInputStream 和 ByteArrayOutputStream 类

ByteArrayInputStream 是使用字节数组作为源的输入流，与之对应的输出流是 ByteArrayOutputStream。下面来看这两个类的具体用法。

1. ByteArrayInputStream 类

ByteArrayInputStream 可以说是一个比较简单、基础的字节输入流类。它有两个构造方法，每个构造方法都需要一个字节数组来提供数据源：

```
ByteArrayInputStream(byte array [ ])
ByteArrayInputStream(byte array [ ], int start, int num)
```

在此，array 是输入源。第二个构造方法则从字节数组的子集创建 InputStream 对象，这个数组子集从 start 指定的索引位置的字符开始，共 num 个字符。

ByteArrayInputStream 类含有 4 个成员变量：buf、count、mark 和 pos。buf 为字节数组缓冲区，用来存放输入流；count 为计数器，记录输入流数据的字节数；mark 用来做标记，以实现重读部分输入流数据；pos 为位置指示器，指明当前读指针的位置，即前面已读取 pos-1 个字节的数据。close 方法对 ByteArrayInputStream 对象没有效果。所以，不需要为 ByteArrayInputStream 对象调用 close 方法。但是如果调用的话，也不会产生错误。

2. ByteArrayOutputStream 类

ByteArrayOutputStream 是使用字节数组作为目标的输出流，它有两个构造方法：

```
ByteArrayOutputStream( )
ByteArrayOutputStream(int numBytes)
```

第一个构造方法创建的输出流对象包含大小为 32 字节的缓冲区，第二个构造方法则创建一个大小为 num 字节的缓冲区。缓冲区被保存在 ByteArrayOutputStream 中受保护的 buf 成员变量中。如果需要的话，缓冲区的大小会自动增加。缓冲区能够保存的字节数量包含在该类的另一个受保护的成员变量 count 中。

同样，close 方法对 ByteArrayOutputStream 对象没有效果。所以，不需要为 ByteArrayOutputStream 对象调用 close 方法。但是如果调用的话，也不会产生错误。

10.4.3　FileInputStream 和 FileOutputStream 类

FileInputStream 和 FileOutputStream 类分别用来创建磁盘文件的输入流和输出流对象。其中，FileInputStream 类继承自 InputStream 类，FileOutputStream 类继承自 OutputStream 类。

与 RandomAccessFile 类不同的是，FileInputStream 和 FileOutputStream 类提供的文件处理方式是按照文件中数据流的顺序进行读写，而不是利用文件指针进行定位的随机读写。

1. FileInputStream 类

使用 FileInputStream 类创建的 InputStream 对象可以用于从文件读取字节。常用的两个构造方法如下：

```
FileInputStream(String filePath)
FileInputStream(File file)
```

这两个构造方法都会抛出 FileNotFoundException 异常。其中，filePath 是文件的完整路径名，file 是描述文件的 File 对象。尽管第一个构造方法可能更常用，但是使用第二个构造方法，在将文件附加到输入流之前，可以使用 File 类的方法对文件进行进一步的检查。

除此之外，还有另外一个构造方法，如下所示：

```
public FileInputStream(FileDescriptor fdObj)
```

其中，fdObj 为 FileDescriptor 文件描述对象，既可以对应打开的文件，也可以是打开的套接字(socket)。

FileInputStream 类重写了 InputStream 抽象类中的 6 个方法，但没有重写 mark 和 reset 方法。在 FileInputStream 对象上试图调用 reset 方法时，会抛出 IOException 异常。

2. FileOutputStream 类

FileOutputStream 类能够创建用于向文件中写入字节的 OutputStream 对象。该类实现了 AutoCloseable、Closeable 以及 Flushable 接口，它的 4 个构造方法如下：

```
FileOutputStream(String filePath)
FileOutputStream(File fileObj)
FileOutputStream(String filePath, boolean append)
FileOutputStream(File fileObj, boolean append)
```

它们都可能抛出 FileNotFoundException 异常。其中，filePath 是文件的完整路径名，fileObj 是描述文件的 File 对象。如果 append 为 true，就以追加方式打开文件。

FileOutputStream 对象的创建不依赖于已经存在的文件。当创建对象时，FileOutputStream 会在打开文件之前创建文件。当创建 FileOutputStream 对象时，如果试图打开只读文件，会抛出异常。

【例 10-6】使用 FileInputStream 和 FileOutputStream 类读写文件。

新建一个名为 Exam10_6.java 的源文件，输入如下代码：

```
import java.io.FileInputStream;
import java.io.FileOutputStream;
import java.io.IOException;
import java.io.OutputStream;
public class Exam10_6 {
public static void main(String[] args) {
String src = "这是原始字符串，要写入文件中，因为是按字节写入，file0 和 file2 中写入的可能为乱码";
    byte buf[] = src.getBytes();
    try (FileOutputStream f0 = new FileOutputStream("file0.txt");
            FileOutputStream f1 = new FileOutputStream("file1.txt");
            FileOutputStream f2 = new FileOutputStream("file2.txt")) {
        for (int i = 0; i < buf.length; i += 2)
            f0.write(buf[i]);
        f1.write(buf);
        f2.write(buf, 2, buf.length / 3);
    } catch (IOException e) {
        System.out.println("I/O 异常");
        e.printStackTrace();
```

```
        }
        FileInputStream in = null;
        OutputStream out = null;
        try {
                in = new FileInputStream("C:\\Program Files (x86)\\Java\\jdk1.8.0_191\\bin\\javac.exe");
                System.out.println("文件大小(字节)：" + in.available());
                out = new FileOutputStream("myJavac.exe");
                while (true) {
                        byte[] b = new byte[2048];
                        if (in.read(b) != 2048) {
                                System.out.println("不足 2048，马上复制完了");
                                out.write(b);
                                break;
                        }
                        System.out.println("Still Available: " + in.available());
                        out.write(b);
                }
                System.out.println("javac.exe 被复制到的当前目录名为 myJavac.exe");
        } catch (IOException e) {
                System.out.println("I/O 异常：" + e);
        } finally {
                try {
                        if (in != null)
                                in.close();
                } catch (IOException e) {
                        System.out.println("Error Closing file1.txt");
                }
                try {
                        if (out != null)
                                out.close();
                } catch (IOException e) {
                        System.out.println("Error Closing file1.txt");
                }
        }
    }
}
```

本例中，前半部分使用 FileOutputStrea 类将一些内容通过调用不同的 write 方法写入文件，后半部分使用 FileInputStream 和 FileOutputStream 完成一个二进制文件的复制。

编译并运行程序，结果如下：

```
文件大小(字节)：15904
Still Available: 13856
Still Available: 11808
Still Available: 9760
Still Available: 7712
Still Available: 5664
```

Still Available: 3616
Still Available: 1568
不足 2048，马上复制完了
javac.exe 被复制到的当前目录名为 myJavac.exe

此时，目录中会出现 file0.txt、file1.txt、file2.txt 和 myJavac.exe 几个文件。

3．关闭流的方式

无论是哪种 I/O 流，在使用完以后，都必须关闭，否则可能导致内存泄漏以及资源紧张。Java 中有两种关闭流的方式。例 10-6 分别使用了这两种方式。

第一种方式是显式地在流上调用 close 方法，这是自 Java 发布以来就一直在使用的传统方式。对于这种方式，通常是在 finally 代码块中调用 close 方法。上面案例中复制文件的部分使用的就是这种方式。

第二种方式是使用从 JDK 7 开始新增的特性。使用带资源的 try 语句，从而自动执行资源的关闭。带资源的 try 语句的一般格式如下：

```
try (resource-specification) {
    // use the resource
}
```

其中，resource-specification 是声明以及初始化资源的一条或多条语句。本例中就是打开 file0.txt、file1.txt 和 file2.txt 的三条语句，如下所示：

```
try (FileOutputStream f0 = new FileOutputStream("file0.txt");
        FileOutputStream f1 = new FileOutputStream("file1.txt");
        FileOutputStream f2 = new FileOutputStream("file2.txt")){
```

当 try 代码块结束时，资源被自动释放。因此，不再需要显式地调用 close 方法。

下面是关于带资源的 try 语句的 3 个关键点：

- 由带资源的 try 语句管理的资源必须是实现了 AutoCloseable 接口的类的对象。
- 在 try 代码块中声明的资源被隐式声明为 final。
- 当有多个资源时，需要使用分号分隔每个资源的声明和初始化语句。

带资源的 try 语句的主要优点是：当 try 代码块结束时，资源(本例中是流)会被自动关闭。另外，使用带资源的 try 语句，可以使源代码更简短、更清晰、更容易维护。例如本例中写入 file0.txt、file1.txt、file2.txt 文件时使用的 3 个输出流就是使用这种方式管理的。

提示：

因为带资源的 try 语句流线化了释放资源的过程，并消除了可能在无意中忘记释放资源的风险，所以强烈推荐读者在今后的编程中使用这种方式管理资源。

10.4.4 过滤流

用于过滤流的 FilterInputStream 和 FilterOutputStream 类是 InputStream 和 OutputStream 类的直接子类。过滤输入输出流类的最主要作用就是在数据源和程序之间加一个处理步骤，对原始数据做特定的加工、处理和变换操作。

前面介绍的 FileInputStream 和 FileOutputStream 类只提供了读写字节的方法，通过使用它们只能往文件中写入字节或从文件中读取字节。在实际应用中，要向文件中写入或读取各种类型的数据，就必须先将其他类型的数据转换成字节数组，再写入文件，或是将从文件中读取的字节数组转换成其他类型，这给程序带来了一些麻烦。如果能有一个中间类，让它提供读写各种类型数据的方法，当需要写入其他类型的数据时，只要调用中间类中对应的方法即可，在中间类的方法内部，将其他数据类型转换成字节数组，然后调用底层的字节流类，将字节数组写入目标设备。这个中间类就被称为过滤流类或处理流类，也叫包装类。

过滤的字节流是简单的封装器，用于封装底层的输入流或输出流，并且还透明地提供一些扩展级别的功能。这些流一般是通过接收通用流的方法访问的，通用流是过滤流的超类。典型的扩展是缓冲、字符转换以及原始数据转换。

过滤字节流类是 FilterInputStream 和 FilterOutputStream，这两个类提供的方法与 InputStream 和 OutputStream 类中的方法相同。本节将主要介绍这两个类的一些子类，包括 BufferedInputStream、BufferedOuputStream、PushbackInputStream、DataInputStream、DataOutputStream 和 PrintStream，它们都是 FilterInputStream 或 FilterOutputStream 类的直接子类。

图 10-4 给出了文件到数据的 Java I/O 流数据链。

图 10-4　Java I/O 流数据链

1. 缓冲流

对于面向字节的流，缓冲流通过将内存缓冲区附加到 I/O 系统来扩展过滤流。这种流允许 Java 一次对多个字节执行多次 I/O 操作，从而提升性能。因为可以使用缓冲区，所以略过、标记或重置流都是可能发生的。缓冲的字节流类是 BufferedInputStream 和 BufferedOutputStream。PushbackInputStream 也实现了缓冲流。

(1) BufferedInputStream 类

缓冲 I/O 是很常见的性能优化手段。Java 的 BufferedInputStream 类允许将任何 InputStream 对象封装到缓冲流中以提高性能。

BufferedInputStream 类有两个构造方法：

```
BufferedInputStream(InputStream inputStream)
BufferedInputStream(InputStream inputStream, int bufSize)
```

第 1 种形式使用默认缓冲区大小创建缓冲流。在第 2 种形式中，缓冲区大小由 bufSize 指定。使缓冲区大小等于内存页面、磁盘块大小的整数倍，可以明显提高性能。最优的缓冲区大小通常依赖于宿主操作系统、可用的内存量以及机器的配置。

缓冲输入流还为在可用缓冲流中支持向后移动提供了基础。除了任何 InputStream 都实现的 read 和 skip 方法外，BufferdInputStream 还支持 mark 和 reset 方法。

(2) BufferedOutputStream 类

与缓冲输入不同，缓冲输出没有提供附加功能。Java 中用于输出的缓冲区只是为了提高性能。除了增加 flush 方法之外，BufferedOutputStream 与所有 OutputStream 类似，flush 方法用于确保将数据缓冲区写入被缓冲的流。BufferedOutputStream 是通过减少系统实际写数据的次数来提高性能的，因此需要调用 flush 方法来立即写入缓冲区的所有数据。

BufferedOutputStream 类的构造方法如下：

```
BufferedOutputStream(OutputStream outputStream)
BufferedOutputStream(OutputStream outputStream, int bufSize)
```

第 1 种形式使用默认缓冲区大小创建缓冲流，而第 2 种形式可以指定缓冲区大小。

(3) PushbackInputStream 类

缓冲的新应用之一就是回推(pushback)的实现。回推用于输入流，以允许读取字节，然后再将它们返回(回推)到流中。PushbackInputStream 类实现了这一思想，它提供了一种机制，可以"偷窥"来自输入流的内容而不对它们进行破坏。

PushbackInputStream 类的构造方法如下：

```
PushbackInputStream(InputStream inputStream)
PushbackInputStream(InputStream inputStream, int num)
```

第 1 种形式创建的流对象允许将一个字节返回到输入流；第 2 种形式创建的流对象具有一个长度为 num 的回推缓冲区，从而允许将多个字节回推到输入流中。

除了 InputStream 中的方法，PushbackInputStream 类还提供了一个 unread 方法，该方法有如下几种重载形式：

```
void unread(int b)
void unread(byte buffer [ ])
void unread(byte buffer, int offset, int num)
```

第 1 种形式回推 b 的低字节，这会是后续的 read 调用返回的下一个字节。第 2 种形式回推 buffer 中的字节。第 3 种形式回推 buffer 中从下标 offset 开始的 num 个字节。当回推缓冲区已满时，如果试图回推字节，就会抛出 IOException 异常。

【例 10-7】使用缓冲流复制大文件。

新建一个名为 Exam10_7.java 的源文件，输入如下代码：

```java
import java.io.BufferedInputStream;
import java.io.BufferedOutputStream;
import java.io.ByteArrayInputStream;
import java.io.FileInputStream;
import java.io.FileOutputStream;
import java.io.IOException;
import java.io.PushbackInputStream;
public class Exam10_7{
public static void main(String[] args) {
```

```
try (BufferedInputStream bIn = new BufferedInputStream(new FileInputStream("big.dat"));
BufferedOutputStream bOut = new BufferedOutputStream(new FileOutputStream("big 副本.dat"));) {
        System.out.println("文件大小：" + bIn.available());
        long start = System.currentTimeMillis();
        byte[] b = new byte[8192];
        while (bIn.read(b) != -1) {
                bOut.write(b);
        }
        long end = System.currentTimeMillis();
        System.out.println("复制完成，共用时(毫秒)" + (end-start) );
} catch (Exception e) {
        System.err.println("Error: " + e.toString());
}
String s = "if (a == 4) a = 0;";
System.out.println("原始字符串为" + s);
System.out.println("使用回推流来处理，将==替换为.eq.，将=替换为<-");
byte buf[] = s.getBytes();
ByteArrayInputStream in = new ByteArrayInputStream(buf);
int c;
try (PushbackInputStream f = new PushbackInputStream(in)) {
        while ((c = f.read()) != -1) {
                switch (c) {
                case '=':
                        if ((c = f.read()) == '=')
                                System.out.print(".eq.");
                        else {
                                System.out.print("<-");
                                f.unread(c);
                        }
                        break;
                default:
                        System.out.print((char) c);
                        break;
                }
        }
} catch (IOException e) {
        System.out.println("I/O Error: " + e);
}
}
}
```

本例上半部分使用缓冲流复制一个大文件，后半部分演示 PushbackInputStream 类的 unread 方法的用途。程序的运行结果如下：

```
文件大小：1640719285
复制完成，共用时(毫秒)101212
原始字符串为 if (a == 4) a = 0;
```

使用回推流来处理，将==替换为 .eq，将=替换为<-

```
if(a .eq. 4) a <- 0;
```

从运行结果可以看出，复制一个 1.5GB 左右的大文件，共用时 101 212 毫秒，读者可将程序改为直接使用 FileInputStream 和 FileOutputStream 来实现，对比用时多少就可以看出缓冲流在操作大数据时的性能优势。

2. 数据流

通过 DataOutputStream 和 DataInputStream 类，可以向流中写入基本类型数据或从流中读取基本类型数据。它们分别实现了 DataOutput 和 DataInput 接口，这些接口定义了将基本类型值转换成字节序列或将字节序列转换成基本类型值的方法。这些流简化了在文件中存储二进制数据(例如整数或浮点数)的操作。

DataOutputStream 是 FilterOutputStream 的子类。同时，DataOutputStream 实现了 DataOutput、AutoCloseable、Closeable 以及 Flushable 接口。它的构造方法如下：

```
DataOutputStream(OutputStream outputStream)
```

其中，outputStream 指定了将写入数据的输出流。当关闭 DataOutputStream 对象时(通过调用 close 方法)，outputStream 指定的底层流也将被自动关闭。

DataOutputStream 支持其超类定义的所有方法，以及 DataOutput 接口中定义的方法。DataOutput 接口中定义的方法主要用于将基本类型值转换成字节序列以及将字节序列写入底层流，例如：

```
final void writeDouble(double value) throws IOException
final void writeBoolean(boolean value) throws IOException
final void writeInt(int value) throws IOException
```

其中，value 是将被写入流中的值。

DataInputStream 是与 DataOutputStream 对应的输入流。它实现了 DataInput、AutoCloseable 和 Closeable 接口。下面是 DataInputStream 类的构造方法：

```
DataInputStream(InputStream inputStream)
```

其中，inputStream 指定了将从中读取数据的输入流。当关闭 DataInputStream 对象时(通过调用 close 方法)，也会自动关闭由 inputStream 指定的底层流。

与 DataOutputStream 类似，DataInputStream 类也支持其超类的所有方法。然而，正是那些由 DataInput 接口定义的方法才使 DataInputStream 类变得独特。这些方法读取字节序列并将它们转换成基本类型值，例如：

```
final double readDouble( ) throws IOException
final boolean readBoolean( ) throws IOException
final int readInt( ) throws IOException
```

【例 10-8】使用数据流读写基本类型的数据信息。

新建一个名为 Exam10_8.java 的源文件，输入如下代码：

```
import java.io.DataInputStream;
import java.io.DataOutputStream;
import java.io.FileInputStream;
```

```java
import java.io.FileNotFoundException;
import java.io.FileOutputStream;
import java.io.IOException;
public class Exam10_8 {
public static void main(String[] args) {
    try (DataOutputStream dout = new DataOutputStream(new FileOutputStream("Test.dat"))) {
        dout.writeDouble(342.4508);
        dout.writeInt(24985);
        dout.writeBoolean(true);
        dout.writeUTF("赵智堃");
    } catch (FileNotFoundException e) {
        System.out.println("文件不存在");
        return;
    } catch (IOException e) {
        System.out.println("I/O 异常：" + e);
    }
    try (DataInputStream din = new DataInputStream(new FileInputStream("Test.dat"))) {
        double d = din.readDouble();
        int i = din.readInt();
        boolean b = din.readBoolean();
        String str = din.readUTF();
        System.out.println("从文件中读取到的数据：" + d + " " + i + " " + b + " " + str);
    } catch (FileNotFoundException e) {
        System.out.println("文件不存在");
        return;
    } catch (IOException e) {
        System.out.println("I/O 异常：" + e);
    }
}
}
```

编译并运行程序，结果如下：

从文件中读取到的数据：342.4508 24985 true 赵智堃

上述程序同时会在当前目录下生成 Test.dat 文件，这是一个二进制文件，如果用文本编辑器打开该文件，将显示乱码。

3. PrintStream 类

本书用得最多的一个方法就是 System.out.println 方法。其中，out 对象就是 PrintStream 类的静态变量。因此，PrintStream 是 Java 中最常用的类之一。

PrintStream 类实现的输出功能与 DataOutputStream 差不多，PrintStream 为所有类型(包括 Object)都支持 print 和 println 方法。如果参数不是基本类型，那么 PrintStream 类定义的方法会调用对象的 toString 方法并显示结果。

从 JDK 5 开始，PrintStream 类添加了格式化输出方法 printf，在上一章学习格式化字符串时我们使用过该方法。因为 System.out 是 PrintStream 类型的，所以可以在 System.out 上调用 printf 方法进行格式化输出。例如：

```
System.out.printf("%d %(d %+d %05d\n", 3, -3, 3, 3);
```

输出结果如下：

```
3 (3) +3 00003
```

另外，PrintStream 类还定义了 format 方法，该方法具有以下两种形式：

```
PrintStream format(String fmtString, Object ... args)
PrintStream format(Locale loc, String fmtString, Object ... args)
```

它们的工作方式与 printf 方法完全类似，这里不再赘述。

10.4.5 ObjectInputStream 和 ObjectOutputStream 类

Java 程序在运行过程中，很多数据是以对象的形式分布在内存中的。有时设计者希望能够直接将内存中的整个对象存储到数据文件中，以便在下一次程序运行时可以从数据文件中读取出数据，还原对象为原来的状态，这时可以通过 ObjectInputStream 和 ObjectOutputStream 来实现这一功能。

1. ObjectInputStream 类

Java 规定，如果要直接存储对象，则定义对象的类必须实现 java.io.Serializable 接口，而 Serializable 接口中实际并没有规范任何必须实现的方法，所以这里所谓的实现只是起到象征意义，表明该类的对象是可序列化的(Serializable)，同时，该类的所有子类自动成为可序列化的。

ObjectInputStream 类直接继承自 InputStream 类，并同时实现了 3 个接口：DataInput、ObjectInput 和 ObjectStreamConstants。它的主要功能是通过 readObject 方法来实现的，利用它可以很方便地恢复原先使用 ObjectOutputStream.writeObject()方法保存的对象状态数据。

下面是一段使用 ObjectInputStream 输入流的示例代码：

```
FileInputStream istream = new FileInputStream("data.dat"); //创建文件输入流对象
ObjectInputStream p = new ObjectInputStream(istream);      //包装为对象输入流
int i = p.readInt();                    //读取整型数据
String today = (String)p.readObject();  //读取字符串数据
Date date = (Date)p.readObject();       //读取日期型数据
istream.close();                        //关闭输入流对象
```

2. ObjectOutputStream 类

ObjectOutputStream 类与 ObjectInputStream 类对应，用来实现对象数据保存功能，ObjectOutputStream 类主要通过相应的 write 方法来保存对象的状态数据，比如下面的示例：

```
FileOutputStream ostream = new FileOutputStream("data.dat"); //创建文件输出流对象
ObjectOutputStream p = new ObjectOutputStream(ostream);      //包装为对象输出流
p.writeInt(12345);                     //输出整型数据
p.writeObject("Beijing 2008 奥运会"); //输出字符串数据
p.writeObject(new Date());             //输出日期型数据
p.flush();                             //刷新输出流
ostream.close();                       //关闭输出流
```

10.4.6　PipedInputStream 和 PipedOutputStream 类

PipedInputStream 被称为管道输入流，它必须和相应的管道输出流 PipedOutputStream 一起使用，由二者共同构成一条管道，后者输入数据，前者读取数据。通常，PipedOutputStream 输出流工作在称为生产者的程序中，而 PipedInputStream 输入流工作在称为消费者的程序中。只要管道输出流和管道输入流是连接着的(也可以通过 connect 方法建立连接)，就可以一边往管道中写入数据，另一边从管道中读取这些数据，从而实现了将一个程序的输出直接作为另一个程序的输入，从而节省了中间 I/O 环节。UNIX 中的管道概念与此类似。

提示：

不建议在单线程中同时进行 PipedInputStream 输入流和 PipedOutputStream 输出流的处理，因为这样容易引起线程死锁。

10.4.7　SequenceInputStream 类

SequenceInputStream 类可以将多个输入流连接在一起，形成一个长的输入流，当读取到长流中某个子流的末尾时，一般不返回-1(表示到达 EOF)，而只有当到达最后一个子流的末尾时才返回结束标志。SequenceInputStream 类的构造方法使用两个 InputStream 对象作为参数，或者使用 InputStream 对象的 Enumeration 对象作为参数：

```
SequenceInputStream(InputStream first, InputStream second)
SequenceInputStream(Enumeration <? extends InputStream> streamEnum)
```

第一个构造方法只能连接两个输入流。第二个构造方法可以连接多个输入子流，这些子流可以是 ByteArrayInputStream、FileInputStream、ObjectInputStream、PipedInputStream 或 StringBufferInputStream 等各种输入流类型。

在操作上，该类从第 1 个 InputStream 对象进行读取，直到读取完全部内容，然后切换到第 2 个 InputStream 对象。对于使用 Enumeration 对象的情况，该类将持续读取所有 InputStream 对象中的内容，直到最后一个 InputStream 对象的末尾为止。当到达每个对象的末尾时，与之关联的流就会被关闭。如果关闭 SequenceInputStream 创建的流，将会关闭所有未关闭的 InputStream 流。

10.5　字符流

虽然字节流为处理各种类型的 I/O 操作提供了足够的支持，但是它们不能直接操作 Unicode 字符(打开例 10-6 中的 file0.txt 后，得到的就是乱码)。因为 Java 的一个主要目的就是实现代码的"一次编写，到处运行"，所以需要为字符提供直接的 I/O 支持。本节将介绍几个重要的字符流类。

10.5.1　Reader 和 Writer 类

字符流类是为了方便处理 16 位 Unicode 字符而引入的输入输出流类，它们以两个字节为基本输入输出单位，适合于处理文本类型的数据。Reader 和 Writer 抽象类位于字符流层次的顶部，所以先从它们开始讨论 Java 的字符流类。

1. Reader 类

抽象类 Reader 定义了 Java 的字符流输入模型，该类实现了 AutoCloseable、Closeable 以及 Readable 接口。该类本身不能被实例化，因此真正实现字符流输入功能的是由它派生的子类，如 BufferedReader、CharArrayReader、FilterReader、InputStreamReader、PipedReader 和 StringReader 等。从其中一些子类又进一步派生出其他功能子类。继承关系如图 10-5 所示。

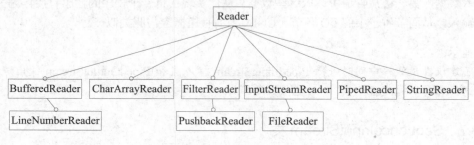

图 10-5　Reader 的派生类

Reader 类定义的方法如表 10-5 所示。

表 10-5　Reader 类定义的方法

方　　法	描　　述
abstract void close( )	关闭输入源。如果试图继续读取，将产生 IOException 异常
void mark(int num)	在输入流的当前位置放置标记，标记在读入 num 个字符之前一直有效
boolean markSupported()	如果这个流支持 mark 或 reset 方法，就返回 true
int read( )	读取一个字符，返回值为读取的字符(取值范围为 0～65 535 的值)或-1(读取到输入流的末尾)
int read(char b[ ])	读取 b.length 个字符到 b 中，返回成功读取的实际字符数。如果到达文件末尾，则返回-1
int read(CharBuffer b)	读取字符到 b 中，返回成功读取的字符数。如果到达文件末尾，则返回-1
abstract int read(char b[], int off, int num)	读取 num 个字符到 b 中，从 b[off]开始保存读取的字符，返回成功读取的字符数。如果到达文件末尾，则返回-1
boolean ready( )	如果下一个输入请求不等待，就返回 true；否则返回 false
void reset( )	将输入指针重新设置为前面设置的标记位置
long skip(long num)	略过 num 个输入字符，返回实际略过的字符数

其中两个抽象方法必须由 Reader 类的子类来实现，其他方法则可以由子类覆盖，以提供新的功能或更好的性能。可以看出，Reader 与 InputStream 字节输入流类提供的方法差不多，只不过一个是以字节为单位进行输入，而另一个则以字符(两个字节)为单位进行读取。

2. Writer 类

字符流输出基类 Writer 也是一个抽象类，本身不能被实例化，因此真正实现字符流输出功能的是由它派生的子类，如 BufferedWriter、CharArrayWriter、FilterWriter、OutputStreamWriter、PipedWriter、PrintWriter 和 StringWriter 等。其中，OutputStreamWriter 子类又进一步派生出

FileWriter 子类。继承关系如图 10-6 所示。

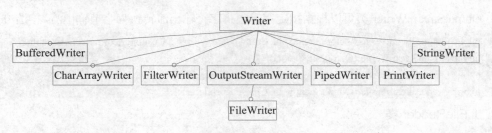

图 10-6 Writer 的派生类

Writer 类实现了 AutoCloseable、Closeable、Flushable 以及 Appendable 接口。如果发生错误，Writer 类中的所有方法都会抛出 IOException 异常。Writer 类定义的方法如表 10-6 所示。

表 10-6 Writer 类定义的方法

方 法	描 述
Writer append(char ch)	将 ch 追加到调用输出流的末尾，返回对调用流的引用
Writer append(CharSequence cs)	将 cs 追加到调用输出流的末尾，返回对调用流的引用
Writer append(CharSequence cs, int begin, int end)	将 cs 中下标从 begin 到 end-1 的字符追加到调用输出流的末尾，返回对调用流的引用
abstract void close( )	关闭输出流。如果继续向其中写入内容，将产生 IOException 异常
abstract void flush( )	完成输出状态，从而清空所有缓冲区，即刷新输出缓冲区
void write(int ch)	写入单个字符，注意参数是 int 类型
void write(char buffer[ ])	将整个字符数组写入调用输出流
abstract void write(char b[ ], int off, int num)	将 b 数组中下标从 b[off]开始的 num 个字符写入调用输出流
void write(String str)	将 str 写入调用输出流
void write(String str, int off, int num)	将字符串 str 中下标从 off 开始的 num 个字符写入调用输出流

10.5.2 FileReader 与 FileWriter 类

FileReader 和 FileWriter 这两个类不是 Reader 和 Writer 的直接子类，而是由 InputStreamReader 和 InputStreamWriter 派生而来的。所以，在学习 FileReader 和 FileWriter 之前有必要了解一下它们的父类。

1. InputStreamReader

InputStreamReader 类可以实现字节输入流到字符输入流的转变。它可以将字节输入流通过相应的字符编码规则包装为字符输入流。其构造方法如下：

```
public InputStreamReader(InputStream in)
public InputStreamReader(InputStream in,String charsetName) throws UnsupportedEncodingException
public InputStreamReader(InputStream in,Charset cs)
public InputStreamReader(InputStream in,CharsetDecoder dec)
```

既可以采用系统默认字符编码，也可以通过参数明确指定。

2. OutputStreamWriter 类

OutputStreamWriter 类可以根据指定字符集将字符输出流转换为字节输出流，构造方法如下：

```
public OutputStreamWriter(OutputStream out, String charset) throws UnsupportedEncodingException
public OutputStreamWriter(OutputStream out)
public OutputStreamWriter(OutputStream out, Charset cs) {
public OutputStreamWriter(OutputStream out, CharsetEncoder enc)
```

3. FileReader 类

字符文件输入流类 FileReader 是 InputStreamReader 的派生子类，构造方法如下：

```
public FileReader(String fileName) throws FileNotFoundException
public FileReader(File file) throws FileNotFoundException
public FileReader(FileDescriptor fd)
```

需要特别指出的是：除了构造方法，FileReader 并没有新定义其他任何方法，它的方法都从父类 InputStreamReader 和 Reader 继承而来。因此，该类的主要功能只是改变数据源，即通过它的构造方法可以将文件作为字符输入流。

Java 输入输出的一个特色就是可以组合使用(包装)各种输入输出流为功能更强的流，因此，人们才设计出这么多各具功能的输入输出流类。在实际应用中，常将 FileReader 类的对象包装为 BufferedReader 对象，以提高字符输入的效率。

4. FileWriter 类

FileWriter 类被设计用来输出字符流到文件中，如果要输出字节流到文件中，则需要使用之前介绍的 FileOutputStream 类。FileWriter 类的构造方法有 5 个：

```
public FileWriter(String fileName) throws IOException    //文件名关联
public FileWriter(String fileName,boolean append) throws IOException
//文件名关联，同时可以指定是否将输出插入至文件末尾
public FileWriter(File file) throws IOException    //文件类对象关联
public FileWriter(File file,boolean append) throws IOException
//文件类对象关联，同时可以指定是否将输出插入至文件末尾
public FileWriter(FileDescriptor fd)                //采用文件描述对象
```

FileWriter 对象的创建不依赖于已经存在的文件。当创建对象时，FileWriter 会在打开文件之前为输出创建文件。对于这种情况，如果试图打开只读的文件，就会抛出 IOException 异常。

FileWriter 类的其他方法都是从它的父类继承而来的。在实际应用中，常将 FileWriter 类的对象包装为 BufferedWriter 对象，以提高字符输出的效率。

Java 是一门跨平台语言，当使用字符流处理文本文件时需要注意，在不同的操作系统下，回车换行符是不一样的。在 Windows 下是\r(回车)和\n(换行)，在 UNIX/Linux 下只有\n，而在 Mac OS 下则是\r。因此，如果在 Windows 下用记事本程序打开在 UNIX/Linux 下编辑的文本文件，将看不到分行效果，要想恢复原来的分行效果，可以将每个\n 转换为\r 和\n，这样就可以恢复 UNIX/Linux 下的分行效果了。例 10-9 使用 FileReader 和 FileWriter 类实现了这一转换功能。

【例 10-9】将 UNIX 文本文件转换为 Windows 文本文件。

新建一个名为 Exam10_9.java 的源文件，输入如下代码：

```java
import java.io.*;
public class Exam10_9 {
    public static void main(String[] args) {
        try {
            FileReader fileReader = new FileReader("unix.dat");
            FileWriter fileWriter = new FileWriter("win.dat");
            char[] line = {'\r', '\n'};
            int ch = fileReader.read();
            while(ch != -1)                      //直到文件结束
            {
                if(ch == '\n')
                    fileWriter.write(line);   //实施转换
                else
                    fileWriter.write(ch);     //不变
                ch = fileReader.read();       //读取下一个字符
            }
            fileReader.close();    //关闭输入流
            fileWriter.close();    //关闭输出流
        }
        catch(IOException e) {
            e.printStackTrace();
        }
    }
}
```

本例中的 unix.dat 是在 UNIX 下编辑的文本文件，在 Windows 下用记事本打开，如图 10-7 所示。执行上述程序，对 unix.dat 文件进行读取并转换后，保存为 win.dat 文件，再用记事本打开，显示效果如图 10-8 所示。

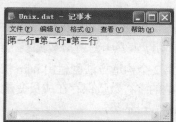 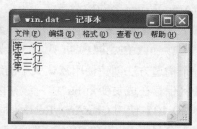

图 10-7　用记事本打开 unix.dat 文件的效果　　图 10-8　用记事本打开 win.dat 文件的效果

从程序运行结果可以看出，程序能正确进行不同操作系统下行分隔符的转换。记事本由于是一款非常简单的程序，所以不具备上述转换功能。而对于 Windows 下的其他文本编辑器，如写字板、UltraEdit 和 EditPlus 等，它们都具有上述转换功能。因此，当使用这些编辑软件打开 UNIX/Linux 下的文本文件时，每一个\n 都会自动被转换为\r 和\n，从而保持原有的分行效果。

10.5.3　CharArrayReader 和 CharArrayWriter 类

与字节流中的字节数组 I/O 流对应，字符流中提供了字符数组 I/O 流。

CharArrayReader 类是使用字符数组作为源的输入流，CharArrayWriter 类是使用数组作为目标的输出流。这两个类的使用方法和用途都与前面的 ByteArrayInputStream 和 ByteArrayOutputStream 类极其相似。

1. CharArrayReader 类

CharArrayReader 是 Reader 抽象类的一个简单实现类，它的功能就是从一个字符数组中读取字符，同时支持标记/重读功能，它的内部成员变量有如下几个：

```
protected char[] buf;          //指向输入流(字符数组)
protected int pos;             //当前读指针位置
protected int markedPos;       //标记位置
protected int count;           //字符数
```

其构造方法如下：

```
public CharArrayReader(char[] buf)
public CharArrayReader(char[] buf,int offset,int length)
```

第一个构造方法在指定的字符数组基础上创建 CharArrayReader 对象，第二个构造方法则同时指明字符输入流的起始位置和长度。创建好 CharArrayReader 对象后，就可以调用相应的方法进行字符数据的读取了，这些方法多数是 Reader 基类方法的覆盖实现，这里就再不列举了。

2. CharArrayWriter 类

CharArrayWriter 类使用字符数组来存放输出字符，并且随着数据的输出，它会自动增大。另外，用户可以使用 toCharArray 和 toString 方法来获取输出字符流。

CharArrayWriter 类的成员变量如下：

```
protected char[] buf           //存放输出字符的地方
protected int count            //已输出字符数
```

CharArrayWriter 类的构造方法如下：

```
public CharArrayWriter()               //创建字符数组为默认大小的输出流对象
public CharArrayWriter(int num)        //创建字符数组为指定大小的输出流对象
```

第一个构造方法创建使用默认大小的缓冲区，第 2 个构造方法创建由 num 指定大小的缓冲区。缓冲区保存在成员变量 buf 中。缓冲区能够容纳的字符数量保存在成员变量 count 中。

【例 10-10】使用 CharArrayReader 和 CharArrayWriter 类。

新建一个名为 Exam10_10.java 的源文件，输入如下代码：

```
import java.io.CharArrayReader;
import java.io.CharArrayWriter;
import java.io.FileWriter;
import java.io.IOException;
public class Exam10_10 {
public static void main(String[] args) {
    String tmp = "abcdefghijklmnopqrstuvwxyz";
    int length = tmp.length();
    char c[] = new char[length];
    tmp.getChars(0, length, c, 0);
```

```java
        try (CharArrayReader input1 = new CharArrayReader(c);
            CharArrayReader input2 = new CharArrayReader(c, 0, 5)) {
            int i;
            System.out.print("input1 is:");
            while ((i = input1.read()) != -1) {
                System.out.print((char) i);
            }
            System.out.println();
            System.out.print("input2 is:");
            while ((i = input2.read()) != -1) {
                System.out.print((char) i);
            }
            System.out.println();
        } catch (IOException e) {
            System.out.println("I/O 异常： " + e);
        }
        CharArrayWriter f = new CharArrayWriter();
        String s = "这里可以写入中文信息";
        char buf[] = new char[s.length()];
        s.getChars(0, s.length(), buf, 0);
        try {
            f.write(buf);
        } catch (IOException e) {
            System.out.println("Error Writing to Buffer");
            return;
        }
        System.out.println("f.size(): " + f.size());
        System.out.println("直接调用 toString()： " + f.toString());
        System.out.println("转换为字符数组后输出");
        c = f.toCharArray();
        for (int i = 0; i < c.length; i++) {
            System.out.print(c[i]);
        }
        System.out.println("\n 通过 writeTo 方法写入一个文件对象 FileWriter，test.txt");
        try (FileWriter f2 = new FileWriter("test.txt")) {
            f.writeTo(f2);
        } catch (IOException e) {
            System.out.println("I/O 异常： " + e);
        }
        System.out.println("调用 reset，重新写入新内容");
        f.reset();
        for (int i = 0; i < 3; i++)
            f.write('A' + i * 2);
        System.out.println(f.toString());
    }
}
```

本例使用的是字符数组 I/O 流，所以可以支持中文字符。读者可尝试修改程序，使用字节数组 I/O 流(ByteArrayInputStream/ByteArrayOutputStream)，看看正文信息是否还能正常输出。编译并运行程序，结果如下：

```
input1 is:abcdefghijklmnopqrstuvwxyz
input2 is:abcde
f.size(): 10
直接调用 toString()：这里可以写入中文信息
转换为字符数组后输出
这里可以写入中文信息
通过 writeTo 方法写入一个文件对象 FileWriter，test.txt
调用 reset，重新写入新内容
ACE
```

10.5.4　缓冲字符流

与缓冲字节流类似，缓冲字符流也提供了几个支持缓冲的流类。它们的特性和使用方法都与缓冲字节流非常类似，下面简要介绍这几个缓冲字符流类。

1. BufferedReader 类及其子类

BufferedReader 与 BufferedInputStream 的功能一样，都是对输入流进行缓冲，以提高读取速度。当创建一个 BufferedReader 对象时，该对象会生成一个用于缓冲的数组。BufferedReader 类有两个构造方法：

```
BufferedReader(Reader reader)
BufferedReader(Reader reader, int bufSize)
```

该类是包装类，第一个构造方法的参数为一个现成的输入流对象，第二个构造方法多了一个参数，用来指定缓冲区数组的大小。

关闭 BufferedReader 对象也会导致 reader 指定的底层流被关闭。

与面向字节的流类一样，BufferedReader 也实现了 mark 和 reset 方法。

JDK 8 还为 BufferedReader 类添加了名为 lines 的新方法。该方法返回对读取器读取的行序列的 Stream 引用。

BufferedReader 类还有一个派生类 LineNumberReader。

LineNumberReader 类在 BufferedReader 类的基础上增加了对输入流中行的跟踪能力，它提供的方法如下：

```
public int getLineNumber()                        //获取行号
public void setLineNumber(int lineNumber)   //设置行号
public int read() throws IOException
public int read(char[] cbuf,int off,int len) throws IOException
public String readLine() throws IOException   //读取行
public long skip(long n) throws IOException
```

需要说明的是：行是从 0 开始编号的，并且 setLineNumber 方法并不能修改输入流当前所处的行位置，而只能修改对应于 getLineNumber 方法的返回值。

2. BufferedWriter 类

BufferedWriter 是缓冲输出的字符流类。使用 BufferedWriter 类可以通过减少实际向输出设备物理地写入数据的次数来提高性能。

BufferedWriter 类有如下两个构造方法：

```
BufferedWriter(Writer writer)
BufferedWriter(Writer writer, int bufSize)
```

第 1 个构造方法创建的缓冲流具有默认大小的缓冲区，第 2 个构造方法创建的缓冲区的大小由 bufSize 指定。

【例 10-11】使用缓冲字符流处理字符串。

新建一个名为 Exam10_11.java 的源文件，输入如下代码：

```java
import java.io.BufferedReader;
import java.io.BufferedWriter;
import java.io.CharArrayReader;
import java.io.FileWriter;
import java.io.IOException;
public class Exam10_11 {
public static void main(String[] args) {
    String s = "这是一个版权所有符号&copy; \r\n 后面这个不是，没有最后的分号&copy。";

    char buf[] = new char[s.length()];
    s.getChars(0, s.length(), buf, 0);
    CharArrayReader in = new CharArrayReader(buf);
    int c;
    boolean marked = false;
    try (BufferedReader br = new BufferedReader(in);
            BufferedWriter bw = new BufferedWriter(new FileWriter("result.txt"))) {
        while ((c = br.read()) != -1) {
            switch (c) {
            case '&':
                if (!marked) {
                    br.mark(32);
                    marked = true;
                } else {
                    marked = false;
                }
                break;
            case ';':
                if (marked) {
                    marked = false;
                    bw.write("(c)");
                } else
                    bw.write(c);
                break;
            case ' ':
                if (marked) {
```

```
                                    marked = false;
                                    br.reset();
                                    bw.write("&");
                            } else
                                    bw.write(c);
                            break;
                    default:
                            if (!marked)
                                    bw.write(c);
                            break;
                    }
            }
    } catch (IOException e) {
            System.out.println("I/O 异常： " + e);
    }
    }
    }
```

本例使用 BufferReader 包装 CharArrayReader 流，从字符串中读取内容，然后处理版权符合标识，将©转换为©，通过 BufferWriter 包装 FileWriter 输出到文件 result.txt，运行程序后，将生成 result.txt 文件，其中的内容如图 10-9 所示。

图 10-9　result.txt 文件的内容

3. FilterReader 和 PushbackReader 类

FilterReader 是从 Reader 基类直接继承的一个子类，该类本身仍是一个抽象类，并且从它的构造方法看，它还是一个包装类，不过 Sun 的 JDK 设计人员并没有直接给 FilterReader 增加功能，估计意图在于将其定位为一个中间类(类似于前面讲过的 FilterInputStream)。

真正具有新功能的是它的子类 PushbackReader。PushbackReader 类可以实现字符回读功能，主要通过以下方法进行回读：

```
public void unread(int c) throws IOException
public void unread(char[] cbuf,int off,int len) throws IOException
public void unread(char[] cbuf) throws IOException
```

4. FilterWriter 类

FilterWriter 是从 Writer 基类直接继承的一个子类。它本身仍是一个抽象类，并且从它的构造方法看，它还是一个包装类。Sun 的 JDK 开发人员并没有给 FilterWriter 增加功能，估计也是想把它设计为一个中间类。但是，到目前为止，并没有出现 FilterWriter 的派生子类。不过，这在以后的 JDK 版本中可能会加进来，这点也表明 JDK 在设计时就充分考虑到了将来的扩展性。

10.5.5　PrintWriter 类

PrintWriter 类本质上是 PrintStream 类的面向字符版本，该类实现了 Appendable、AutoCloseable、Closeable 以及 Flushable 接口。

与 PrintStream 类一样，PrintWriter 类为所有类型(包括 Object)都支持 print 和 println 方法。而且，PrintWriter 类也支持 printf 和 format 方法来进行格式化输出，它们的工作方式与前面介绍的 PrintStream 类的 printf 和 format 方法相同。

10.5.6　PipedReader 与 PipedWriter 类

PipedReader 是管道字符输入流类，与 PipedInputStream 功能类似，其构造方法如下：

```
public PipedReader(PipedWriter src) throws IOException
public PipedReader()
```

第一个构造方法要求在创建 PipedReader 对象时就与对应的 PipedWriter 对象相连接,这样,只要有数据写到 PipedWriter 对象中，就可以从相连的 PipedReader 对象进行读取。第二个构造方法只是创建 PipedReader 对象，并不指定它与哪个 PipedWriter 对象相连接。但是，需要注意的是：PipedReader 对象在没有和 PipedWriter 对象相连之前是不能进行字符流读取的，否则就会抛出异常。

PipedWriter 为管道字符输出流类，它必须与相应的 PipedReader 类一起工作，共同实现管道式输入输出。PipedWriter 类的构造方法如下：

```
public PipedWriter(PipedReader snk) throws IOException
public PipedWriter()
```

第一个构造方法创建与管道字符输入流对象 snk 相连的管道字符输出流对象，第二个构造方法创建未与任何管道字符输入流对象相连的管道字符输出流对象，PipedWriter 对象在使用前必须与相应的字符输入流对象进行连接。PipedWriter 类的其他方法如下：

```
public void connect(PipedReader snk) throws IOException
public void write(int c) throws IOException
public void write(char[] cbuf,int off,int len) throws IOException
public void flush() throws IOException
public void close() throws IOException
```

除了以上方法外，还有一些方法是从父类继承而来的，这里不再列举。下面看一个关于 PipedWriter 和 PipedReader 类的管道示例程序。

【例 10-12】管道字符流示例程序。

新建一个名为 Exam10_12.java 的源文件，在该源文件中定义两个线程类 Producer 和 Consumer，一个通过 PipedWriter 对象输出数据到管道，另一个通过 PipedReader 对象从管道获取数据，完整的代码如下：

```
import java.io.IOException;
import java.io.PipedReader;
import java.io.PipedWriter;
//生产者通过 PipedWriter 对象输出数据到管道
```

```
class Producer extends Thread {
PipedWriter pWriter;
public Producer(PipedWriter w) {
    pWriter = w;
}
public void run() {
    try {
        pWriter.write("请准备接收信息……");           // 输出数据到管道
    } catch (IOException e) {
    }
}
}
// 消费者通过 PipedReader 对象从管道获取数据
class Consumer extends Thread {
PipedReader pReader;
public Consumer(PipedReader r) {
    pReader = r;
}
public void run() {
    System.out.print("读取管道数据：");
    try {
        char[] data = new char[20];
        pReader.read(data              // 读取管道数据
        System.out.println(data);
    } catch (IOException ioe) {
    }
}
}
public class Exam10_12 {
public static void main(String args[]) {
    try {
        PipedReader pr = new PipedReader();           // 创建管道输入流对象
        PipedWriter pw = new PipedWriter(pr);         // 创建管道输出流对象
        Thread p = new Producer(pw);                  // 创建生产者线程
        Thread c = new Consumer(pr);                  // 创建消费者线程
        p.start();              // 启动生产者线程
        Thread.sleep(2000);     // 延时 2000 毫秒
        c.start();              // 启动消费者线程
    } catch (IOException ioe) {
    } catch (InterruptedException ie) // 捕获 Thread.sleep()方法可能抛出的 InterruptedException 异常
    {
    }
}
}
```

编译并运行程序，结果如下：

读取管道数据：请准备接收信息……

10.5.7　StringReader 和 StringWriter 类

StringReader 类很简单，与 CharArrayReader 类相似，只不过它的数据源不是字符数组，而是字符串对象，这里不再赘述。

StringWriter 类用字符串缓冲区来存储字符输出，因此，在字符流的输出过程中，可以很方便地获取已经存储的字符串对象。它的构造方法如下：

```
public StringWriter()
public StringWriter(int initialSize)
```

第一个构造方法创建的输出流对象的存储区使用默认大小，第二个构造方法创建的使用指定的 initialSize 大小。

StringWriter 类提供的其他方法如下：

```
public void write(int c)
public void write(char[] cbuf,int off,int len)
public void write(String str)
public void write(String str,int off,int len)
public String toString()
public StringBuffer getBuffer()
public void flush()
public void close() throws IOException
```

10.6　本章小结

输入输出处理是应用程序设计过程中的重要内容，因此，几乎每一种程序设计语言都提供了相应的输入输出功能。本章详细介绍了 java.io 包中有关 I/O 处理和文件操作的相关类和方法。首先介绍了流的基本概念。然后介绍了文件的基本操作，包括 File 和 RandomAccessFile 类的使用。接下来，分别介绍了常用的字节流和字符流，包括 Java I/O 流顶层的 4 个抽象类 InputStream、OutputSteam、Reader 和 Writer，以及它们的子类。重点需要掌握的是文件到数据的 Java I/O 流数据链。需要指出：java.io 包给开发者提供强大输入输出功能的同时，本身的设计很好地体现了面向对象技术，其源码值得大家模仿和借鉴。通过本章的学习，读者应掌握 Java 的输入输出处理机制和常用的文件读写操作。

10.7　思考和练习

1. 以下哪一个为标准输出流类？（　　　）

(A) DataOutputStream (B) FilterOutputStream

(C) PrintStream (D) BufferedOutputStream

2. 将读取的内容处理后再进行输出，适合使用下面哪种流？（　　　）

(A) PipedStream (B) FilterStream

(C) FileStream (D) ObjectStream

3. DataInput 和 DataOutput 是处理哪一种流的接口？(　　)

(A) 文件流　　　　　　　　　　　(B) 字节流

(C) 字符流　　　　　　　　　　　(D) 对象流

4. 下面语句中正确的是(　　)。

(A) RandomAccessFile raf=new RandomAccesssFile("data.dat", "rw");

(B) RandomAccessFile raf=new RandomAccesssFile(new DataInputStream());

(C) RandomAccessFile raf=new RandomAccesssFile("data.dat");

(D) RandomAccessFile raf=new RandomAccesssFile(new File("data.dat"));

5. 以下不是 Reader 基类的直接派生子类的是(　　)。

(A) BufferedReader　　　　　　　(B) FilterReader

(C) FileReader　　　　　　　　　(D) PipedReader

6. 要测试文件是否存在，可以采用如下哪个方法？(　　)

(A) isFile()　　　　　　　　　　(B) isFiles()

(C) exist()　　　　　　　　　　(D) exists()

7. 在 Java 中，InputStream 和 OutputStream 是以_____为数据读写单位的输入输出流的基类，Reader 和 Writer 是以_____为数据读写单位的输入输出流的基类。

8. 想以字符方式对文件进行读写，可以通过 _____类和_____类来实现。

9. RandomAccessFile 类所实现的接口有_____和_____，调用它的_____方法可以移动文件位置指针，以实现随机访问。

10. 下面用字符流能成功拷贝的文件是哪个？(　　)

(A) java 基础自测题.doc　　　　(B) 学生考试答案.ppt

(C) Student.java　　　　　　　　(D) 学生信息表. xlsx

11. 下列对字符输入流类 Reader 的 read 方法的描述中错误的是(　　)。

(A) read 方法的返回值为 char 类型。

(B) read 方法的返回值为 int 类型。

(C) read 方法的返回值如果为-1，表示到达流的末尾。

(D) read(char[] cbuf)方法表示将读到的多个字符存入字符数组 cbuf 中。

12. 下列哪个流可以将多个文件的内容合并到一个文件中？(　　)

(A) SequenceOutputStream　　　(B) InputStreamReader

(C) SequenceInputStream　　　　(D) OutputStreamWriter

13. 简述 File 类的应用，它与 RandomAccessFile 类有何区别。

14. 编程实现文件内容的合并，将某个文件的内容写入另一个文件的末尾处。

15. 编写一个递归程序，列举某个目录下的所有文件以及子目录，要求同时列出它们的一些重要属性。

16. 编写程序，要求如下：

(1) 在当前目录下创建文件 students.dat。

(2) 录入一批同学的身份证号、姓名和高考总分到上述文件中。

(3) 提供查询第 n 位同学信息的功能。

(4) 提供删除第 n 位同学信息的功能。

(5) 提供随机录入功能，使新录入的同学信息可以插入到第 n 位同学之后。

∞ 第11章 ∞
图形用户界面开发

图形用户界面(GUI)是程序的一种图示界面。优秀的 GUI 通过给程序提供一致的外观和直观的控件(例如按钮、滑块、下拉列表和菜单等)，使得程序使用起来非常容易。在 Java 中，传统的 GUI 框架有两种：AWT 和 Swing。Swing GUI 是在较老的 AWT GUI 类基础上构建的，相对于 AWT GUI 来说，速度更快、效率更高，且应用灵活。本章将介绍传统 GUI 程序的组成和工作原理，重点介绍 AWT 组件集中的各类组件及其事件处理机制，并对 Swing 中常用的组件类进行简单介绍。

本章的学习目标：
- 了解图形用户界面的历史及其设计原则
- 掌握 AWT 组件集中的各类组件
- 理解 AWT 事件处理机制
- 学会编写常见事件处理程序
- 了解 Swing 组件集及其简单编程

11.1 GUI

图形用户界面(Graphical User Interface，GUI)大大方便了人机交互，是一种结合了计算机科学、美学、心理学、行为学以及各商业领域需求分析的人机系统工程，强调将人、机、环境三者作为一个系统进行总体设计。

11.1.1 GUI 概述

GUI 向用户提供了易于交互的工作界面，上面包含了按钮、下拉列表、菜单、文本字段等图形元素，对于用户来说，这些都是易于识别和操作的，因此用户能够将注意力集中于应用程序的功能上，而不用在执行操作的技巧上花费精力。

大家最熟悉的图形用户界面莫过于美国微软公司开发的 Windows 操作系统，有人评价微软公司对于 IT 产业最杰出的贡献有两项：图形用户界面技术和 Web 服务技术。但事实上，GUI 技术并不是微软首创的，早在 20 世纪 70 年代，施乐公司帕洛阿尔托研究中心就提出了图形用户界面这一概念，他们构建了 WIMP(也就是视窗、图标、菜单、点选器和下拉菜单)图形界面，并率先在施乐的一台实验性计算机上使用，而微软公司的第一个视窗版本操作系统 Windows 1.0 直到 1985 年才发布，并且是基于 Mac OS 的 GUI 进行设计的。

下面以时间为序，简单介绍一下与图形用户界面技术相关的一些历史。

1973 年，施乐公司帕洛阿尔托研究中心(Xerox PARC)最先提出了图形用户界面这一概念，并构建了 WIMP 图形界面。

- 1980 年出现的 Three Rivers Perq Graphical Workstation。
- 1981 年出现的 Xerox Star。
- 1983 年出现的 Visi On。Visi On 图形用户界面最初是一家公司为一个电子制表软件而设计的，这个电子制表软件就是具有传奇色彩的 VisiCalc，1983 年它首先引入了 PC 环境下的视窗和鼠标的概念，虽然先于"微软视窗"出现，但 Visi On 并没有成功研制出来。
- 1984 年苹果公司发布的 Macintosh。Macintosh 是首个成功使用 GUI 并将其用于商业用途的产品。从 1984 年开始，Macintosh 的 GUI 随着时间的推移一直在修改，在 System 7 中，做了一次重大升级。2001 年 Mac OS X 问世，这是最大规模的一次修改。
- 1985 年发布的第一个微软视窗版本操作系统 Windows 1.0，以及随后陆续推出的 Windows 2.0、Windows 3.0、Windows NT、Windows 95、Windows 98、Windows Me、Windows 2000、Windows XP、Windows 2003 Server 和 Windows Vista 等。

图形用户界面的开发通常要遵循一些设计原则，如下所示：

(1) 用户至上的原则。设计界面时一定要充分考虑用户的实际需要，使程序能真正吸引住用户，让用户觉得简单易用。

(2) 交互界面要友好。在程序与用户交互时，所弹出的对话框、提示栏等一定要美观，不要"吓到"用户。另外，能替用户做的事情，最好都在后台处理掉。切忌在不必要的时候弹出任何提示信息，否则可能会招致用户厌烦。

(3) 配色方案要合理。建议用柔和的色调，不用太刺眼的颜色，至于具体的色彩搭配，还得看设计者的水平，当然也可以参考现成的一些成熟产品(Windows 操作系统本身就是很好的范例)。

11.1.2 Java 中的 GUI

Java 自问世以来，一直在不断地演化和改进。Java 中的库也是如此，这种演化过程最重要的表现之一就是 GUI 框架。Java 最初的 GUI 框架是 AWT(Abstract Window Toolkit，抽象窗口工具包)，它是在 Java SDK 1.0 中引入的。由于 AWT 存在一些局限，后来又开发了功能强大的 GUI 框架——Swing。从 Java 2 开始，Swing 已成为标准 Java SDK 的一部分。Swing GUI 是在 AWT GUI 类基础上构建的。

Swing 比 AWT 速度更快、更具有灵活性。它取得了巨大的成功，以至于在超过 10 年的时间内，一直是 Java 中主要采用的 GUI 框架(在节奏飞快的编程世界中，10 年是非常长的一段时间)。但是，Swing 被设计出来时，企业级应用程序在软件开发中仍占据着统治地位。如今，消费类应用程序，尤其是移动应用，变得越来越重要，而这类应用程序往往要求 GUI 能有让人眼前一亮的地方。此外，无论开发什么样的应用程序类型，具有令人兴奋的视觉效果都是一种趋势。

用 Java 语言开发 GUI 程序，需要用到组件、容器、布局管理器和事件处理程序 4 种基本元素。

1. 组件

组件是构成 GUI 的基本元素，如按钮、标签、文本框、滚动条、复选框等，组件是 GUI 的最小单位之一，里面不再包含其他成分。通过使用组件可以完成与用户的交互，包括接收用户的命令，接收用户输入的文本或选择输入，向用户显示一段文本或图形等。从某种程度上讲，组件是图形用户界面标准化的结果，常用的组件有按钮、单选按钮、复选框、下拉列表、文本框、文本区域、标签和菜单等。

使用组件的主要步骤如下：

(1) 创建组件对象，指定其大小等属性。

(2) 使用某种布局策略，将组件对象加入某个容器中的指定位置。

(3) 将组件对象注册给它所能产生的事件对应的事件监听器，重载事件处理方法，实现利用组件对象与用户交互的功能。

2. 容器

容器是一种用于包含组件的对象，组件必须放到容器对象中。从 Java 的类层次上讲，容器也是一种组件，是一种可以包含其他组件的特殊组件。容器可以容纳其他组件和容器。常用的容器包括框架、窗口、面板等。

GUI 的所有组件必须安排在一个容器中。容器是一个类，其最终父类为 Container。本章后面要介绍的 JPanel 和 JFrame 就是容器类。JPanel 是一种非常简单的容器，组件可以附着在它的上面。它将组件从左到右、从上到下进行布局；JFrame 是一种较复杂的容器，它有边框和标题栏等属性。

3. 布局管理器

当把一些组件添加到一个容器中时，布局管理器将控制组件在容器中的位置。Java 提供了多种布局管理器，每一种布局管理器以不同的模式布局组件。当创建一个布局管理器时，它将自动与每一个容器相关联，程序员可以自由地改变容器的布局管理器类型。

4. 事件处理程序

如果用户在按钮上单击一下鼠标，或通过键盘输入一些信息，则程序必须以某种方式完成相应的动作。一次鼠标单击或一次键盘按键将创建一个事件对象。事件的处理是通过创建侦听器类实现的，侦听器类监听某种特定类型的事件，当这种事件发生时，通过执行一个特定的方法(称为事件处理程序)来处理该事件。

11.2　AWT 组件集

AWT 是 Java 的第一个 GUI 框架，它包含众多容器和组件类，用于创建窗口和简单控件。在实际 GUI 程序开发中，很少会完全使用 AWT 来创建 GUI 程序，因为针对 Java，已经开发出了更强大的 GUI 框架(Swing)。但是，即便如此，AWT 仍然是 Java 的重要组成部分，理解 AWT

仍然很重要，因为 Swing 构建于 AWT 之上，并且直接或间接地使用了 AWT 中的许多类。因此，要想高效使用 Swing，必须牢固掌握 AWT 类。另外，对于只使用极少 GUI 的一些小程序(特别是 Java Applet)，使用 AWT 仍然很合适。因此，虽然 AWT 是 Java 最老的 GUI 框架，但了解其基础知识仍然很重要。

　　AWT 由 JDK 的 java.awt 包提供，其中包含了许多可以用来建立图形用户界面(GUI)的类，一般称这些类为组件(component)，AWT 提供的这些图形用户界面基本组件可用于编写 Java Applet 或 Java 应用程序。AWT 常用组件的继承关系如图 11-1 所示。

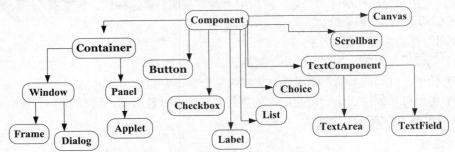

图 11-1　AWT 常用组件的继承关系

　　AWT 组件大致可以分为以下 3 类：

(1) 容器类组件。

(2) 布局类组件。

(3) 普通组件。

下面详细介绍这 3 类组件。

11.2.1　容器类组件

　　容器类组件由 Container 类派生而来，常用的有 Window 类型的 Frame 类和 Dialog 类，以及 Panel 类型的 Applet 类，如图 11-1 所示。这些容器类组件可以用来容纳其他普通组件或容器组件自身，起到组织用户界面的作用。通常一个程序的图形用户界面总是对应于一个总的容器组件，如 Frame，这个容器组件既可以直接容纳普通组件(如 Label、List、Scrollbar、Choice 和 Checkbox 等)，也可以容纳其他容器类组件，如 Panel 等，再在 Panel 容器上布置其他普通组件，照此即可设计出满足用户需求的界面来。容器类组件都有一定的范围和位置，并且它们的布局也从整体上决定了所容纳组件的位置。因此，在界面设计的初始阶段，首先要考虑的就是容器类组件的布局。

11.2.2　布局类组件

　　布局类组件本身是非可视组件，但它们却能很好地在容器中布置其他普通的可视组件。AWT 提供了 5 种基本的布局方式：FlowLayout、BorderLayout、GridLayout、GridBag Layout 和 CardLayout 等，它们均为 Object 类的子类。

　　这些布局类组件的布局方式不使用绝对坐标，即不采用传统的像素坐标来设定位置，这样可以使设计好的 UI 界面与平台无关，即程序在不同运行平台上都能保持同样的界面效果，这也是 Java 语言与平台无关的表现之一。下面具体介绍每一种布局方式的特点。

1. FlowLayout

FlowLayout 是最简单的一种布局方式，被容纳的可视组件将从左向右、从上至下依次排列，某一组件若在本行放置不下，就会自动排到下一行的开始处，此为 Panel 类和 Applet 类容器的默认布局方式。

【例 11-1】Java Applet 中的 FlowLayout 布局方式。

在 D:\workspace 目录中新建子文件夹"第 11 章"用来存放本章示例源程序，新建名为 Exam11_1.java 的源文件，输入如下测试代码：

```
import java.awt.*;
import java.applet.Applet;
public class Exam11_1 extends Applet {
    Button button1, button2, button3;
    public void init() {
        button1 = new Button("确认");
        button2 = new Button("取消");
        button3 = new Button("关闭");
        add(button1);
        add(button2);
        add(button3);
    }
}
```

在上述 Java Applet 中，利用 AWT 提供的可视组件 Button 创建了 3 个按钮，按钮上显示的文本分别为"确认""取消""关闭"，再通过 add 方法将这 3 个按钮添加至名为 myButtons 的 Applet 子类容器中。编写一个 HTML 页面，通过 appletviewer 查看运行效果，如图 11-2 所示。

值得注意的是，当用户手动改变窗口的尺寸时，界面也会随之相应改变。对于本例，当用户缩小窗口时，若按钮在一行放不下，就会自动排至下一行，如图 11-3 所示。

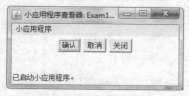

图 11-2　FlowLayout 布局效果　　　图 11-3　FlowLayout 换行显示效果

另外，对于其他容器类组件，如 Frame 或 Dialog，由于默认布局方式为 BorderLayout，因此，要在 Frame 或 Dialog 容器中使用 FlowLayout 布局方式，则需要调用 Container.setLayout 方法来进行相应的设置，如例 11-2 所示。

【例 11-2】在 Frame 容器中设置 FlowLayout 布局方式。

```
import java.awt.*;
public class Exam11_2 {
    public static void main(String[] args)
    {    Frame frame = new Frame();
```

```
        frame.setLayout(new FlowLayout( ));
        frame.add(new Button("第 1 个按钮"));
        frame.add(new Button("第 2 个按钮"));
        frame.add(new Button("第 3 个按钮"));
        frame.add(new Button("第 4 个按钮"));
        frame.add(new Button("第 5 个按钮"));
        frame.setSize(200,200);
        frame.setVisible(true);
    }
}
```

上述程序执行时的用户界面如图 11-4 所示。

FlowLayout 类的构造方法如下：

```
public FlowLayout();
public FlowLayout(int align);
public FlowLayout(int align, int horizontalGap, int verticalGap);
```

使用第一个构造方法创建的 FlowLayout 布局管理器时，布局的组件间保留了 5 像素的空间间隔，并且每行中的组件居中对齐；而使用第二个构造方法创建的 FlowLayout 布局管理器时，布局的组件间也保留 5 像素的间隔，但按照指定的布局方式对齐，有效的布局方式包括 FlowLayout.LEFT(左对齐)、FlowLayout.CENTER(居中对齐)、FlowLayout.RIGHT(右对齐)、FlowLayout.LEADING(上边沿对齐)和 FlowLayout.TRAILING(下边沿对齐)；第三个构造方法允许程序员指定每一行中组件的布局方式，以及组件间的水平和垂直间隔。本例中创建的 FlowLayout 布局管理器为居中对齐，这一点从图 11-4 中可以看出。假如要对图 11-4 中的按钮按居左方式进行排列的话，可以将 frame.setLayout(new FlowLayout());语句修改为 frame.setLayout(new FlowLayout(FlowLayout.LEFT));，界面效果如图 11-5 所示。

图 11-4　Frame 类容器的 FlowLayout 布局效果

图 11-5　居左的 FlowLayout 布局效果

当然，除了在构造方法中进行对齐方式的设置以外，也可以通过 setAlignment 方法来进行设置。

不过，读者可能会发现：上述程序执行后，单击窗体右上角的"关闭"图标按钮无法退出程序，怎么办呢？没有关系，在 frame.setVisible(true);语句前添加如下语句：

```
frame.addWindowListener( new WindowAdapter( ) {
    public void windowClosing(WindowEvent e)    {
        System.exit(0);
    }
}
);
```

并且在程序的最前面添加 import java.awt.event.*;语句以引入相应的包，现在再运行程序就可以轻松退出了。

本例中，如果去掉 frame.setLayout(new FlowLayout( )); 这条布局方式设置语句，则会呈现如图 11-6 所示的默认的 BorderLayout 布局。从图 11-6 中可以看出，一旦将布局设置语句去掉，即采用 Frame 类容器默认的 BorderLayout 布局方式，界面马上就发生了改变，为什么 BorderLayout 布局的效果是这样呢？下面就来介绍这种布局方式。

图 11-6　默认的 BorderLayout 布局

2. BorderLayout

BorderLayout 布局方式将容器划分为"东""西""南""北""中" 5 个区，分别为 BorderLayout.EAST 、 BorderLayout.WEST 、 BorderLayout.SOUTH 、 BorderLayout.NORTH 和 BorderLayout.CENTER，每个区可以摆放一个组件，因此最多可以在 BorderLayout 容器组件中放置 5 个子组件，前面已提到过，该布局方式是 Frame 或 Dialog 容器类组件的默认布局方式。同 FlowLayout 布局方式相同，如果要往容器组件中添加子组件，也需要调用 add 方法，不过 BorderLayout 布局的 add 方法多了一个参数，用来指明子组件的方位。若要在南边布置一个按钮，则可以使用如下任意一种代码：

```
add(BorderLayout.SOUTH, new Button("南边按钮"));
add(new Button("南边按钮"), BorderLayout.SOUTH);
add(new Button("南边按钮"), "South");
add("South", new Button("南边按钮"));
```

注意：
上面的方位字符串 South 不能写成 south，否则会出错。

当然，也可以不指出方位，这时就采用默认的 BorderLayout.CENTER 方位，显示效果如图 11-6 所示，由于每一个按钮的方位都是 BorderLayout.CENTER，因此后加入的按钮遮盖住了前面的按钮。由此可见，使用 BorderLayout 布局时，一般应给每个组件指明不同的方位。

【例 11-3】 在 Frame 容器的不同方位放置按钮组件。

```
import java.awt.*;
import java.awt.event.*;
public class Exam11_3{
    public static void main(String[] args) {
        Frame frame = new Frame();
        frame.add(new Button("第 1 个按钮"), "East");
        frame.add(BorderLayout.WEST,new Button("第 2 个按钮") );
        frame.add(new Button("第 3 个按钮"), BorderLayout.SOUTH);
        frame.add("North",new Button("第 4 个按钮"));
        frame.add(new Button("第 5 个按钮"));
        frame.setSize(300, 200);
        frame.addWindowListener(new WindowAdapter() {
            public void windowClosing(WindowEvent e) {
                System.exit(0);
```

```
            }
        });
        frame.setVisible(true);
    }
}
```

编译并运行程序，结果如图 11-7 所示。对于"东""西"向组件，它们会在容器的水平方向上进行延伸并占满；对于"南""北"向组件，它们会在垂直方向上进行延伸并占满；而居中的组件则占满剩下的区域。图 11-8 所示为仅添加"南""北""中" 3 个方位按钮的界面效果。

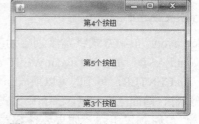

图 11-7　BorderLayout 布局效果　　　图 11-8　仅添加 3 个方位按钮的情况

此外，BorderLayout 布局允许在组件之间设置水平和垂直间距，间距同样以像素为单位。

3. GridLayout

GridLayout 布局将容器划分成行和列的网格，每个网格单元中可以放置一个组件，组件通过 add 方法按从上到下、从左至右的顺序加入网格的各个单元中。因此，在使用这种布局时，用户应该首先设计好排列位置，然后依次调用 add 方法进行添加。另外，在创建 GridLayout 布局组件时，需要指定网格的行数和列数，如下所示：

```
setLayout(new GridLayout(3, 3));
```

GridLayout 布局也允许在组件之间设置水平和垂直间距，间距同样以像素为单位。例如下面的语句可创建 6 行 6 列、水平和垂直间隔均为 10 像素的 GridLayout 布局对象：

```
setLayout(new GridLayout(6, 6, 10, 10));
```

【例 11-4】使用 GridLayout 布局。

```
import java.awt.*;
import java.awt.event.*;
public class Exam11_4    {
public static void main(String[] args) {
    Frame frame = new Frame();
    frame.setLayout(new GridLayout(3, 3, 6, 18));
    frame.add(new Button("第 1 个按钮"));
    frame.add(new Button("第 2 个按钮"));
    frame.add(new Button("第 3 个按钮"));
    frame.add(new Button("第 4 个按钮"));
    frame.add(new Button("第 5 个按钮"));
    frame.add(new Button("第 6 个按钮"));
    frame.add(new Button("第 7 个按钮"));
    frame.add(new Button("第 8 个按钮"));
```

```
        frame.add(new Button("第 9 个按钮"));
        frame.setSize(200, 200);
        frame.addWindowListener(new WindowAdapter() {
            public void windowClosing(WindowEvent e) {
                System.exit(0);
            }
        });
        frame.setVisible(true);
    }
}
```

编译并运行程序，界面如图 11-9 所示。

图 11-9　GridLayout 布局效果

4. GridBagLayout

GridBagLayout 是所有 AWT 布局管理方式中最复杂的，同时也是功能最强的一种布局方式，这主要是因为它提供了许多可设置参数，使得容器的布局方式可以得到准确的控制，尽管设置步骤相对复杂得多，但是只要理解了它的基本布局思想，就可以很容易使用 GridBagLayout 来进行界面设计了。

GridBagLayout 与 GridLayout 相似，都是在容器中以网格的形式布置组件，不过 GridBagLayout 布局方式的功能却要强大很多。首先，GridBagLayout 设置的所有行和列可以大小不同；其次，GridLayout 把每个组件都以同样的样式整齐地限制在各自的单元格中，而 GridBagLayout 允许不同组件在容器中占据不同大小的矩形区域。

GridBagLayout 通常使用一个专门的类来对布局行为进行约束，这个类就是 GridBagConstraints，该类的所有成员都是公共的，要掌握如何使用 GridBagLayout 布局，首先就要熟悉这些约束变量，以及如何设置这些约束变量。以下是 GridBagConstraints 类中常用的成员变量：

```
        public girdx              //组件所处位置的起始单元格列号
        public gridy              //组件所处位置的起始单元格行号
        public gridheight         //组件在垂直方向上占据的单元格个数
        public gridwidth          //组件在水平方向上占据的单元格个数
        public double weightx     //容器缩放时，单元格在水平方向上的缩放比例
        public double weighty     //容器缩放时，单元格在垂直方向上的缩放比例
        public int anchor         //当组件较小时指定其在网格中的起始位置
        public int fill           //当组件分布区域变大时指明是否缩放，以及如何缩放
        public Insets insets      //组件与外部分布区域边缘的间距
        public int ipadx          //组件在水平方向上的内部缩进
        public int ipady          //组件在垂直方向上的内部缩进
```

当把 gridx 的值设置为 GridBagConstriants.RELETIVE 时，添加的组件将被放置在前一个组件的右侧。同理，当把 gridy 的值设置为 GridBagConstraints.RELETIVE 时，添加的组件将被放置在前一个组件的下方，这种方式根据前一个组件来决定当前组件的相对位置，对 gridwidth 和 gridheight 也可以采用 GridBagConstraints.REMAINDER 方式，此时，创建的组件会从创建的起点位置开始一直延伸到容器所能允许的范围为止。该功能使得用户可以创建跨越某些行或列的组件，从而控制相应方向上组件的数量。weightx 和 weighty 用来控制在容器变形时，单元格本身如何缩放，这两个成员变量都是浮点型，描述了每个单元格在拉伸时横向或纵向的分配比例。当组件在横向或纵向上小于分配到的单元格面积时，anchor 成员变量就会起作用，在这种情况下，anchor将决定组件如何在可用的空间中进行对齐，默认情况下组件会固定在单元格的中心，而周围均匀分布多余空间，用户也可以指定其他对齐方式，包括下面的几种：

```
GridBagConstraints.NORTH
GridBagConstraints.SOUTH
GridBagConstraints.NORTHWEST
GridBagConstraints.SOUTHWEST
GridBagConstraints.SOUTHEAST
GridBagConstraints.NORTHEAST
GridBagConstraints.EAST
GridBagConstraints.WEST
```

weightx 和 weighty 控制的是容器增长时单元格缩放的程度，但它们对各个单元格中的组件并没有直接的影响。实际上，当容器变形时，容器的所有单元格都增长了，而网格内的组件并没有相应增长，这是因为在所分配的单元格内部，组件的增长是由 GridBagConstraints 对象的fill 成员变量控制的，它可以有如下取值：

```
GridBagConstraints.NONE            //不增长
GridBagConstraints.HORIZONTAL    //只横向增长
GridBagConstraints.VERTICAL      //只纵向增长
GridBagConstraints.BOTH          //双向增长
```

当创建一个 GridBagConstraints 对象时，其 fill 值默认为 NONE，所以在单元格增长时，单元格内部的组件并不会增长。另外，insets 可以用来调整组件周围的空间大小，而 ipadx 和 ipady则在对容器进行 GridBagLayout 布局时，把每个组件的最小尺寸作为如何分配空间的约束条件来考虑。如果一个按钮的最小尺寸是 20 像素宽、15 像素高，但在相关联的约束对象中，ipadx为 3，ipady 为 2，那么按钮的最小尺寸将会变为横向 26 像素、纵向 19 像素。

至于其他设置的说明，这里不再赘述，请读者自行参考 JDK 相关文档。需要说明的是，上述约束变量一经设置后，就对后面添加的所有组件生效，直到下一次修改设置为止。

【例 11-5】GridBagLayout 布局示例 1。

```
import java.awt.*;
import java.awt.event.*;
public class Exam11_5 extends Panel {
private Panel panel1 = new Panel();
private Panel panel2 = new Panel();
public Exam11_5() {
    panel1.setLayout(new GridLayout(3, 1));
```

```
        panel1.add(new Button("1"));
        panel1.add(new Button("2"));
        panel1.add(new Button("3"));
        panel2.setLayout(new GridLayout(3, 1));
        panel2.add(new Button("a"));
        panel2.add(new Button("b"));
        setLayout(new GridBagLayout());
        GridBagConstraints c = new GridBagConstraints();
        c.gridx = 0;
        c.gridy = 0;
        add(new Button("上左"), c);
        c.gridx = 1;
        add(new Button("上中"), c);
        c.gridx = 2;
        add(new Button("上右"), c);
        c.gridx = 0;
        c.gridy = 1;
        add(new Button("中左"), c);
        c.gridx = 1;
        add(panel1, c);
        c.gridy = 2;
        add(new Button("中下"), c);
        c.gridx = 2;
        add(panel2, c);
    }
    public static void main(String args[]) {
        Frame f = new Frame("GridBagLayout 布局");
        f.add(new Exam11_5());
        f.pack();
        f.addWindowListener(new WindowAdapter() {
            public void windowClosing(WindowEvent e) {
                System.exit(0);
            }
        });
        f.setVisible(true);
    }
}
```

编译并运行程序，界面如图 11-10 所示。

【例 11-6】GridBagLayout 布局示例 2。

```
import java.awt.*;
import java.awt.event.*;
public class Exam11_6 extends Frame {
protected void makebutton(String name, GridBagLayout gridbag,
GridBagConstraints c) {
```

图 11-10 GridBagLayout 布局效果 1

```
            Button btn = new Button(name);
            gridbag.setConstraints(btn, c);
            add(btn);
    }
    public Exam11_6() {
            super("GridBagLayout 布局管理");
            GridBagLayout gridbag = new GridBagLayout();
            GridBagConstraints gbconstraint = new GridBagConstraints();
            setFont(new Font("SansSerif", Font.PLAIN, 14));
            setLayout(gridbag);
            gbconstraint.fill = GridBagConstraints.BOTH;
            gbconstraint.weightx = 1.0;
            makebutton("按钮 1", gridbag, gbconstraint);
            makebutton("按钮 2", gridbag, gbconstraint);
            makebutton("按钮 3", gridbag, gbconstraint);
            gbconstraint.gridwidth = GridBagConstraints.REMAINDER;
            makebutton("按钮 4", gridbag, gbconstraint);
            gbconstraint.weightx = 0.0;
            makebutton("按钮 5", gridbag, gbconstraint);
            gbconstraint.gridwidth = GridBagConstraints.RELATIVE;
            makebutton("按钮 6", gridbag, gbconstraint);
            gbconstraint.gridwidth = GridBagConstraints.REMAINDER;
            makebutton("按钮 7", gridbag, gbconstraint);
            gbconstraint.gridwidth = 1;
            gbconstraint.gridheight = 2;
            gbconstraint.weighty = 1.0;
            makebutton("按钮 8", gridbag, gbconstraint);
            gbconstraint.weighty = 0.0;
            gbconstraint.gridwidth = GridBagConstraints.REMAINDER;
            gbconstraint.gridheight = 1;
            makebutton("按钮 9", gridbag, gbconstraint);
            makebutton("按钮 10", gridbag, gbconstraint);
            setSize(300, 180);
            addWindowListener(new WindowAdapter() {
                    public void windowClosing(WindowEvent e) {
                            System.exit(0);
                    }
            });
    }
    public static void main(String args[]) {
            Exam11_6 f = new Exam11_6();
            f.setVisible(true);
    }
}
```

编译并运行程序，界面如图 11-11 所示。

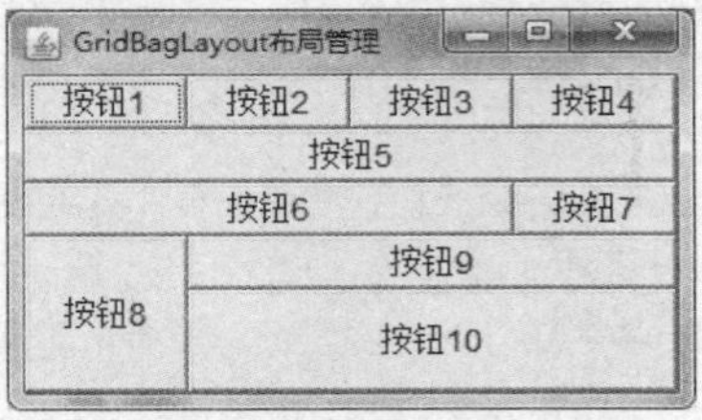

图 11-11　GridBagLayout 布局效果 2

5. CardLayout

CardLayout 布局将组件(通常是 Panel 类的容器组件)像扑克牌(卡片)一样摞起来，每次只能显示其中的一张，从而实现了分页的效果，每一页都可以有各自的界面，这就相当于扩展了原本有限的屏幕区域。

CardLayout 布局组件提供了以下方法来对各个 Card 页面进行切换。

```
public void first (Container parent)          //显示第一张卡片
public void next (Container parent)           //显示下一张卡片
public void previous (Container parent)       //显示上一张卡片
public void show (Container parent，String name)   //显示指定卡片
public void last (Container parent)           //显示最后一张卡片
```

【例 11-7】CardLayout 布局示例。

```java
import java.awt.*;
import java.awt.event.*;
public class Exam11_7 {
public static void main(String[] args) throws InterruptedException {
    Frame frame = new Frame();
    CardLayout cardLayout = new CardLayout();
    frame.setLayout(cardLayout);
    Panel p = new Panel();
    Button a = new Button("换页");
    Button b = new Button("上一页");
    Button c = new Button("下一页");
    Button d = new Button("首页");
    p.add(b);p.add(c);
    frame.add("第 1 页", a);
    frame.add("第 2 页", p);
    frame.add("第 3 页", d);
    frame.setSize(200, 150);
    frame.setVisible(true);
    a.addMouseListener(new MouseAdapter() {//处理鼠标事件，显示弹出式菜单
        public void mouseClicked(MouseEvent me) {
            cardLayout.show(frame, "第 2 页");
        }
    });
    b.addMouseListener(new MouseAdapter() {//处理鼠标事件，显示弹出式菜单
```

```
                public void mouseClicked(MouseEvent me) {
                        cardLayout.previous(frame);
                }
        });
        c.addMouseListener(new MouseAdapter() {//处理鼠标事件，显示弹出式菜单
                public void mouseClicked(MouseEvent me) {
                        cardLayout.next(frame);
                }
        });
        d.addMouseListener(new MouseAdapter() {//处理鼠标事件，显示弹出式菜单
                public void mouseClicked(MouseEvent me) {
                        cardLayout.first(frame);
                }
        });
        frame.addWindowListener(new WindowAdapter() {
                public void windowClosing(WindowEvent e) {
                        System.exit(0);
                }
        });
    }
}
```

本例中共有 3 页，首先显示第 1 页，单击"换页"按钮将通过调用 cardLayout.show(frame," 第 2 页");显示第 2 页，其中包括"上一页"和"下一页"两个按钮，单击相应的按钮可以切换到 其他页，第 3 页包含"首页"按钮，单击该按钮将返回第 1 页。读者可亲自上机实践，体会一下 这种卡片布局方式。

本例借助事件(用鼠标单击按钮)处理来实现翻页功能。事实上，事件处理在图形用户界面 设计中占据非常重要的地位，图形界面中各元素的设计功能以及界面的变换都需要依靠事件处 理来实现。关于事件处理的相关知识，将在 11.2.4 节进行详细介绍。

11.2.3　普通组件

AWT 提供了一系列的普通组件以构建图形界面，主要包括标签、文本框、文本域、按钮、复 选框、单选框、列表框、下拉框、滚动条和菜单等。下面分别对这些普通组件进行逐一介绍。

1. 标签

标签是很简单的一种组件，一般用来显示标识性的文本信息，经常被放置于其他组件的旁 边起提示作用。AWT 提供的标签类为 Label，因此，可以通过创建 Label 对象来使用标签。Label 类的构造方法如下：

```
Label()                      //构造一个不显示任何信息的标签
Label(String text)           //构造一个显示 text 信息的标签
Label(String text, int alignment) //构造一个显示 text 信息的标签，并指定其对齐方式
```

Label 对象的对齐方式有 Label.LEFT、Label.CENTER 和 Label.RIGHT，分别代表左对齐、 居中对齐和右对齐。

Label 类提供的方法较少，主要有如下几个：

```
public String getText()        //获取 Label 对象的当前文本
public void setText()          //设置 Label 对象的显示文本
public int getAlignment()      //返回 Label 对象的对齐方式
public void setAlignment()     //设置 Label 对象的对齐方式
```

标签同样是通过调用容器类组件提供的 add 方法加入界面中的，例如：

```
Frame frame = new Frame();
frame.add(new Label("我是标签控件"));
```

2. 文本框

文本框是图形用户界面中常用于接收用户输入或程序输出的一种组件，它只允许输入或显示单行文本信息，并且用户还可以限定文本框的宽度。AWT 提供的文本框类为 TextField，它直接继承自 TextComponent 类，而 TextComponent 类则从 Component 类继承而来，这点从图 11-1 也可以看出。TextField 类提供了以下构造方法：

```
public TextField()                          //创建一个 TextField 文本框对象
public TextField(int columns)               //创建一个限定宽度的 TextField 文本框对象
public TextField(String text)               //创建一个带有初始文本的 TextField 文本框对象
public TextField(String text, int columns)  //创建一个限定宽度且有初始文本的 TextField 文本框对象
```

TextField 类的常用方法有如下几个：

```
public String getText()             //获取文本框中输入的文本
public String getSelectedText()     //获取文本框中选中的文本
public boolean isEditable()         //返回文本框是否可输入
public void setEditable(boolean b)  //设置文本框的状态：可输入或不可输入
public int getColumns()             //获取文本框的宽度
public void setColumns(int columns) //设置文本框的宽度
public void setText(String t)       //设置文本框中的文本为字符串 t
```

其中前 4 个方法是从父类 TextComponent 继承而来的。

3. 文本域

文本域也是用来接收用户输入或显示程序输出的，不过与文本框不同的是，文本域允许进行多行输入或输出，因此，它一般用于处理大量文本的情况。AWT 提供的文本域类为 TextArea，它也是从 TextComponent 类继承而来的。TextArea 类的构造方法如下：

```
public TextArea()                        //创建文本域对象
public TextArea(int rows, int columns)   //创建 rows 行 columns 列的 TextArea 文本域对象
public TextArea(String text)             //创建初始文本为 text 的 TextArea 文本域对象
public TextArea(String text, int rows, int columns) /*创建 rows 行 columns 列且初始文本为 text 的 TextArea 文本域对象*/
public TextArea(String text, int rows, int columns, int scrollbars)/*创建初始文本为 text 的 rows 行 columns 列 TextArea 文本域对象，滚动条的可见性由 scrollbars 决定，取值可以为 SCROLLBARS_BOTH(带水平和垂直滚动条)、SCROLLBARS_VERTICAL_ONLY(带垂直滚动条)、SCROLLBARS_HORIZONTAL_ONLY(带水平滚动条)和 SCROLLBARS_NONE(不带滚动条)*/
```

TextArea 类的常用方法如下：

```
public String getText()                //获取文本域中输入的文本
public String getSelectedText()        //获取文本域中选中的文本
public boolean isEditable()            //返回文本域是否可输入
public void setEditable(boolean b)     //设置文本域的状态：可输入或不可输入
public void append(String str)         //在原文本后插入 str 文本
public void replaceRange(String str,int start,int end)   //将 start 与 end 位置的原文本替换为 str 文本
public int getRows()                   //获取文本域对象的行数设置
public void setRows(int rows)          //设置文本域对象的行数
public int getColumns()                //获取文本域对象的列数设置
public void setColumns(int columns)    //设置文本域对象的列数
public int getScrollbarVisibility()    //获取文本域对象中滚动条的可见性
```

4. 按钮

按钮在前面讲布局方式时已经接触过，主要用于接收用户输入(如鼠标单击或双击等)并完成特定的功能，在 11.2.4 节还会进一步介绍，这里先了解一下按钮组件的基本情况。AWT 提供的按钮类为 Button，该类的构造方法有两个：

```
public Button()                //创建 Button 按钮对象
public Button(String label)    //创建带有 label 文本标识的 Button 按钮对象
```

Button 类的常用方法如下：

```
public String getLabel()       //获取按钮的文本标识
public void setLabel(String label)  //设置按钮的文本标识
```

5. 复选框

复选框也是图形用户界面上用于接收用户输入的一种快捷方式，一般是在界面上提供多个复选框，用户根据实际情况，可以多选，也可以单选或不选。AWT 提供的复选框类为 Checkbox，复选框类似于具有开关的按钮，用户单击选中，再单击则取消选中。Checkbox 类的构造方法如下：

```
public Checkbox()                              //创建 Checkbox 类对象
public Checkbox(String label)                  //创建带文本标识的 Checkbox 类对象
public Checkbox(String label, boolean state)   //创建带文本标识和初始状态的 Checkbox 类对象
```

Checkbox 的常用方法如下：

```
public String getLabel()       //获取标识文本信息
public void setLabel(String label)   //设置标识文本信息
public boolean getState()      //获取 Checkbox 的状态：选中或未选中
public void setState(boolean state)  //设置 Checkbox 的状态为选中或未选中
```

6. 单选框

有时候，程序界面可能给用户提供多个选项，但是只允许用户选择其中的一个，这就要用到单选框了。单选框是从上面的复选框衍生而来的，也采用 Checkbox 作为组件类，不过为了实现单选效果，还需要另外一个组件类 CheckboxGroup，当把 Checkbox 对象添加进某个CheckboxGroup 对象后，它就成了单选框。为此，Checkbox 类提供了对应的构造方法：

```
public Checkbox(String label, boolean state, CheckboxGroup group)
```

```
public Checkbox(String label, CheckboxGroup group, boolean state)
```

使用上述构造方法可创建带有 label 标识、初始状态为 state 以及属于 group 的 Checkbox 对象，此时的 Checkbox 对象不再是复选框，而是单选框。

CheckboxGroup 类的常用方法如下：

```
public Checkbox getSelectedCheckbox()           //获取选中的单选框
public void setSelectedCheckbox(Checkbox box)   //设置选中的单选框
```

此外，Checkbox 类针对单选框，还提供了如下两个常用方法：

```
public CheckboxGroup getCheckboxGroup()              //获取单选框所属的 group 信息
public void setCheckboxGroup(CheckboxGroup group)    //设置单选框属于某个 group
```

【例 11-8】普通组件示例 1。

```
import java.awt.*;
import java.awt.event.*;
public class Exam11_8 {
public static void main(String[] args) throws InterruptedException {
    Frame frame = new Frame();
    Panel pNorth = new Panel();
    pNorth.add(new Label("姓名"));
    pNorth.add(new TextField(10));
    Panel pSouth = new Panel();
    pSouth.add(new Button("确认"));
    pSouth.add(new Button("取消"));
    Panel pEast = new Panel();
    pEast.add(new TextArea(3, 7));
    pEast.add(new TextArea("清华大学出版社", 5, 10));
    Panel pWest = new Panel();
    pWest.add(new TextField("北京"));

    pWest.add(new TextField("南京", 10));
    Panel pCenter = new Panel();
    pCenter.add(new Label("请选出您喜欢的游戏"));
    pCenter.add(new Checkbox("跳绳", true));
    pCenter.add(new Checkbox("捉迷藏", true));
    pCenter.add(new Checkbox("三国杀", false));
    pCenter.add(new Checkbox("篮球", false));
    CheckboxGroup c = new CheckboxGroup();
    Checkbox Checkbox1 = new Checkbox("西瓜", false, c);
    Checkbox Checkbox2 = new Checkbox("苹果", true, c);
    Checkbox Checkbox3 = new Checkbox("香蕉", false, c);
    Checkbox Checkbox4 = new Checkbox("菠萝", false, c);
    Checkbox Checkbox5 = new Checkbox("柠檬", false, c);
    pCenter.add(new Label("请选出您最喜欢的水果"));
    pCenter.add(Checkbox1);
    pCenter.add(Checkbox2);
    pCenter.add(Checkbox3);
    pCenter.add(Checkbox4);
```

```
        pCenter.add(Checkbox5);
        pNorth.setPreferredSize(new Dimension(0, 50));
        pSouth.setPreferredSize(new Dimension(0, 50));
        pWest.setPreferredSize(new Dimension(100, 0));
        pEast.setPreferredSize(new Dimension(100, 0));
        frame.add(pNorth, "North");
        frame.add(pSouth, BorderLayout.SOUTH);
        frame.add("East", pEast);
        frame.add(BorderLayout.WEST, pWest);
        frame.add(pCenter);
        frame.setSize(400, 300);
        frame.setVisible(true);
        frame.addWindowListener(new WindowAdapter() {
            public void windowClosing(WindowEvent e) {
                System.exit(0);
            }
        });
    }
}
```

本例使用 BorderLayout 布局，在"东""西""南" "北""中"5 个方位各放置一个 Panel 对象，在每个 Panel 对象上放置不同的普通组件。编译并运行程序，界面如图 11-12 所示。

细心的读者可能会发现，上述程序只是使用构造方法和布局创建了一些普通组件，并没有调用其他的常用方法。这里顺便交代一下，关于组件的常用方法的调用将在 11.2.4 节进行介绍，因为组件的方法通常是在事件处理中被调用的。

图 11-12 普通组件示例 1

7. 列表框

列表框看起来像文本域，可以有多行，每一行文本代表一个选项，文本域多为用户编辑使用，而列表框多用于给用户提供几个选项进行选择，可以多选，也可以单选。AWT 提供的列表框类为 List，它直接继承自 Component 类，List 类的构造方法如下：

```
public List()                              //创建列表框 List 对象
public List(int rows)                      //创建允许容纳 rows 个选项的列表框 List 对象
public List(int rows, boolean multipleMode)
//创建允许容纳 rows 个选项的列表框 List 对象，并指明是否允许用户多选
```

List 类的常用方法如下：

```
public void add(String item)                      //往 List 对象中添加 item 选项
public void add(String item,int index)            //往 List 对象的 index 位置插入 item 选项
public void replaceItem(String newValue,int index)   //用 newValue 替换 index 位置的选项
public void removeAll()                            //删除 List 对象中的所有选项
public void remove(String item)                    //删除 List 对象中的 item 选项
```

```
public void remove(int position)          //删除 List 对象中 position 位置的选项
public int getSelectedIndex()              //获取被选中选项的位置，-1 代表没有选中项
public int[] getSelectedIndexes()          //获取被选中项的位置，数组长度为 0 代表无选中项
public String getSelectedItem()            //获取选中项的文本信息
public String[] getSelectedItems()         //获取选中项的文本数组
public void select(int index)              //选中 index 位置的选项
public void deselect(int index)            //不选中 index 位置的选项
public boolean isIndexSelected(int index)  //判断 index 位置的选项是否被选中
public int getRows()                       //获取 List 对象的选项个数
public boolean isMultipleMode()            //判断是否支持多选模式
public void setMultipleMode(boolean b)     //设置是否支持多选模式
```

以上方法可用来对 List 对象进行各种各样的操作，以支持列表框功能。

8. 下拉框

下拉框可提供一些选项供用户选择，每次只能选择一项，选中的选项会被单独显示出来。要改变选项，可以单击组件边上的箭头，再从下拉框中进行选择。下拉框相比列表框占据的界面区域较小。AWT 提供的下拉框类为 Choice，它直接继承自 Component 类，构造方法只有一个，如下所示：

```
public Choice()          //创建下拉框对象
```

Choice 类的常用方法如下：

```
public void add(String item)             //添加选项
public void insert(String item,int index) //在 index 位置插入选项
public void remove(String item)          //删除 item 选项
public void remove(int position)         //删除 position 位置的选项
public void removeAll()                  //删除所有选项
public String getSelectedItem()          //获取选中选项
public int getSelectedIndex()            //获取选中选项的序号
public void select(int pos)              //选中 pos 位置的选项
public void select(String str)           //选中 str 选项
```

9. 滚动条

滚动条也是图形用户界面中常见的组件之一，它既可以用作取值器，也可以用来滚动显示某些较长的文本信息。AWT 提供的滚动条类为 Scrollbar，它也是直接从 Component 类继承而来的，其构造方法如下：

```
public Scrollbar()                       //创建滚动条对象
public Scrollbar(int orientation)        //创建指定方位的滚动条对象
public Scrollbar(int orientation, int value, int visible, int minimum, int maximum)
//创建带有方位、初始值、可见量、最小值和最大值的滚动条对象
```

其中，orientation 代表方位，可以取值为 HORIZONTAL、VERTICAL 或 NO_ORIENTATION，而可见量主要用于滚动显示某些较长的文本信息。

Scrollbar 类的常用方法如下：

```
public int getMaximum()                  //获取滚动条对象的最大取值
public void setMaximum(int newMaximum)   //设置滚动条对象的最大取值
public int getVisibleAmount()            //获取可见量
```

```
public void setVisibleAmount(int newAmount)    //设置可见量
public void setValues(int value,int visible,int minimum,int maximum)    //设置各个参数值
```

【例 11-9】普通组件示例 2。

```
import java.awt.*;
import java.awt.event.*;
public class Exam11_9 {
public static void main(String[] args) throws InterruptedException {
     Frame frame = new Frame();
     Panel pWest = new Panel();
     pWest.add(new Label("请从列表框中选择项目"));
     List list = new List(5, true);
     list.add("篮球");
     list.add("足球");
     list.add("跳水");
     list.add("跨栏");
     list.add("体操");
     pWest.add(list);
     Panel pCenter = new Panel();
     pCenter.add(new Label("请从下拉框中选择项目"));
     Choice choice = new Choice();
     choice.add("篮球");
     choice.add("足球");
     choice.add("跳水");
     choice.add("跨栏");
     choice.add("体操");
     choice.add("乒乓球");
     choice.add("游泳");
     choice.add("射击");
     pCenter.add(choice);
     Panel pEast = new Panel();
     pEast.add(new Label("下面是三个滚动条组件"));
     pEast.add(new Scrollbar(Scrollbar.HORIZONTAL, 0, 1, 0, 255));
     pEast.add(new Scrollbar(Scrollbar.HORIZONTAL, 100, 1, 0, 255));
     pEast.add(new Scrollbar(Scrollbar.VERTICAL, 250, 1, 0, 255));
     pWest.setPreferredSize(new Dimension(150, 0));
     pEast.setPreferredSize(new Dimension(150, 0));
     frame.add("East", pEast);
     frame.add(BorderLayout.WEST, pWest);
     frame.add(pCenter);
     frame.setSize(450, 180);
     frame.setVisible(true);
     frame.addWindowListener(new WindowAdapter() {
          public void windowClosing(WindowEvent e) {
               System.exit(0);
          }
     });
```

```
        }
    }
```

本例中的 BorderLayout 布局只有"东""西""中"三个方位，程序运行界面如图 11-13 所示。

10. 菜单

菜单也是图形用户界面中常见的组件之一，通过菜单的形式可以将系统的各种功能以直观的方式展现出来，供用户选择，大大方便了用户与系统的交互。菜单相比其他组件来说比较特殊，它是由几个菜单相关类共同构成的菜单系统。AWT 提供的菜单系统类包括 MenuBar、MenuItem、Menu、CheckboxMenuItem 以及 PopupMenu。它们之间的继承关系如图 11-14 所示。从图 11-14 中可以看出，菜单系统比较特殊，它们不是从 Component 类继承而来的，而是从 MenuComponent 类继承而来的。

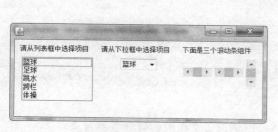

图 11-13　普通组件示例 2

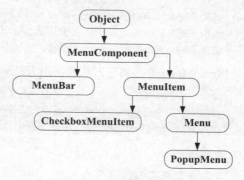

图 11-14　菜单系统继承关系图

MenuBar 类对应菜单系统整体，Menu 类对应菜单系统中的一列菜单(实际上只是一种特殊的菜单项)，MenuItem 和 CheckboxMenuItem 类则对应具体的菜单项。其中，CheckboxMenuItem 为带复选框的菜单项，而 PopupMenu 类对应弹出式快捷菜单，它是 Menu 类的子类。

MenuBar 类的构造方法和常用方法如下：

```
public MenuBar()              //创建 MenuBar 对象
public Menu add(Menu m)       //添加菜单 m
public void remove(int index) //删除 index 位置的菜单
public void remove(MenuComponent m)  //删除菜单 m
public int getMenuCount()     //获取菜单数
public Menu getMenu(int i)    //获取序号为 i 的菜单
```

MenuItem 类的构造方法和常用方法如下：

```
public MenuItem()             //创建 MenuItem 菜单项
public MenuItem(String label) //创建带 label 标识的 MenuItem 菜单项
public MenuItem(String label,MenuShortcut s) //创建带 label 标识和快捷方式的 MenuItem 菜单项
public String getLabel()      //获取 MenuItem 菜单项的 label 标识
public void setLabel(String label)  //设置 MenuItem 菜单项的 label 标识
public boolean isEnabled()    //判断 MenuItem 菜单项是否可用
public void setEnabled(boolean b) //设置 MenuItem 菜单项是否可用
```

Menu 类的构造方法和常用方法如下：

```
public Menu()              //创建菜单
public Menu(String label)     //创建带 label 标识的菜单
public int getItemCount()       //获取菜单项的数量
public MenuItem getItem(int index)   //获取 index 位置的菜单项
public MenuItem add(MenuItem mi)    //给菜单添加 mi 菜单项
public void add(String label)          //同上，这是更方便的做法
public void insert(MenuItem menuitem,int index) //在菜单的 index 位置插入一个菜单项
public void insert(String label,int index)   //同上，这是更方便的做法
public void remove(int index)            //删除 index 位置的菜单项
public void removeAll()                //删除本菜单的所有菜单项
```

CheckboxMenuItem 类的构造方法和常用方法有：

```
public CheckboxMenuItem()              //创建带复选框的菜单项
public CheckboxMenuItem(String label)   //创建带复选框和 label 标识的菜单项
public CheckboxMenuItem(String label,boolean state) //创建带复选框、label 标识和初始状态的菜单项
public boolean getState()          //获取带复选框的菜单项的当前状态
public void setState(boolean b)     //设置带复选框的菜单项的当前状态
```

PopupMenu 类的构造方法和常用方法有：

```
public PopupMenu()              //创建弹出式菜单对象
public PopupMenu(String label)    //创建带标识的弹出式菜单对象
public void show(Component origin,int x,int y)   //在 origin 组件的(x,y)坐标处显示弹出式菜单
```

注意：

由于各个类之间存在继承关系，因此子类可以调用父类提供的部分常用方法。

菜单系统创建好后，必须调用 Frame 类的 setMenuBar 方法才能加入框架界面中。

【例 11-10】菜单组件。

```java
import java.awt.*;
import java.awt.event.*;
public class Exam11_10 extends Frame {
String[] operations = { "撤销", "重做", "剪切", "复制", "粘贴" };
MenuBar mb1 = new MenuBar();
Menu f = new Menu("文件");
Menu m = new Menu("编辑");
Menu s = new Menu("特殊功能");
CheckboxMenuItem[] specials = { new CheckboxMenuItem("插入文件"),
                            new CheckboxMenuItem("删除活动文件") };
MenuItem[] file = { new MenuItem("新建"), new MenuItem("打开"),
                new MenuItem("保存"), new MenuItem("关闭") };
public Exam11_10() {
    for (int i = 0; i < operations.length; i++)
        m.add(new MenuItem(operations[i]));
    for (int i = 0; i < specials.length; i++)
        s.add(specials[i]);
    for (int i = 0; i < file.length; i++) {
        f.add(file[i]);
```

```
            // 每 3 个菜单项添加一条间隔线
            if ((i + 1) % 3 == 0)
                    f.addSeparator();
        }
        f.add(s);
        mb1.add(f);
        mb1.add(m);
        setMenuBar(mb1);
        addWindowListener(new WindowAdapter() {
            public void windowClosing(WindowEvent e) {
                System.exit(0);
            }
        });
    }
    public static void main(String[] args) {
        Exam11_10 f = new Exam11_10();
        f.setSize(300, 200);
        f.setVisible(true);
    }
}
```

本例创建了一个简单的菜单系统，编译并运行程序，菜单界面如图 11-15 所示。

图 11-15　菜单组件示例

11.2.4　事件处理

前面已经介绍了很多的图形用户界面组件，有可见的，也有不可见的，有容器类的，也有非容器类的(即普通组件)。你已经知道了这些组件的常用方法，怎么调用它们来实现相应的功能呢？大多数方法都是在事件处理过程中进行调用的，下面介绍 AWT 提供的事件处理机制。

在早先的 JDK 1.0 版本中，提供的是称为层次事件模型的事件处理机制。在层次事件模型中，事件发生后，首先传递给直接相关的组件，该组件可以对事件进行处理，也可以忽略事件不处理。如果组件没有对事件进行处理，则 AWT 事件处理系统会将事件继续向上传递给组件所在的容器。同样，容器可以对事件进行处理，也可以忽略不处理。如果事件又被忽略，则 AWT 事件处理系统会将事件继续向上传递，依此类推，直到事件被处理，或是已经传到顶层容器为止。这种基于层次事件模型的事件处理机制由于效率不高，因此在 JDK 1.1 以后的版本中便被基于事件监听模型的事件处理机制替代了，这种机制的示意图如图 11-16 所示。基于事件处理机制的处理效率相比层次事件模型大为提高。

基于事件监听模型的事件处理会将一个事件源授权到一个或多个事件监听器，组件作为事件源可以触发事件，通过addXxxListener方法向组件注册监听器。一个组件可以注册多个监听器，如果组件触发相应类型的事件，事件就会被传送给已注册的监听器，事件监听器通过调用相应的实现方法来负责处理事件。

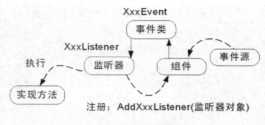

图11-16　事件监听模型示意图

提示：

事件监听器的方法实现中通常都会调用前面介绍过的组件类的常用方法，从而对组件属性做出改变。

1. 事件类及监听接口

AWT提供了很多事件类及对应的监听器(接口)，它们都被放置到JDK的java.awt.event包中，下面介绍几个常用的事件类及对应的监听接口。

- ActionEvent类

该类表示广义的行为事件，可以是使用鼠标单击按钮或菜单，也可以是列表框中的某个选项被双击或者文本框中的回车行为。ActionEvent类对应的监听器为ActionListener接口，该接口只有一个抽象方法：

```
public abstract void actionPerformed(ActionEvent actionevent);
```

注册该监听器需要调用组件的addActionListener方法，撤销则需要调用组件的removeActionListener方法。

- KeyEvent类

当用户按下或释放按键时产生该类事件,也称键盘事件。对应的监听器为KeyListener接口，该接口定义了3个抽象方法：

```
public abstract void keyTyped(KeyEvent keyevent);        // 字符被输入
public abstract void keyPressed(KeyEvent keyevent);      // 某个键被按下
public abstract void keyReleased(KeyEvent keyevent);     // 某个按下的键被释放
```

当按下按键时，调用keyPressed方法；当释放按键时，调用keyReleased方法；当输入字符时，调用keyTyped方法。例如，若按下并释放A键，将依次产生3个事件：键被按下、输入字符以及键被释放。如果按下并释放Home键，将产生两个事件：键被按下和键被释放。

想要注册键盘监听器，可以通过调用组件的addKeyListener方法来实现。

- MouseEvent类

当用户按下鼠标、释放鼠标或移动鼠标时会产生鼠标事件。该事件对应两种监听器：MouseListener和MouseMotionListener接口。鼠标按钮相关事件由MouseListener监听器实现，而鼠标移动相关事件由MouseMotionListener监听器实现。

MouseListener接口定义的抽象方法有5个，如下所示：

```
public abstract void mouseClicked(MouseEvent mouseevent);
```

```
public abstract void mousePressed(MouseEvent mouseevent);
public abstract void mouseReleased(MouseEvent mouseevent);
public abstract void mouseEntered(MouseEvent mouseevent);
public abstract void mouseExited(MouseEvent mouseevent);
```

如果鼠标在同一位置被按下并释放，将调用 mouseClicked 方法；当鼠标进入某个组件时，将调用 mouseEntered 方法；当鼠标离开某个组件时，将调用 mouseExited 方法；当鼠标被按下和释放时，分别调用 mousePressed 和 mouseReleased 方法。

MouseMotionListener 接口定义的抽象方法则有两个，如下所示：

```
public abstract void mouseDragged(MouseEvent mouseevent);
public abstract void mouseMoved(MouseEvent mouseevent);
```

当拖动鼠标时，会调用 mouseDragged 方法多次；当移动鼠标时，会调用 mouseMoved 方法多次。

想要注册鼠标事件监听器，可以通过调用组件的 addMouseListener 和 addMouseMotionListener 方法来实现。

- TextEvent 类

当文本框或文本域的内容发生改变时就会产生相应的文本事件。该事件对应的监听器为 TextListener 接口，它仅定义了一个抽象方法：

```
public abstract void textValueChanged(TextEvent textevent);
```

想要注册文本事件监听器，就必须调用组件的 addTextListener 方法。

- FocusEvent 类

当组件得到或失去焦点时，就会产生焦点事件。在当前活动窗口中，有且只有一个组件拥有焦点，当用户用 Tab 键操作或用鼠标单击其他组件时，一般焦点就会转移至其他组件上，此时就会产生焦点事件。该事件对应的监听器为 FocusListener 接口，它有两个抽象方法，如下所示：

```
public abstract void focusGained(FocusEvent focusevent);
public abstract void focusLost(FocusEvent focusevent);
```

注册焦点事件监听器需要调用组件的 addFocusListener 方法。

- WindowEvent 类

当窗口被打开、关闭、激活、撤销激活、图标化或撤销图标化时就会产生窗口事件。WindowEvent 类对应的监听器为 WindowListener 接口，该接口定义了 7 个抽象方法：

```
public abstract void windowOpened(WindowEvent windowevent);       //窗口被打开
public abstract void windowClosing(WindowEvent windowevent);      //窗口正在关闭
public abstract void windowClosed(WindowEvent windowevent);       //窗口已经关闭
public abstract void windowIconified(WindowEvent windowevent);     //窗口图标化(最小化)
public abstract void windowDeiconified(WindowEvent windowevent);  //窗口撤销图标化
public abstract void windowActivated(WindowEvent windowevent);     //窗口被激活
public abstract void windowDeactivated(WindowEvent windowevent);   //窗口撤销激活
```

注册窗口事件监听器需要调用组件的 addWindowListener 方法。

- AdjustmentEvent 类

调节可调整的组件(如移动滚动条)时就会产生调整事件，对应的监听器为

AdjustmentListener 接口，它只定义了一个抽象方法：

```
public abstract void adjustmentValueChanged(AdjustmentEvent adjustmentevent);
```

注册调整事件监听器需要调用组件的 addAdjustmentListener 方法。

● ItemEvent 类

当列表框、下拉框中的选项以及复选框(包括复选菜单)被选中或取消选中时触发选项事件。对应的监听器为 ItemListener 接口，该接口只定义了一个抽象方法：

```
public abstract void itemStateChanged(ItemEvent itemevent);
```

注册选项事件监听器需要调用组件的 addItemListener 方法。

此外，还有以下其他几个事件：ComponentEvent、ContainerEvent、InputEvent 以及 PaintEvent 等，这里不再赘述。读者如果想知道它们对应的接口中定义的抽象方法，可以参考其他资料，或使用 Java 反编译器直接将 java.awt.event 包中的字节码文件打开一看便知。

事件处理程序的编写通常按如下几个步骤进行：

(1) 实现某一事件的监听器接口(定义事件处理类并实现监听器接口)。

(2) 在事件处理类中根据实际需要实现相应的抽象方法。

(3) 给组件注册相应的事件监听器以指明事件的事件源有哪些。

2. 事件处理示例

如果说组件是构成程序的界面的话，那么事件处理则是构成程序的逻辑。换句话说，组件就是程序的视图(View)元素，而事件处理才是程序的真正控制者(Controller)。下面列举几个具体的示例程序来说明事件处理的作用。

【例 11-11】处理 ActionEvent 行为事件。

```java
import java.awt.*;
import java.awt.event.*;
public class Exam11_11 {
private static Frame frame;    // 定义为静态变量以便 main()方法使用
private static Panel myPanel;// 该面板用来放置按钮组件
private Button button1;        // 这里定义按钮组件
private Button button2;        // 以便添加 ActionListener
private TextField textfield1;// 定义文本框组件
private TextField textfield2; // 用来添加 ActionListener
private Label info;            // 显示哪个按钮被单击或哪个文本框被回车
public Exam11_11 (){
    // 创建面板容器类组件
    myPanel = new Panel();
    // 创建按钮和文本框组件
    button1 = new Button("按钮 1");
    button2 = new Button("按钮 2");
    textfield1 = new TextField();
    textfield2 = new TextField();
    // 创建标签组件
    info = new Label("目前没有任何行为事件发生");
    MyListener myListener = new MyListener();
```

```
        // 建立 actionlistener 让两个按钮和两个文本框共享
        button1.addActionListener(myListener);
        button2.addActionListener(myListener);
        textfield1.addActionListener(myListener);
        textfield2.addActionListener(myListener);
        myPanel.add(button1);        // 添加组件到面板容器
        myPanel.add(button2);
        myPanel.add(textfield1);
        myPanel.add(textfield2);
        myPanel.add(info);
    }
    // 定义一个行为事件处理内部类，它实现了 ActionListener 接口
    private class MyListener implements ActionListener {              //该内部类监听所有行为事件源产生的事件
        public void actionPerformed(ActionEvent e) {
        // 利用 getSource 方法获得组件对象名或利用 getActionCommand 方法获得组件标识信息
            Object obj = e.getSource();
            if (obj == button1)
                info.setText("按钮 1 被单击");
            else if (obj == button2)
                info.setText("按钮 2 被单击");
            else if (obj == textfield1)
                info.setText("文本框 1 回车");
            else
                info.setText("文本框 2 回车");
        }
    }
    public static void main(String s[]) {
        Exam11_11 obj = new Exam11_11();      // 新建 Exam11_11 组件
        frame = new Frame("ActionEvent1");      // 新建 Frame
        frame.addWindowListener(new WindowAdapter() {
            public void windowClosing(WindowEvent e) {
                System.exit(0);
            }
        });
        frame.add(myPanel);
        frame.pack();
        frame.setVisible(true);
    }
}
```

　　上述程序运行后，如果单击"按钮 1"，则标签信息显示"按钮 1 被单击"；如果单击"按钮
2"，则标签信息显示"按钮 2 被单击"；在"文本框 1"中按下回车键，标签信息显示"文本框 1
回车"；在"文本框 2"中按下回车键，标签信息显示"文本框 2 回车"；如图 11-17 所示。

图 11-17　ActionEvent 行为事件处理

下面分析以上代码是如何工作的。我们在 main()方法中定义了一个 Frame，然后将面板 myPanel 添加到框架窗体中，该面板包含两个按钮、两个文本框和一个标签。相应的成员变量 frame、myPanel、button1、button2、textfield1、textfield2 和 info 定义在类体的开头部分。在作为程序入口的 main()方法中，首先实例化 Exam11_11 类的对象 obj，通过构造方法构建面板界面：创建按钮、文本框和标签组件，并将它们添加到面板容器中。此外，按钮和文本框组件还通过调用各自的 addActionListener 方法注册了行为事件监听器 myListener。当用户单击按钮或在文本框中回车时，程序就会调用 actionPerformed 方法，通过 if 语句来判断是哪个按钮被单击或是在哪个文本框中进行了回车，然后用标签显示相应的行为事件信息。

建议读者上机实践一下，并且尝试将 textfield1.addActionListener(myListener);语句注释掉，然后重新编译运行程序，这时就会发现"文本框 1"不再监听回车这一行为事件了，即用户在"文本框 1"中按下回车键后，程序中的 actionPerformed 方法不会被调用执行，标签也不会显示"文本框 1 回车"信息。

上述程序中只用了一个监听器 myListener 来同时监听 4 个组件的行为事件，这种方式的特点是：当同时监听多个组件时，需要用一大串的 if 语句来进行判断处理。在 Java 中，也可以为每一个组件(或某一类组件)设置一个监听器。以例 11-11 为例，也可以为按钮和文本框组件各设置一个监听器，也就是为 4 个组件分别设置不同的监听器，实现代码如下：

```java
private class Button1Handler implements ActionListener {
    public void actionPerformed(ActionEvent e){
        info.setText("按钮 1 被单击");
    }
}
private class Button2Handler implements ActionListener {
    public void actionPerformed(ActionEvent e)    {
        info.setText("按钮 2 被单击");
    }
}
private class TextField1Handler implements ActionListener{
    public void actionPerformed(ActionEvent e){
        info.setText("文本框 1 回车");
    }
}
private class TextField2Handler implements ActionListener {
    public void actionPerformed(ActionEvent e){
        info.setText("文本框 2 回车");
    }
}
button1.addActionListener(new Button1Handler());
button2.addActionListener(new Button2Handler());
textfield1.addActionListener(new TextField1Handler());
textfield2.addActionListener(new TextField2Handler());
```

这种设置多个同类监听器的做法，使得单个监听器的代码减少了，但总的代码量并没有减少，读者可以自行决定采用哪一种方式。

Java 还允许用户采用匿名内部类的方式来实现各组件的事件监听。对于例 11-11，像下面也可以像下面这样编写代码，为 4 个组件各设置一个监听器：

```
button1.addActionListener( new ActionListener() {
        public void actionPerformed(ActionEvent e) {
            info.setText("按钮 1 被单击");
        }
    }
);
button2.addActionListener( new ActionListener() {
        public void actionPerformed(ActionEvent e) {
            info.setText("按钮 2 被单击");
        }
    }
);
textfield1.addActionListener( new ActionListener() {
        public void actionPerformed(ActionEvent e) {
            info.setText("文本框 1 回车");
        }
    }
);
textfield2.addActionListener( new ActionListener() {
        public void actionPerformed(ActionEvent e) {
            info.setText("文本框 2 回车");
        }
    }
);
```

从以上代码可以看出，当决定为每个组件设置一个监听器时，或许采用上述匿名内部类的方式会显得更简洁些。

下面再来看两个关于鼠标事件处理和键盘事件处理的示例程序。

【例 11-12】鼠标事件处理。

```
import java.awt.*;
import java.awt.event.*;
public class Exam11_12 extends Frame {
Panel keyPanel = new Panel();
Label info = new Label("这里显示鼠标事件信息.");
public Exam11_12() {
    keyPanel.add(info);
    add(keyPanel);
    keyPanel.addMouseListener(new ML());          // 添加匿名鼠标监听器
}
// 定义鼠标监听器
class ML implements MouseListener {
    public void mouseClicked(MouseEvent e) {
        info.setText("MOUSE Clicked");
    }
    public void mousePressed(MouseEvent e) {
```

```
                info.setText("MOUSE Pressed");
            }
            public void mouseReleased(MouseEvent e) {
                showMouse(e);
            }
            public void mouseEntered(MouseEvent e) {
                info.setText("MOUSE Entered");
            }
            public void mouseExited(MouseEvent e) {
                info.setText("MOUSE Exited");
            }
            void showMouse(MouseEvent e) {
                info.setText(" x = " + e.getX() + ", y = " + e.getY());
            }
        }
    public static void main(String[] args) {
        Exam11_12 f = new Exam11_12();
        // 处理窗口关闭事件的常用方法(匿名适配器类)
        f.addWindowListener(new WindowAdapter() {
            public void windowClosing(WindowEvent e) {
                System.exit(0);
            }
        });
        f.pack();
        f.setVisible(true);
    }
}
```

编译并运行程序，界面如图 11-18 所示。

图 11-18　ActionEvent 事件处理效果

【例 11-13】键盘事件处理。

```
import java.awt.*;
import java.awt.event.*;
public class Exam11_13 extends Frame implements KeyListener {
    TextArea info = new TextArea("", 7, 20, TextArea.SCROLLBARS_VERTICAL_ONLY);
TextField tf = new TextField(30);
public Exam11_13() {
        add(tf, "South");
        add(info);
        // 给 TextField 组件 tf 添加按键监听器
        tf.addKeyListener(this);
    }
public void keyPressed(KeyEvent e) {
```

```
    }
    public void keyReleased(KeyEvent e) {
        info.append("键盘事件:" + e.getKeyChar() + "-Key-Released \n");
    }
    public void keyTyped(KeyEvent e) {
        info.append("键盘事件:" + e.getKeyChar() + "-Key-Typed \n");
    }
    public static void main(String[] args) {
        Exam11_13 f = new Exam11_13();
        // 处理窗口关闭事件的常用方法(匿名适配器类)
        f.addWindowListener(new WindowAdapter() {
            public void windowClosing(WindowEvent e) {
                System.exit(0);
            }
        });
        f.pack();
        f.setVisible(true);
    }
}
```

本例没有再单独定义事件处理类，而是选择在定义 Frame 子类 Exam11_13 时将 KeyListener 接口直接予以实现，Java 支持这种方式，不过读者要注意这种新的事件处理方式存在如下缺点：事件处理不再是单独的类之后，其他类就不能共享它了。根据本书前面介绍的知识可知，Java 只允许 Exam11_13 类继承一个父类，但它却可以实现多个接口，因此除了 KeyListener 接口，Exam11_13 类还可以同时实现其他接口，比如 MouseMotionListener、MouseListener、FocusListener 或 ComponentListener 等，以便同时实现鼠标、焦点等事件的响应处理。上述程序的运行界面如图 11-19 所示。

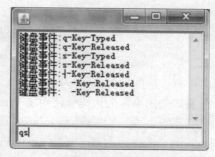

图 11-19 键盘事件处理

3. 适配器类

在 Java 中，实现一个接口时必须对该接口中的所有抽象方法都进行具体的实现，哪怕有些抽象方法根本用不上，也要实现，比如例 11-13 中的 keyPressed 方法。为此，Java 提供了一种叫作 Adapter(适配器)的抽象类来简化事件处理程序的编写。

Java 为具有多个抽象方法的监听接口提供相应的适配器类，如 WindowListener、WindowStateListener 和 WindowFocusListener 一起对应适配器类 WindowAdapter，KeyListener 对应 KeyAdapter，MouseListener 对应 MouseAdapter 等，也可以到 java.awt.event 包中查看其他的适配器类。当然，对于 ActionListener 接口，由于它只有一个抽象方法，因此提不提供适配器类，意义也就不大了。适配器类很简单，它是一个实现了接口中所有抽象方法的"空"类，本身不提供任何实际功能，比如 WindowAdapter 类是这样定义的：

```
package java.awt.event;
public abstract class WindowAdapter
```

```
        implements WindowListener, WindowStateListener, WindowFocusListener{
        public WindowAdapter()    {
        }
        public void windowOpened(WindowEvent windowevent) {
        }
        public void windowClosing(WindowEvent windowevent) {
        }
        public void windowClosed(WindowEvent windowevent) {
        }
        public void windowIconified(WindowEvent windowevent) {
        }
        public void windowDeiconified(WindowEvent windowevent) {
        }
        public void windowActivated(WindowEvent windowevent) {
        }
        public void windowDeactivated(WindowEvent windowevent) {
        }
        public void windowStateChanged(WindowEvent windowevent) {
        }
        public void windowGainedFocus(WindowEvent windowevent) {
        }
        public void windowLostFocus(WindowEvent windowevent) {
        }
}
```

有了适配器类，用户在编写一些简单的事件处理程序时就方便多了。例如，前面示例中处理窗口关闭事件的代码就使用了 WindowAdapter 适配器类：

```
f.addWindowListener(new WindowAdapter() {
    public void windowClosing(WindowEvent e) {
        System.exit(0);
    }
});
```

上述代码很简洁，主要采用了适配器类来实现简单的事件处理，由于只需要用到 windowClosing 方法，因此只给出它的覆盖实现即可。

11.3 Swing 组件集简介

当 Java 程序创建并显示 AWT 组件时，真正创建和显示的是本地组件(又称对等组件)。对等组件是完成 AWT 对象委托的任务的本地用户界面组件，由它负责完成所有的具体工作，包括绘制自身、对事件做出响应等，所以 AWT 组件只要在适当的时间与对等组件进行交互即可。通常把 AWT 提供的这种与本地对等组件相关联的组件称为重量级组件，它们的外观和显示直接依赖于本地系统，因此，在移植这类程序时经常会出现界面不一致的情况。为此，Sun 公司在 AWT 的基础上又开发了一个经过仔细设计、灵活而强大的新的 GUI 组件集—— Swing。

Swing 是在 AWT 组件基础上构建的，因此，在某种程度上可以认为 Swing 组件实际上也是 AWT 的一部分。与 AWT 一样，Swing 支持 GUI 组件的自动销毁，Swing 还可以支持 AWT 的自底向上和自顶向下的构建方法，Swing 使用了 AWT 的事件模型和支持类，如 Colors、Images 和 Graphics 等。但是，Swing 同时又提供了大量新的、比 AWT 更好的图形界面组件(这些组件通常以字母 J 打头)，如 JButton、JTree、JSlider、JSplitPane、JTabbedPane、JTable 和 JTableHeader 等。它们是用纯 Java 编写的模拟组件，所以同 Java 本身一样可以跨平台运行。这一点使得 Swing 不同于 AWT。这种不依赖于特定平台的模拟组件称为轻量级组件。Swing 是 Java 基础类库(Java Foundation Classes，JFC)的一部分，它们支持可更换的观感和主题(各种操作系统默认的特有主题)，然而，并不是真的使用特定平台提供的代码，而仅仅是在表面上模仿它们。这就意味着用户可以在任意平台上使用 Swing 支持的任意观感。Swing 轻量级组件集带来的好处是可以在所有平台上获得统一的效果，缺点则是执行速度相比本地 GUI 程序来说要慢一些，因为 Swing 无法充分利用本地硬件的 GUI 加速器以及本地 GUI 操作等优点。

如果将 AWT 称为 Sun 公司的第一代图形界面组件集的话，那么 Swing 组件集可以称为第二代。Swing 组件集实现了模型与视图和组件的分离：对于这个模型中的所有组件(如文本、按钮、列表、表格、树)来说，模型与组件都是分离的，这样，可以根据应用程序的实际需求使用模型，并在多个视图之间进行共享。为了方便起见，每个组件类型都提供了默认的模型。此外，每个组件的外观(外表以及如何处理输入事件等)都是由单独的、可动态替换的实现来进行控制的，这样就可以改变基于 Swing 的 GUI 的部分或全部外观。

与 AWT 不同的是，Swing 组件不是线程安全的，这就意味着用户需要关心在应用程序中到底是哪个线程在负责更新 GUI。如果在运行线程过程中出现了错误，就可能发生不可预料的结果，如用户图形界面故障等。

Swing 组件集提供了比 AWT 更多、功能更强的组件，增加了新的布局管理方式(如 BoxLayout)，同时还设计出了更多的处理事件。如果读者已经掌握了 AWT 的编程技能，那么再来学习 Swing 就应该不会有什么困难了！因此，下面仅列举两个典型的 Swing 编程示例，以引导读者入门学习 Swing 编程。

【例 11-14】Swing 编程示例一。

```java
import java.awt.*;
import java.awt.event.*;
import javax.swing.*;
class Panel1 extends JPanel implements ActionListener {
public Panel1() {
    setBackground(Color.white);
    yellowButton = new JButton("红色");
    blueButton = new JButton("绿色");
    redButton = new JButton("蓝色");
    add(yellowButton);
    add(blueButton);
    add(redButton);
    yellowButton.addActionListener(this);
    blueButton.addActionListener(this);
    redButton.addActionListener(this);
}
```

```java
public void actionPerformed(ActionEvent evt) {
    Object source = evt.getSource();
    Color color = getBackground();
    if (source == yellowButton)
        color = Color.red;
    else if (source == blueButton)
        color = Color.green;
    else if (source == redButton)
        color = Color.blue;
    setBackground(color);
    repaint();
}
private JButton yellowButton;
private JButton blueButton;
private JButton redButton;
}
class MyFrame extends JFrame {
JTabbedPane jtab;
public MyFrame() {
    setTitle("Swing 组件测试");
    setSize(300, 200);
    setDefaultCloseOperation(JFrame.EXIT_ON_CLOSE);
    jtab = new JTabbedPane(SwingConstants.TOP);
    jtab.addTab("选项卡" + jtab.getTabCount(), new Panel1());
    jtab.addTab("选项卡" + jtab.getTabCount(), new Panel2());
    add(jtab);
}
}
class Panel2 extends JPanel {
JLabel info = new JLabel("信息标签");
JToggleButton toggle = new JToggleButton("开关按钮");
JCheckBox checkBox = new JCheckBox("复选按钮");
JRadioButton radio1 = new JRadioButton("单选按钮 1");
JRadioButton radio2 = new JRadioButton("单选按钮 2");
JRadioButton radio3 = new JRadioButton("单选按钮 3");
public Panel2() {
    // 为开关按钮添加行为监听器
    toggle.addActionListener(new ActionListener() {
        public void actionPerformed(ActionEvent e) {
            JToggleButton toggle = (JToggleButton) e.getSource();
            if (toggle.isSelected()) {
                info.setText("打开开关按钮");
            } else {
                info.setText("关闭开关按钮");
            }
        }
    }
```

```
            });
            // 为复选按钮添加选项监听器
            checkBox.addItemListener(new ItemListener() {
                    public void itemStateChanged(ItemEvent e) {
                            JCheckBox jcb = (JCheckBox) e.getSource();
                            info.setText("复选按钮状态值：" + jcb.isSelected());
                    }
            });
            // 用一个按钮组对象包容一组单选按钮
            ButtonGroup group = new ButtonGroup();
            // 生成一个新的动作监听器对象，备用
            ActionListener radioListener = new ActionListener() {
                    public void actionPerformed(ActionEvent e) {
                            JRadioButton radio = (JRadioButton) e.getSource();
                            if (radio == radio1) {
                                    info.setText("选择单选按钮 1");
                            } else if (radio == radio2) {
                                    info.setText("选择单选按钮 2");
                            } else {
                                    info.setText("选择单选按钮 3");
                            }
                    }
            };
            // 为各单选按钮添加行为监听器
            radio1.addActionListener(radioListener);
            radio2.addActionListener(radioListener);
            radio3.addActionListener(radioListener);
            // 将单选按钮添加到按钮组中
            group.add(radio1);
            group.add(radio2);
            group.add(radio3);
            add(info);
            add(toggle);
            add(checkBox);
            add(radio1);
            add(radio2);
            add(radio3);
    }
}
public class Exam11_14 {
public static void main(String[] args) {
    JFrame frame = new MyFrame();
    frame.setVisible(true);
}
}
```

Swing 的编程结构与 AWT 基本相同，所不同的可能就是将原来的 AWT 组件替换成了 J

打头的 Swing 组件。另外，一些 Swing 组件的功能用法可能也会有些许不同。例如，本例只用了一条语句：

```
setDefaultCloseOperation(JFrame.EXIT_ON_CLOSE);
```

就实现了关闭窗口即退出程序的功能，替代了 AWT 中监听接口的实现或相应适配器类的创建，这主要得益于 Swing 对 AWT 组件集的进一步扩充和封装。

本例中的 MyFrame 类是 JFrame 的子类，其中包含一个选项卡组件 JTabbedPane，我们在 JTabbedPane 中共添加了两个选项卡，一个是 Panel1 对象，另一个是 Panel2 对象。Panel1 面板中包含 3 个按钮，通过鼠标单击 3 个不同的按钮，将界面颜色分别设置为不同的颜色，如图 11-20 所示；在 Panel2 面板中，包含开关按钮、复选框和单选按钮等组件，单击不同的组件，信息标签将显示相应的事件描述，如图 11-21 所示。

图 11-20　单击按钮改变窗体颜色

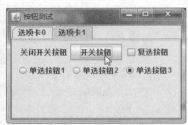

图 11-21　其他组件

【例 11-15】Swing 编程示例二。

```java
import java.awt.*;
import java.awt.event.*;
import java.util.Random;
import javax.swing.*;
class SubFrame extends JFrame implements ActionListener {
public void actionPerformed(ActionEvent evt) { // 释放框架对象
    dispose();
}
}
class MyPanel extends JPanel implements ActionListener {
public MyPanel() {
    JButton createButton = new JButton("创建新的框架窗口");
    add(createButton);
    // 给 createButton 组件增添行为事件监听器
    createButton.addActionListener(this);
    closeAllButton = new JButton("关闭所有框架窗口");
    add(closeAllButton);
}
public void actionPerformed(ActionEvent evt) {
    SubFrame f = new SubFrame();
    number++;
    f.setTitle("新框架窗口-" + number);
    f.setSize(200, 100);
    f.setLocation(new Random().nextInt(600),new Random().nextInt(600));
```

```
        f.setVisible(true);
        // 每个新创建的 f 框架的对象行为事件都由 closeAllButton 组件负责监听
        closeAllButton.addActionListener(f);
    }
    private int number = 0;
    private JButton closeAllButton;
}
class MainFrame extends JFrame {
public MainFrame() {
        setTitle("JFrame 测试");
        setSize(300, 100);
        addWindowListener(new WindowAdapter() {
            public void windowClosing(WindowEvent e) {
                System.exit(0);
            }
        });
        Container contentPane = getContentPane();
        contentPane.add(new MyPanel());
    }
}
public class Exam11_15 {
public static void main(String[] args) {
        JFrame f = new MainFrame();
        f.setVisible(true);
    }
}
```

本例创建了一个主框架窗口，单击"创建新的框架窗口"按钮时，程序将新创建一个子框架窗口，再单击这个按钮，就再创建一个新的子框架窗口，可以一直创建许多的子框架窗口。当用户单击"关闭所有框架窗口"按钮时，则通过行为事件中的 dispose 方法调用将全部的子框架窗口一一关闭并释放。程序的运行界面如图 11-22 和图 11-23 所示。

图 11-22　主框架窗口

图 11-23　子框架窗口

11.4　本章小结

本章主要介绍了图形用户界面技术的概念和历史，以 Java AWT 组件集为重点，详细介绍了各类 AWT 组件，包括容器类组件、布局类组件以及普通组件的基本用法，并对 AWT 的事件处理机制进行了简要介绍，最后对 Swing 组件做了简要说明，并通过具体的实例引导读者入门学习 Swing 编程。通过本章的学习，读者应掌握传统的 Java GUI 编程的基本步骤和编程技巧，能够熟练应用 AWT 和 Swing 组件开发简单的图形用户界面程序。

11.5 思考和练习

1. 图形用户界面的设计原则有哪些？

2. AWT 组件集提供的组件大致可以分为哪几类？各起什么作用？

3. AWT 提供的布局方式有哪几种？请分别简述。

4. 在以下可供选择的方法中，属于接口 MouseMotionListener 的方法是(   )。

    (A) mouseReleased   (B) mouseEntered

    (C) mouseExited   (D) mouseMoved

5. Window 是显示屏上独立的本机窗口，它独立于其他容器，Window 的两种形式是(   )。

    (A) Frame 和 Dialog   (B) Panel 和 Frame

    (C) Container 和 Component   (D) LayoutManager 和 Container

6. 列出几个熟悉的 AWT 事件类，并举例说明什么时候会触发这些事件。

7. 下列哪种 Java 组件可作为容器组件？(   )

    (A) List 列表框   (B) Choice 下拉式列表框

    (C) Panel 面板   (D) MenuItem 命令式菜单项

8. 对 JButton 按钮对象进行鼠标单击事件编程，事件监听程序应实现如下哪个接口？(   )

    (A) ActionListener 接口   (B) MouseMotionListener 接口

    (C) ItemListener 接口   (D) WindowListener 接口

9. _____布局管理器包括五个明显的区域：东、南、西、北、中。

10. 创建含有一个文本框和三个按钮的框架窗口程序，同时要求按下不同按钮时，文本框中能显示不同的文字。

11. 创建带有多级菜单系统的框架窗口程序，要求每单击一个菜单项，就弹出一个相应的信息提示框。

12. 使用 Swing 组件集中的组件编写一个程序，实现 GUI 界面的注册页面或调查问卷。

第12章

Java 游戏开发基础

游戏作为一种休闲、娱乐和益智活动，不仅能够缓解人们工作、学习和生活的压力，有助于培养人的观察力、判断力和反应力，而且能够增长知识和技能。本章将介绍有关游戏编程的一些基本知识，包括图形环境的坐标体系、图形图像的绘制、各种坐标变换、动画的生成和动画闪烁的消除等。

本章的学习目标：

- 理解 Java 2D 图形图像绘制方法
- 理解图形图像的坐标变换技术
- 掌握动画生成技术
- 掌握动画闪烁消除技术

12.1 概述

经过对前面 11 章内容的学习可以知道，Java 是一种具有丰富功能的编程语言，它的跨平台性、安全性、健壮性、支持分布式网络应用、面向对象特性都非常适合游戏开发。本章介绍用 Java 语言编写游戏时用到的技术和思想，包括绘制图形图像以及动画技术。第 13 章将以一款《星球大战》游戏为开发实例。

Java 有两种不同类型的程序，一种是在计算机上独立运行的 Java 应用程序，另一种是在浏览器中运行的 Java Applet。两种程序都可以用于游戏开发，基本技术和思想是一致的。本章和第 13 章开发的游戏主要是 Java 应用程序，最后会介绍怎样把用 Java 应用程序改造成 Java Applet，并介绍把 Java Applet 部署到网页上的相关技术。

12.2 绘制 2D 图形图像

一款游戏能否激发人们的兴趣并在游戏上付出时间，游戏的画面是否吸引人是关键因素之一。Java 提供了丰富的类库来帮助绘制合适的文本和图形图像。这些类库多数都包含在 java.awt、java.awt.image、java.awt.geom 和 javax 包中。

12.2.1　坐标体系

不管是文本还是图形图像，最终都要显示在显示器上，显示器由许多微小的像素组成，每个像素就是一个带有颜色的光点，屏幕上水平和垂直方向的像素数称为屏幕的分辨率。在 Java 中，把屏幕的左上角当作坐标原点，并把向右、向下当作坐标的正向增长方向。位置坐标可以用(x, y)表示。其中，x表示水平方向距离原点的像素数，y表示垂直方向距离原点的像素数。

同样，Java 的一些容器组件，如 Window、Panel、Frame、JFrame、Applet，在其上绘制文本与图形图像时用到的位置坐标，也以组件的左上角为原点，以像素为单位。图 12-1 所示是在 400 像素×300 像素的 JFrame 窗口组件的$(60,80)$坐标处绘制的 200 像素×100 像素的矩形。

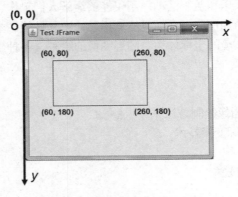

图 12-1　窗口组件的坐标体系

12.2.2　绘制图形

最早的用于绘制图形图像的类是 java.awt 包中的 Graphics，这个工具类在绘图时存在一定的局限性，比如不能改变图形边框的厚度，也不能旋转图形。所以，Java SE 1.2 版本中引入了 Java 2D 类库。这些类库基本都包含在 java.awt 和 java.awt.geom 包中。Java 2D 类库中的每一种图形都用一个类表示，如 Point2D、Line2D、Rectangle2D、Ellipse2D。这些类实现了 Shape 接口。必须通过 Graphics2D 类的对象才能绘制这些图形，Graphics2D 是 Graphics 类的子类，Frame、Applet 等类的 paint 或 paintComponent 方法均能自动接收 Graphics2D 类的对象，在需要使用 Graphics2D 类的方法时，直接进行强制类型转换，转换为 Graphics2D 类型即可，例如：

```
public void paint(Graphics g) {
    Graphics2D g2d = (Graphics2D)g;
    g2d.xxxx();
}
```

Graphics2D 对象提供了 draw 和 fill 方法用来绘制和填充图形，这两个方法都以 Shape 接口类型作为参数。根据 Java 的多态特性，任何实现了 Shape 接口的类型都可以作为 draw 和 fill 方法的参数。例如：

```
Rectangle2D rectangle = new Rectangle2D.Float(40, 60, 200, 100);
g2d.draw(rectangle) ;
```

Java 2D 类库为 Graphics 类提供了两个版本，一个具有 float 类型坐标，另一个具有 double 类型坐标，这非常适合于以 m、km 等单位为坐标或图形大小的场合。例如，Rectangle 2D 类只是一个抽象类，它有两个静态内部子类：Rectangle.Float 和 Rectangle.Double，创建单精度和双精度坐标的矩形时可以提供矩形左上角的水平和垂直坐标以及矩形的宽度和高度：

```
Rectangle2D rectf = new Rectangle2D.Float(40, 60, 200, 100);
g2d.draw(rectf);
Rectangle2D rectd = new Rectangle2D.Double(40, 180, 200, 100);
g2d.draw(rectd);
```

以上 4 条语句可创建左上角坐标分别为(40,60)、(40,180)，宽度为 200、高度为 100 的单精度和双精度矩形对象，然后通过 Graphics2D 对象的 draw 方法绘制出来。

Point2D、Line2D、Ellipse2D 等类似对象的创建和绘制方法与 Rectangle2D 对象类似。

【例 12-1】几种图形的创建和绘制。

在 D:\workspace 目录中新建子文件夹"第 12 章"用来存放本章示例源程序，新建名为 Exam12_1.java 的源文件，输入如下代码：

```
import java.awt.*;
import java.awt.geom.*;
import javax.swing.*;
public class Exam12_1 extends JFrame {
private final int SCREENWIDTH = 300;
private final int SCREENHEIGHT = 200;
public Exam12_1(String title) {
    super(title);
    setSize(SCREENWIDTH, SCREENHEIGHT);
    setVisible(true);
    setDefaultCloseOperation(JFrame.EXIT_ON_CLOSE);
}
public void paint(Graphics g) {
    Graphics2D g2d = (Graphics2D) g;
    Rectangle2D rect = new Rectangle2D.Double(40, 60, 200, 100);
    g2d.draw(rect);
    Line2D line = new Line2D.Double(40, 60, 240, 160);
    g2d.draw(line);
    Ellipse2D ellipse = new Ellipse2D.Double(40, 60, 200, 100);
    g2d.draw(ellipse);
}
public static void main(String[] args) {
    new Exam12_1("绘制简单图形");
}
}
```

编译并运行程序，结果如图 12-2 所示。

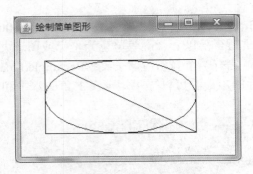

图 12-2　绘制一些简单图形

12.2.3　绘制图像

Java 运行时环境支持 GIF、PNG、JPEG 这 3 种格式的图像。图像一般以文件形式存放于本地存储器或网络中某台服务器的存储器上。有 3 种方式能将图像读取到程序中。读取之后，可通过 Graphics2D 对象的 drawImage 方法将图像绘制到屏幕窗口中。

第一种方式需要借助于 java.awt 包中 Toolkit 类的 getImage 方法。它返回 Image 类型的对象，Image 对象里面包含了图像数据和图像的宽度、高度等信息。使用 Toolkit 类读取图像的一般方式如下：

```
String filename = "pic.jpg";
Toolkit tk = Toolkit.getDefaultToolkit();
Image image = tk.getImage(filename);
```

这段代码执行之后，Java 虚拟机会启动另外一个线程专门负责图像的读取工作。所以，如果在这段代码之后立即显示图像，有可能只会显示图像的一部分，或者根本不显示任何图像。为了避免这种情况，可以利用如下循环代码：

```
while(image.getWidth(observer) <= 0);
```

循环体结束之后，图像将被完整读取。

第二种方式需要借助于 javax.swing 包中 ImageIcon 类的 getImage 方法。它也返回 Image 类型的对象，并且等待图像完全读取之后才返回。使用 ImageIcon 类读取图像的一般方式如下：

```
String filename = "pic.jpg";
ImageIcon icon = new ImageIcon(filename);
Image image = icon.getImage();
```

第三种方式需要借助于 javax.imageio 包中 ImageIO 类的 read 方法。它仍返回 Image 类型的对象，并且等待图像完全读取之后才返回。使用 ImageIO 类读取图像的一般方式如下：

```
String filename = "pic.jpg";
Image image = ImageIO.read(new File(filename));
```

或者提供文件的 URL：

```
String url = "…";
Image image = ImageIO.read(new URL(url));
```

【例 12-2】读取和显示图像的几种方式。

```java
import java.awt.*;
import java.io.*;
import java.awt.geom.*;
import javax.imageio.ImageIO;
import javax.swing.*;
public class Exam12_2 extends JFrame {
    private final int SCREENWIDTH = 800;
    private final int SCREENHEIGHT = 600;
    private String background = "bluespace5.jpg";
    private String asteroid = "asteroid.png";
    private String spaceship = "spaceship.png";
    private Image backgroundImage = null;
    private Image asteroidImage = null;
    private Image spaceshipImage = null;
    private boolean imageLoaded = false;
    public Exam12_2(String title) {
        super(title);
        setSize(SCREENWIDTH, SCREENHEIGHT);
        setVisible(true);
        setDefaultCloseOperation(JFrame.EXIT_ON_CLOSE);
        loadImage();
        drawImage();
    }
    private void loadImage() {
        Toolkit tk = Toolkit.getDefaultToolkit();
        backgroundImage = tk.getImage(background);
        while (backgroundImage.getWidth(this) <= 0)
            ;
        ImageIcon icon = new ImageIcon(asteroid);
        asteroidImage = icon.getImage();
        try {
            spaceshipImage = ImageIO.read(new File(spaceship));
        } catch (IOException ie) {
            System.out.println("file read error!");
        }
        imageLoaded = true;
    }
    private void drawImage() {
        repaint();
    }
    public void paint(Graphics g) {
        Graphics2D g2d = (Graphics2D) g;
        if (!imageLoaded) {
            g2d.setFont(new Font("Gungsuh", Font.BOLD, 20));
            g2d.drawString("loading images...", SCREENWIDTH / 2 - 40, SCREENHEIGHT / 2);
```

```
        } else {
                g2d.drawImage(backgroundImage, 0, 0, SCREENWIDTH - 1, SCREENHEIGHT - 1, this);
                g2d.drawImage(asteroidImage, SCREENWIDTH / 4, SCREENHEIGHT / 2, this);
                g2d.drawImage(spaceshipImage, SCREENWIDTH / 2, SCREENHEIGHT / 2 +
asteroidImage.getHeight(this) / 3, this);
        }
    }
    public static void main(String[] args) {
        new Exam12_2("绘制图像");
    }
}
```

编译并运行程序，结果如图 12-3 所示。

图 12-3　绘制几种图像

本例中用到 drawImage 方法的如下两个版本：

- boolean drawImage(Image img, int x, int y, ImageObserver observer)：显示未经缩放的图像，方法有可能在图像绘制完成前返回；其中，参数 img 是被显示的图像，x、y 为图像左上角的坐标，observer 为更新图像信息的对象，可以为 null。
- boolean drawImage(Image img, int x, int y, int width, int height, ImageObserver observer)：显示缩放过的图像，在宽为 width、高为 height 的区域缩放图像，方法有可能在图像绘制完成前返回；width 和 height 分别是缩放后图像的宽度和高度。

12.3　图形图像的坐标变换

在游戏编程中，经常需要对游戏元素进行平移、尺度缩放、角度旋转和变形等操作，这就要对 Java 图形环境进行坐标变换，Graphics2D 类和 AffineTransform 类的几个方法实现了坐标变换功能。

12.3.1　使用 Graphics2D 类进行坐标变换

使用 Graphics2D 类可以对坐标系进行平移、尺度缩放和角度旋转等操作。

1. 平移

Graphics2D 类的 translate 方法实现了对 Graphics2D 坐标系的平移变换，translate 方法的使用方式如下：

```
g2d.translate(x, y) ;
g2d.draw(…) ;
```

x、y 是整数类型(int)或双精度类型(double)，这个方法的作用是把 Graphics2D 坐标系的原点移动到当前坐标系的(x, y)坐标处，之后绘制图形图像时使用的坐标将以新坐标系为基准，以原坐标系的(x, y)坐标作为新的原点，绘制的结果相当于对图形图像进行了平移。

2. 尺度缩放

Graphics2D 类的 scale 方法实现了对 Graphics2D 坐标系的尺度缩放功能，使用方式如下：

```
g2d.scale(sx, sy) ;
g2d.draw(…) ;
```

sx、sy 是双精度(double)类型，它们分别是对当前坐标系的坐标进行缩放的缩放因子，缩放后的新坐标系坐标(xnew, ynew)与原坐标系坐标(x, y)的关系为：xnew = x*sx，ynew = y*sy。之后绘制图形图像时使用的坐标将以缩放后的新坐标系为基准，绘制的结果相当于对图形图像进行了缩放，缩放因子为 sx、sy。

3. 角度旋转

Graphics2D 类的 rotate 方法用来对 Graphics2D 坐标系的角度进行旋转，使用方式如下：

```
g2d.rotate(angle);
g2d.draw(…) ;
```

参数 angle 是双精度类型，以弧度为单位，表示将当前坐标系以原点为中心旋转 angle 弧度。如果 angle 为正值，将从 x 轴正方向向 y 轴正方向旋转；如果 angle 为负值，将从 x 轴正方向向 y 轴负方向旋转。接下来绘制图形图像时将以旋转后的新坐标系为基准，绘制的结果相当于对图形图像绕原点进行旋转，旋转角度为 angle。

rotate 方法的另一种使用方式如下：

```
g2d.rotate(angle, x, y);
g2d.draw(…) ;
```

带 x、y 参数的 rotate 方法相当于如下顺序执行的 3 个方法调用：

```
translate(x, y);
rotate(angle);
translate(-x, -y);
```

Graphics2D 类的若干坐标变换方法的顺序调用组成了一个变换组合，共同对坐标系产生作用，作用的顺序与方法调用的顺序一致。上述第一个方法调用对坐标系进行平移变换，将坐标原点平移到(x, y)坐标处，第二个方法调用对平移后的新坐标系进行旋转 angle 弧度的变换，第三个方法调用对旋转后的坐标系进行平移，将原点移动到当前坐标系的(−x,−y)坐标处。这样 3 个变换的总体结果，对第一个平移变换之前的坐标系和接下来绘制的图形图像来说，相当于围绕(x,y)坐标旋转了 angle 弧度。所以，如果想让图形图像在某坐标位置(sitex,sitey)围绕自己的中心坐标(sitex+width/2,sitey+height/2)进行旋转，需要调用 rotate(angle, sitex+width/2, sitey+height/2)或执行下列组合调用：

```
translate(sitex+width/2, sitey+height/2);
rotate(angle);
translate(-sitex-width/2, -sitey-height/2);
```

【例 12-3】使用 Graphics2D 类进行坐标变换。

```java
import java.awt.*;
import javax.swing.*;
public class Exam12_3 extends JFrame {
    private final int SCREENWIDTH = 800;
    private final int SCREENHEIGHT = 600;
    private String background = "bluespace5.jpg";
    private String spaceship = "spaceship.png";
    private Image backgroundImage = null;
    private Image spaceshipImage = null;
    private boolean imageLoaded = false;
    public Exam12_3(String title) {
        super(title);
        setSize(SCREENWIDTH, SCREENHEIGHT);
        setVisible(true);
        setDefaultCloseOperation(JFrame.EXIT_ON_CLOSE);
        loadImage();
        drawImage();
    }
    private void loadImage() {
        Toolkit tk = Toolkit.getDefaultToolkit();
        backgroundImage = tk.getImage(background);
        spaceshipImage = tk.getImage(spaceship);
        while (backgroundImage.getWidth(this) <= 0 || spaceshipImage.getWidth(this) <= 0)
            ;
        imageLoaded = true;
    }
    private void drawImage() {
        repaint();
    }
    public void paint(Graphics g) {
        Graphics2D g2d = (Graphics2D) g;
        if (!imageLoaded) {
            g2d.setFont(new Font("Gungsuh", Font.BOLD, 20));
            g2d.drawString("loading images...", SCREENWIDTH / 2 - 40, SCREENHEIGHT / 2);
```

```java
        } else {
            g2d.drawImage(backgroundImage, 0, 0, SCREENWIDTH - 1, SCREENHEIGHT - 1, this);
            g2d.setColor(Color.ORANGE);
            g2d.setFont(new Font("Gungsuh", Font.BOLD, 15));
            g2d.drawString("original", 200 - 10, 160 + spaceshipImage.getHeight(this) + 30);
            g2d.drawString("translated", 300 - 15, 160 + spaceshipImage.getHeight(this) + 30);
            g2d.drawString("scaled", 400 + 45, 160 + spaceshipImage.getHeight(this) + 30);
            g2d.drawString("rotated", 600 + 45, 160 + spaceshipImage.getHeight(this) + 30);
            g2d.drawImage(spaceshipImage, 200, 160, this);
            g2d.translate(100, 0);
            g2d.drawImage(spaceshipImage, 200, 160, this);
            g2d.translate(300, 0);
            g2d.scale(2, 2);
            g2d.drawImage(spaceshipImage, 0, 80 - spaceshipImage.getHeight(this) / 2, this);
            g2d.translate(100 + spaceshipImage.getWidth(this) / 2, 80);
            g2d.rotate(Math.PI / 4);
            g2d.translate(-100 - spaceshipImage.getWidth(this) / 2, -80);
            g2d.drawImage(spaceshipImage, 100, 80 - spaceshipImage.getHeight(this) / 2, this);
        }
    }
    public static void main(String[] args) {
        new Exam12_3("坐标变换");
    }
}
```

编译并运行程序，结果如图 12-4 所示。

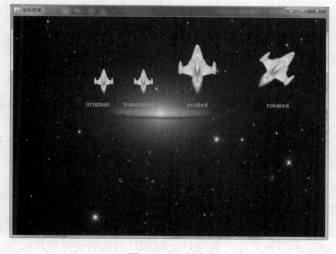

图 12-4　坐标变换

虽然可以对变换进行组合，但同样一组变换，不同顺序可能会产生不同结果，如旋转和缩放的顺序不会影响后面绘制的结果，但旋转和变形的顺序会影响后面绘制的结果。

12.3.2　使用 AffineTransform 类进行坐标变换

平移、尺度缩放、角度旋转和变形等坐标变换，也可以用矩阵变换来表示：

$$\begin{bmatrix} x_{new} \\ y_{new} \\ 1 \end{bmatrix} = \begin{bmatrix} a & c & e \\ b & d & f \\ 0 & 0 & 1 \end{bmatrix} \cdot \begin{bmatrix} x \\ y \\ 1 \end{bmatrix}$$

其中，a、b、c、d、e、f 等变量取适当的值，就能实现坐标系的平移、尺度缩放、角度旋转和变形等变换。这类变换一般称为仿射变换。

java.awt.geom 包中的 AffineTransform 类提供了仿射变换的功能。如果知道某种坐标变换对应的变换矩阵，就可以通过以下方式创建具有特定坐标变换功能的 AffineTransform 对象：

```
AffineTransform transform = new AffineTransform(a, b, c, d, e, f);
```

如果不清楚坐标变换到底对应哪一个变换矩阵，可以直接调用 AffineTransform 类的 getTranslateInstance、getRotateInstance、getScaleInstance 和 getShearInstance 方法来创建具有相应坐标变换功能的 AffineTransform 对象。例如：

```
AffineTransform transform = AffineTransform.getScaleInstance(2, 2);
```

这将返回一个对应下列伸缩变换矩阵的 AffineTransform 对象：

$$\begin{bmatrix} 2 & 0 & 0 \\ 0 & 2 & 0 \\ 0 & 0 & 1 \end{bmatrix}$$

另外，使用 AffineTransform 的 setToRotation、setToScale、setToTranslation 和 setToShear 方法可以将一个 AffineTransform 对象设置为具有其他相应变换功能的对象。例如：

```
transform.setToRotation(angle);
```

这会将 transform 对象设置为具有旋转功能的对象。

设置好 AffineTransform 对象后，要想让它发挥坐标变换的作用，一般采用下列方式：

```
AffineTransform transform = …;
g2d.drawImage(shap, transform, observer);
```

使用带有 AffineTransform 对象参数的 drawImage 方法时不用再指明图形图像的位置坐标，默认会在变换后的坐标系原点处绘制图形图像。

前面讲过，利用 Graphics2D 类的 translate、rotate 等方法可以实现坐标变换，现在，利用 Graphics2D 类的 setTransform 方法可以将 Graphics2D 对象的坐标变换设置为 AffineTransform 对象的坐标变换，方式如下：

```
g2d.setTransform(transform);
g2d.draw(…);
```

Graphics2D 类的 setTransform 方法使用新的仿射变换完全替换 Graphics2D 对象原来的变换，所以，如果想保留 Graphics2D 对象原来的变换功能，需要使用 Graphics2D 类的 transform 方法对新的变换与原来的变换进行组合，这时绘制的图形图像将是原来的变换与新变换组合后共同作用的结果。transform 方法的使用方式如下：

```
g2d.transform(transform);
g2d.draw(…);
```

如果只是想暂时进行坐标变换并绘制图形，绘制完毕后就恢复原来的坐标变换，可以使用 Graphics2D 类的 getTransform 方法。它返回当前的变换对象，返回类型为 AffineTransform，进行临时变换后，再把得到的变换对象设置回去。这个过程如下：

```
AffineTransform oldTransform = g2d.getTransform();
g2d.transform(transform);
g2d.draw(…);
g2d.setTransform(oldTransform);
```

对变换进行组合的方式可以像上面一样使用 Graphics2D 类的 transform 方法，也可以使用 AffineTransform 类的 translate、scale 和 rotate 等方法。它们的参数、使用方式、变换组合方式和 Graphics2D 类的对应方法是一致的。

【例 12-4】使用 AffineTransform 进行坐标变换。

```java
import java.awt.*;
import java.awt.geom.*;
import javax.swing.*;
public class Exam12_4 extends JFrame {
private final int SCREENWIDTH = 800;
private final int SCREENHEIGHT = 600;
private String background = "bluespace5.jpg";
private String spaceship = "spaceship.png";
private Image backgroundImage = null;
private Image spaceshipImage = null;
private boolean imageLoaded = false;
private AffineTransform transform;
public Exam12_4(String title) {
    super(title);
    setSize(SCREENWIDTH, SCREENHEIGHT);
    setVisible(true);
    setDefaultCloseOperation(JFrame.EXIT_ON_CLOSE);
    transform = new AffineTransform();
    loadImage();
    drawImage();
}
private void loadImage() {
    Toolkit tk = Toolkit.getDefaultToolkit();
    backgroundImage = tk.getImage(background);
    spaceshipImage = tk.getImage(spaceship);
    while(backgroundImage.getWidth(this) <= 0 || spaceshipImage.getWidth(this) <=0)
```

```
                ;
            imageLoaded = true;
    }
    private void drawImage() {
            repaint();
    }
    public void paint(Graphics g) {
            Graphics2D g2d = (Graphics2D)g;
            if(!imageLoaded) {
                    g2d.setFont(new Font("Gungsuh", Font.BOLD, 20));
                    g2d.drawString("loading images...", SCREENWIDTH/2-40, SCREENHEIGHT/2);
            }
            else {
                    g2d.drawImage(backgroundImage, 0, 0, SCREENWIDTH-1, SCREENHEIGHT-1, this);
                    g2d.setColor(Color.ORANGE);
                    g2d.setFont(new Font("Gungsuh", Font.BOLD, 15));
                    g2d.drawString("original", 200-10, 160+spaceshipImage.getHeight(this)+30);
                    g2d.drawString("translated", 300-15, 160+spaceshipImage.getHeight(this)+30);
                    g2d.drawString("scaled", 400+15, 160+spaceshipImage.getHeight(this)+30);
                    g2d.drawString("rotated", 600+15, 160+spaceshipImage.getHeight(this)+30);
                    g2d.drawImage(spaceshipImage, 200, 160, this);
                    /*使用 setToIdentity 方法设置对象的变换矩阵为恒等变换矩阵：
                     *            [  1    0    0 ]
                     *            [  0    1    0 ]
                     *            [  0    0    1 ]
                     * 这就清除了对象原来的变换矩阵的影响。
                     */
                    transform.setToIdentity();
                    transform.translate(300, 160);
                    g2d.drawImage(spaceshipImage, transform, this);
                    transform.translate(100, 0);
                    transform.scale(2, 2);
                    transform.translate(0, -spaceshipImage.getHeight(this)/2);
                    g2d.drawImage(spaceshipImage, transform, this);
                    transform.translate(100, 0);
                    transform.translate(spaceshipImage.getWidth(this)/2, spaceshipImage.getHeight(this)/2);
                    transform.rotate(Math.PI/4);
                    transform.translate(-spaceshipImage.getWidth(this)/2, -spaceshipImage.getHeight(this)/2);
                    g2d.drawImage(spaceshipImage, transform, this);
            }
    }
    public static void main(String[] args) {
            new Exam12_4("AffineTransform 坐标变换");
    }
}
```

编译并运行程序，运行效果与例 12-3 一样。

不管是通过 Graphics2D 类的方法还是通过 AffineTransform 类的方法，所有的坐标变换都是针对坐标系的，变换坐标系之后，其中的图形图像自然跟着变换，多个变换组合在一起的时候，按前后顺序对坐标系进行变换；如果把变换看成针对图形图像的，多个变换组合在一起的时候，按逆序对图形图像进行变换。

另外需要注意的是，任何特定的 AffineTransform 对象都可以同样应用到绘制的图形图像上，但是有一些不同之处，使用 draw 方法绘制图形时使用 Graphics2D 对象本身的 AffineTransform 对象，使用 drawImage 方法绘制图像时既可以使用自身的 AffineTransform 对象，又可以使用独立的 AffineTransform 对象作为参数。

12.4　生成动画

所谓动画，就是通过连续播放一系列画面，在视觉上造成连续变化的图画，这是动画最基本的原理。在 Java 中实现动画有很多种办法，但它们实现的基本原理是一样的，即在屏幕上画出一系列的帧，给人的视觉造成运动的感觉。这些连续图片可以是独立的图片文件，也可以将所有帧的画面存放到一个图片文件里面。

如果每一帧独立存放，程序在读取它们时会花费比较长的时间，而且在程序中使用数组或链表来存放这些帧也会使代码变得复杂。相比之下，将所有帧的画面存放到一个图片文件里面，程序的执行效率会比较高，代码也较简单。

例如，将一个爆炸动画的所有帧保存到一个图片文件中，如图 12-5 所示。

如果要在屏幕上展现这个爆炸动画，就要连续绘制图片中的每一帧，某一特定帧在图片中的位置可以通过下列公式计算：

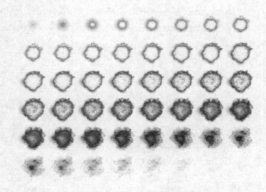

图 12-5　保存动画所有帧的图片

```
frameX = (currentFrame%columns) * frameWidth;
frameY = (currentFrame/columns) * frameHeight;
```

frameX、frameY、frameWidth 和 frameHeight 都以图片的像素为单位，currentFrame 是动画帧的序号，columns 是图片中帧的列数。

得到帧的起始位置后，便可以使用 Graphics2D 对象的 drawImage(img, dx1, dy1, dx2, dy2, sx1, sy1, sx2, sy2, observer)方法来绘制整个图片中的这一特定帧区域。其中，img 是包含所有帧的图片，dx1、dy1、dx2、dy2 限定了将要绘制特定帧的屏幕区域，sx1、sy1、sx2、sy2 限定了图片中特定帧的区域。

【例 12-5】生成动画。

```java
import java.awt.*;
import javax.swing.*;
public class Exam12_5 extends JFrame implements Runnable {
private final int SCREENWIDTH = 800;
```

```
        private final int SCREENHEIGHT = 600;
        private Image backgroundImage = null;
        private Image animationImage = null;
        private boolean imageLoaded = false;
        // 帧宽、帧高等数据根据实际的图片计算得出
        private final int frameWidth = 256;
        private final int frameHeight = 256;
        private final int cols = 8;
        private final int totalFrames = 48;
        private int currentFrame = 0;
        private int frameX, frameY;
        private static Thread animationThread;
        public Exam12_5(String title) {
            super(title);
            setSize(SCREENWIDTH, SCREENHEIGHT);
            setVisible(true);

            setDefaultCloseOperation(JFrame.EXIT_ON_CLOSE);
            Toolkit tk = Toolkit.getDefaultToolkit();
            backgroundImage = tk.getImage("bluespace5.jpg");
            animationImage = tk.getImage("explosionspritesheet.png");
            while (animationImage.getWidth(this) <= 0 || backgroundImage.getWidth(this) <= 0)
                ;
            imageLoaded = true;
            animationThread = new Thread(this);
        }
        public void paint(Graphics g) {
            Graphics2D g2d = (Graphics2D) g;
            if (!imageLoaded) {
                g2d.setFont(new Font("Gungsuh", Font.BOLD, 20));
                g2d.drawString("loading images...", SCREENWIDTH / 2 - 40, SCREENHEIGHT / 2);
            } else {
                // 在绘制每一帧之前都要画出爆炸的背景图片以清除前一帧
                g2d.drawImage(backgroundImage, 0, 0, SCREENWIDTH - 1, SCREENHEIGHT - 1, this);
                // 在屏幕中限定的区域内画出图片中限定区域内的帧
                g2d.drawImage(animationImage, SCREENWIDTH / 2 - frameWidth / 2, SCREENHEIGHT / 2 -
frameHeight / 2,SCREENWIDTH / 2 - frameWidth / 2 + frameWidth, SCREENHEIGHT / 2 - frameHeight / 2 +
frameHeight,frameX, frameY, frameX + frameWidth, frameY + frameHeight, this);
            }
        }
        private void frameUpdate() {
            // 计算当前帧在图片中的位置
            frameX = (currentFrame % cols) * frameWidth;
            frameY = (currentFrame / cols) * frameHeight;
            currentFrame++;
            currentFrame %= totalFrames;
        }
```

```
public void run() {
    Thread t = Thread.currentThread();
    while (t == animationThread) {
        // 为了演示动画效果，每显示一帧之后，间隔一小段时间
        try {
            Thread.sleep(20);
        } catch (InterruptedException e) {
            e.printStackTrace();
        }
        frameUpdate();
        repaint();
    }
}
public static void main(String[] args) {
    new Exam12_5("生成动画");
    animationThread.start();
}
}
```

编译并运行程序，结果如图 12-6 所示。

图 12-6　爆炸动画的效果

12.5　消除动画闪烁

　　运行例 12-5 中的动画程序时，爆炸动画存在闪烁现象。这是因为在显示动画的每一帧之前，都需要先用背景图片覆盖前一帧，然后显示当前帧，所以在程序绘制背景图片的这一小段时间内本应看到动画的前一帧，但却看到了背景图片，就是这一短暂的时间段导致闪烁的发生。

　　消除动画闪烁的一种办法是：绘制完动画的当前帧，在绘制下一帧的时候，不是直接在屏幕上先绘制背景再绘制下一帧，而是先开辟一片内存，把背景图片和下一帧先绘制到这片内存区域，然后把这片内存中的背景图片和下一帧同时绘制到屏幕上，这样就避免了只看到背景图片的这一小段时间，使动画的前后各帧连续、无间隔地被游戏玩家看到，从而避免了

闪烁的产生。

这种避免闪烁的技术称为双缓冲技术，开辟的这一片保存背景和动画帧的内存称为缓存。在程序中使用双缓冲的时候，这片缓存就是 Java 的 Image 对象。Image 对象可以通过调用 Component 对象的 createImage(int width,int height)方法来产生。其中，width 和 height 分别是创建的 Image 对象的宽度和高度。再通过 Image 对象的 getGraphics 方法得到一个 Graphics 对象，这个对象用于绘制图像的方法将把图像绘制到 Image 对象中，而不是直接绘制到屏幕上。

【例 12-6】使用双缓冲技术消除动画闪烁。

```java
import java.awt.*;
import javax.swing.*;
public class Exam12_6 extends JFrame implements Runnable {
    private final int SCREENWIDTH = 800;
    private final int SCREENHEIGHT = 600;
    private Image backgroundImage = null;
    private Image animationImage = null;
    // 定义缓冲区
    private Image bufferedImage = null;
    // 定义缓冲区的图形环境
    private Graphics2D bufferedG2d;
    private boolean imageLoaded = false;
    // 帧宽、帧高等数据根据实际的图片计算得出
    private final int frameWidth = 256;
    private final int frameHeight = 256;
    private final int cols = 8;
    private final int totalFrames = 48;
    private int currentFrame = 0;
    private int frameX, frameY;
    private static Thread animationThread;
    public Exam12_6(String title) {
        super(title);
        setSize(SCREENWIDTH, SCREENHEIGHT);
        setVisible(true);
        setDefaultCloseOperation(JFrame.EXIT_ON_CLOSE);
        // 创建缓冲区，即 Image 对象
        bufferedImage = this.createImage(SCREENWIDTH, SCREENHEIGHT);
        // 得到缓冲区的图形绘制环境
        bufferedG2d = (Graphics2D) bufferedImage.getGraphics();

        Toolkit tk = Toolkit.getDefaultToolkit();
        backgroundImage = tk.getImage("bluespace5.jpg");
        animationImage = tk.getImage("explosionspritesheet.png");
        while (animationImage.getWidth(this) <= 0 || backgroundImage.getWidth(this) <= 0)
            ;
        imageLoaded = true;
```

```java
                animationThread = new Thread(this);
        }
        public void paint(Graphics g) {
                Graphics2D g2d = (Graphics2D) g;
                if (!imageLoaded) {
                        g2d.setFont(new Font("Gungsuh", Font.BOLD, 20));
                        g2d.drawString("loading images...", SCREENWIDTH / 2 - 40, SCREENHEIGHT / 2);
                } else {
                        // 真正在屏幕上绘制动画帧之前先把背景和动画帧绘制到缓冲区
                        bufferedG2d.drawImage(backgroundImage, 0, 0, SCREENWIDTH - 1, SCREENHEIGHT - 1, this);
                        bufferedG2d.drawImage(animationImage, SCREENWIDTH / 2 - frameWidth / 2, SCREENHEIGHT
/ 2 - frameHeight / 2,SCREENWIDTH / 2 - frameWidth / 2 + frameWidth, SCREENHEIGHT / 2 - frameHeight / 2 +
frameHeight,frameX, frameY, frameX + frameWidth, frameY + frameHeight, this);
                        // 把缓冲区的背景和动画帧绘制到屏幕上
                        g2d.drawImage(bufferedImage, 0, 0, this);
                }
        }
        private void frameUpdate() {
                // 计算当前帧在图片中的位置
                frameX = (currentFrame % cols) * frameWidth;
                frameY = (currentFrame / cols) * frameHeight;
                currentFrame++;
                currentFrame %= totalFrames;
        }
        public void run() {
                Thread t = Thread.currentThread();
                while (t == animationThread) {
                        // 为了演示动画效果，每显示一帧之后，间隔一小段时间
                        try {
                                Thread.sleep(20);
                        } catch (InterruptedException e) {
                                e.printStackTrace();
                        }
                        frameUpdate();
                        repaint();
                }
        }
        public static void main(String[] args) {
                new Exam12_6("双缓冲动画");
                animationThread.start();
        }
}
```

12.6 本章小结

本章介绍了有关游戏编程的一些基本知识，首先介绍的是图形环境的坐标体系，以及简单图形图像的绘制；接着对图形图像的坐标变换进行了详细介绍，通过坐标变换可以让游戏中的实体更加容易控制，避免了在绘制图形图像时直接使用坐标，使编程更加简单；最后讲述了 Java 中的动画制作过程，以及如何消除动画闪烁。

12.7 思考和练习

1. Graphics2D 类提供的用于绘制图形的方法有哪些？
2. 编写程序，分别用 3 种不同的方式加载图片。
3. 基本的图形变换有哪几种？
4. Graphics2D 的图形变换方法分别是哪几个？
5. 编写程序，用 Graphics2D 类实现平移、尺度缩放、角度旋转和变形等坐标变换。
6. 编写程序，用 AffineTransform 类实现平移、尺度缩放、角度旋转和变形等坐标变换。
7. 如果一个动画的所有帧都被放到了一张图片里面，那么如何正确定位所需的那一帧？
8. 编写程序，实现自己的一个动画程序。
9. 试述动画闪烁产生的原因。
10. 简述消除动画闪烁的双缓冲技术。

第13章

游戏开发实例

本章综合运用全书所学内容，以《星球大战》这款游戏为例，从无到有详细展示游戏的开发过程。游戏软件开发是一个知识面涉及很广的课题，限于本书篇幅，这款游戏的功能比较简单，像游戏的音效和音乐、网络游戏开发、游戏的发布等内容本书都没有涉及。有兴趣的读者可以参考其他教材。

本章的学习目标：

- 理解游戏实例的总体结构和流程
- 掌握游戏中用到的几个类
- 掌握游戏中的事件处理
- 掌握游戏实体的更新、绘制与删除技术
- 掌握游戏实体的碰撞检测技术

13.1　游戏总体介绍

第 12 章介绍了游戏开发相关的一些基本知识，本章将开始开发一款真正的游戏 《星球大战》。游戏总体上有一定的复杂度，但是本章将循序渐进、逐步开发，运用第 12 章介绍的知识一步步完成这款游戏。

本章开发的《星球大战》这款游戏运行时的画面如图 13-1～图 13-3 所示。

图 13-1　游戏开始前的提示画面

图 13-2　游戏运行中的画面

图 13-1～图 13-3 所示的 3 个画面代表了游戏的 3 个状态：GAME_MENU、GAME_RUNNING

和 GAME_OVER。游戏刚开始运行时，处于 GAME_MENU 状态，显示控制信息，按回车键之后进入 GAME_RUNNING 状态。在 GAME_RUNNING 状态下按 Esc 键，游戏进入 GAME_OVER 状态。再按回车键，程序又返回到 GAME_RUNNING 状态，过程如图 13-4 所示。

图 13-3　游戏结束时的提示画面　　　　　　　图 13-4　游戏状态之间的转移

　　GAME_RUNNING 状态的程序代码是比较复杂的，这段程序要使小行星、飞船和子弹运动起来，而且是受控制地运动，这段代码会用到诸如碰撞检测等新技术，下面会在需要时介绍这些技术。

　　这个游戏包含了主类程序 StarWars.java 和其他几个辅助类(Point2D、SpriteImage 和 AnimatedSprite)，它虽然复杂，但整体结构依然清晰。主类程序包含以下几个主要部分。

　　(1) 类和实例变量定义部分，它们当然是不可缺少的。

　　(2) StarWars 类的基本构造与背景图片读取部分。

　　(3) 键盘事件监听部分，监听回车、空格、Esc 等键盘事件并做出响应。

　　(4) 使小行星、飞船、子弹等运动起来的线程部分，这部分代码要处理背景图片的显示，GAME_MENU 和 GAME_OVER 状态的控制信息显示，以及 GAME_RUNNING 状态的小行星、飞船、子弹等运动轨迹的处理。

　　游戏主类 StarWars 是 JFrame 的子类，它同时实现了 Runnable 和 KeyListener 接口，因此该类需要实现 run 方法和 KeyListener 接口中的键盘事件方法。

　　例 13-1 给出了游戏在 GAME_MENU 状态下的代码，还构造了 GAME_RUNNING、GAME_OVER 状态的程序结构。

　　【例 13-1】StarWars.java。

　　首先给出 StarWars 类的整体结构和成员变量声明，如下所示：

```
import java.awt.*;
import java.awt.event.*;
import java.awt.image.*;
import javax.swing.*;
//游戏主类，实现了 Runnable 和 KeyListener 接口
public class StarWars extends JFrame implements Runnable, KeyListener {
private final int SCREENWIDTH = 800;
private final int SCREENHEIGHT = 600;
// 定义游戏状态，设置游戏初始状态为 GAME_MENU
```

```java
private final int GAME_MENU = 0;
private final int GAME_RUNNING = 1;
private final int GAME_OVER = 2;
private int gameState = GAME_MENU;
// 定义缓冲区，消除闪烁
private BufferedImage backbuffer;
private Graphics2D g2d;
// 指示某些键是否按下的变量
private boolean keyLeft, keyRight, keyUp, keyDown, keyFire, keyComma, keyPeriod, keyEnter, keyEscape;
private static Thread gameloopThread; //负责更新动画元素(小行星、飞船、子弹等)并且实现动画
private final int framerate = 1000 / 50;
private int timeelapsed = 0;
// 用于保存背景图片
private SpriteImage backgroundImage;
private SpriteImage shipImage;
private SpriteImage bulletImage;
private SpriteImage asteroidImage;
private SpriteImage explosionImage;
private SpriteImage barFrameImage;
private SpriteImage barImage;
// Sprite 的类型
private final int SPRITE_SHIP = 1;
private final int SPRITE_BULLET = 10;
private final int SPRITE_ASTEROID = 20;
private final int SPRITE_EXPLOSION = 30;
private LinkedList<AnimatedSprite> spritesList;
// 飞船的生命值和游戏得分
private int shipHealth = 0;
private int gameScore = 0;
// 游戏开始时小行星的数量
private final int ASTEROIDS = 80;
private final double SHIPROTATION = 5.0;
private final int BULLETDELAY = 2;
private int bulletDelayCount = 0;
private final int BULLETSPEED = 20;
private final int BULLETLIFESPAN = 20;
private final double ACCELERATION = 4;
private final int TOTALFRAMES = 16;
private final int COLUMNS = 4;
private final int FRAMEWIDTH = 96;
private final int FRAMEHEIGHT = 96;
private final int FRAMEDELAY = 0;
public StarWars(String title) {}       //构造方法
public void paint(Graphics g) { }      //重写 paint 方法
//实现 KeyListener 接口的方法
public void keyTyped(KeyEvent k) { }
```

```
        public void keyPressed(KeyEvent k) {}
        public void keyReleased(KeyEvent k) {}
        //实现 Runnable 接口的 run 方法
        public void run() { }
        public static void main(String[] args) { //main()方法，启动程序
          new StarWars("星球大战");
          gameloopThread.start();
}
```

在构造方法中，主要任务是初始化窗口的基本属性、绘制背景图像、注册监听、创建动画线程等，代码如下：

```
public StarWars(String title) {
        super(title);
        setSize(SWIDTH, SHEIGHT);
        setVisible(true);
        setDefaultCloseOperation(JFrame.EXIT_ON_CLOSE);
        //构造 BufferedImage 对象
        backbuffer = new BufferedImage(SWIDTH, SHEIGHT, BufferedImage.TYPE_INT_RGB);
        //获得缓冲图像的绘图环境 Graphics2D 对象
        g2d = backbuffer.createGraphics();
        addKeyListener(this);
        gameloopThread = new Thread(this);
        gameStartup();        // 在该方法中加载背景图片，创建小行星、飞船、子弹、爆炸等对象
}
```

gameStartup 方法用来加载背景图片，创建小行星、飞船、子弹、爆炸等对象，代码如下：

```
public void gameStartup() {
        // 加载背景图片
        backgroundImage = new SpriteImage(this, g2d);
        backgroundImage.load("bluespace5.jpg");
        while (backgroundImage.getWidth() <= 0)
                ;
        // 完成辅助类后还需要进一步扩充完善
}
```

实现键盘监听接口的方法：

```
public void keyTyped(KeyEvent k) {}        // 这是空方法，程序用到的是后面两个方法
public void keyPressed(KeyEvent k) {

        int keyCode = k.getKeyCode();
        switch (keyCode) {
        case KeyEvent.VK_COMMA:
                keyComma = true;
                break;
        case KeyEvent.VK_PERIOD:
                keyPeriod = true;
                break;
        case KeyEvent.VK_LEFT:
```

```
                keyLeft = true;
                break;
        case KeyEvent.VK_RIGHT:
                keyRight = true;
                break;
        case KeyEvent.VK_UP:
                keyUp = true;
                break;
        case KeyEvent.VK_DOWN:
                keyDown = true;
                break;
        case KeyEvent.VK_SPACE:
                keyFire = true;
                break;
        case KeyEvent.VK_ENTER:
                keyEnter = true;
                break;
        case KeyEvent.VK_ESCAPE:
                keyEscape = true;
                break;
        }
    }
    public void keyReleased(KeyEvent k) {
        int keyCode = k.getKeyCode();
        switch (keyCode) {
        case KeyEvent.VK_COMMA:
                keyComma = false;
                break;
        case KeyEvent.VK_PERIOD:
                keyPeriod = false;
                break;
        case KeyEvent.VK_LEFT:
                keyLeft = false;
                break;
        case KeyEvent.VK_RIGHT:
                keyRight = false;
                break;
        case KeyEvent.VK_UP:
                keyUp = false;
                break;
        case KeyEvent.VK_DOWN:
                keyDown = false;
                break;
        case KeyEvent.VK_SPACE:
                keyFire = false;
                // fireBullet();
```

```
            break;
    case KeyEvent.VK_ENTER:
            keyEnter = false;
    case KeyEvent.VK_ESCAPE:
            keyEscape = false;
    }
}
```

接下来实现 Runnable 接口的 run 方法，这是实现动画所必需的一个方法，在专门处理动画的线程 gameloopThread 启动之后就会执行这个方法。

因为在速度慢的计算机上更新并显示动画帧需要的时间长，在速度快的计算机上更新并显示动画帧需要的时间短，所以如果每次更新并显示完动画帧后睡眠相同的时间，那么在不同性能的计算机上动画的显示速度会产生差异。为了弥补在不同性能的计算机上动画显示速度的不一致，实现恒定的帧速率，可以采用如下方法：

(1) 在动画线程的 run 方法中永久循环。

(2) 记录当前时间 frameStart。

(3) 更新并绘制动画。

(4) 计算因更新和绘制动画而消耗的时间 elapsedTime = currentTime - frameStart。

(5) 如果 elapsedTime 小于规定的时间间隔 framerate，将睡眠时间调整为 framerate - elapsedTime。否则，动画显示速度将慢于预期，但仍需要睡眠几毫秒，让垃圾收集器有机会工作。

```java
public void run() {
    long frameStart;
    long elapsedTime;
    long totalElapsedTime = 0;
    long frameCount = 0;
    long reportedFramerate;
    Thread t = Thread.currentThread();
    while(t == gameloopThread) {
        frameStart = System.currentTimeMillis();
        gameUpdate();
        repaint();
        elapsedTime = System.currentTimeMillis() - frameStart;
        try {
            if(elapsedTime < framerate) {
                Thread.sleep(framerate-elapsedTime);
            }
            else {
                Thread.sleep(5);        //让垃圾收集器有机会工作
            }
        } catch (InterruptedException e) {
            e.printStackTrace();
        }
    }
}
```

线程在运行过程中，会调用 gameUpdate 方法对动画元素的位置、是否碰撞、数量以及屏幕显示信息进行更新。这个方法在完成辅助类之后，还要进一步完善，这里只给出游戏在 GAME_MENU 和 GAME_OVER 状态时显示控制信息的部分代码。

```java
public void gameUpdate() {
    refreshScreen();
}
public void refreshScreen() {
    //下面这段代码致力于消除文字的锯齿边缘
    RenderingHints rh = new RenderingHints(RenderingHints.KEY_TEXT_ANTIALIASING,
RenderingHints.VALUE_TEXT_ANTIALIAS_ON);
    rh.put(RenderingHints.KEY_STROKE_CONTROL, RenderingHints.VALUE_STROKE_PURE);
    rh.put(RenderingHints.KEY_ALPHA_INTERPOLATION,
RenderingHints.VALUE_ALPHA_INTERPOLATION_QUALITY);
    g2d.setRenderingHints(rh);
    //将背景图像绘制于缓冲图像
    g2d.drawImage(backgroundImage,0,0,SCREENWIDTH-1,SCREENHEIGHT-1,this);
    //显示控制信息，先行绘制于缓冲图像
    if (gameState == GAME_MENU) {
        g2d.setFont(new Font("Default", Font.BOLD, 80));
        g2d.setColor(Color.BLACK);
        g2d.drawString("星球大战", 222, 222);
        g2d.setColor(Color.RED);
        g2d.drawString("星球大战", 220, 220);
        int x = 270, y = 14;
        g2d.setFont(new Font("Default", Font.BOLD, 24));
        g2d.setColor(Color.BLACK);
        g2d.drawString("控制方式：", x+2, y*23+2);
        g2d.setFont(new Font("Default", Font.BOLD, 24));
        g2d.setColor(Color.ORANGE);
        g2d.drawString("控制方式：", x, y*23);
        g2d.setFont(new Font("Default", Font.BOLD, 20));
        g2d.setColor(Color.YELLOW);
        g2d.drawString("前进 - 向上箭头", x, ++y*24);
        g2d.drawString("后退 - 向下箭头", x, ++y*24);
        g2d.drawString("左进 - 向左箭头", x, ++y*24);
        g2d.drawString("右进 - 向右箭头", x, ++y*24);
        g2d.drawString("左旋 - \"<\"键", x, ++y*24);
        g2d.drawString("右旋 - \">\"键", x, ++y*24);
        g2d.drawString("开火 - 空格键", x, ++y*24);
        g2d.setFont(new Font("Default", Font.BOLD, 24));
        g2d.setColor(Color.ORANGE);
        g2d.drawString("按回车键开始游戏......", x, ++y*25);
    }
    else if (gameState == GAME_RUNNING) {
    }
    else if (gameState == GAME_OVER) {
```

```
                        g2d.setFont(new Font("Default", Font.BOLD, 60));
                        g2d.setColor(Color.BLACK);
                        g2d.drawString("游戏结束！", 262, 222);
                        g2d.setColor(Color.RED);
                        g2d.drawString("游戏结束！", 260, 220);
                        g2d.setFont(new Font("Default", Font.CENTER_BASELINE, 30));
                        g2d.setColor(Color.ORANGE);
                        g2d.drawString("按回车键重新开始游戏......", 250, 400);
                }
        }
```

至此，你已完成 StarWars.java 的基本结构，在完成辅助类后，再来填充游戏的核心代码。

13.2 游戏辅助类

在进一步补充主类程序 StarWar.java 之前，需要引入其他几个类：Point2D、SpriteImage 和 AnimatedSprite。

程序中的小行星、飞船和子弹都具有位置属性，小行星和子弹还有速度属性。当然，位置可以用两个整型变量 x 和 y 来表示，速度也可以用横向速度 x 和纵向速度 y 来表示。但是为了使程序更具有面向对象特性，我们创建了 Point2D 类。它具有整型变量 x 和 y，既可以表示位置坐标，也可以表示横向和纵向速度。

另外，游戏中有大量的图片需要显示和处理。背景图片和指示飞船生命值的图片的显示比较简单，不需要复杂的图片操作。但是小行星、飞船、子弹和爆炸的图片不仅需要显示，还需要进行复杂的操作，如位置的移动、角度的旋转和图片之间是否重叠(实际上是小行星、飞船、子弹之间是否碰撞)的检测等，把图片的显示和这些复杂操作封装起来形成一个类，就是 SpriteImage 类。

游戏中的小行星、飞船和子弹是运动的，需要借助第 12 章介绍的动画技术来实现，把实现动画的操作封装成一个类，就是 AnimatedSprite 类。下面分别介绍这 3 个类。

13.2.1 Point2D 类

Point2D 类比较简单，作用就是设置和读取属性 x、y 的值，因为 Java 2D 类库使用浮点坐标，所以允许使用米、英尺等单位，然后再转换成像素。因此，这里创建的 Point2D 类的 x、y 变量也是双精度类型的，并且根据参数类型的不同提供了 3 个版本的构造方法：整型、单精度型、双精度型。

【例 13-2】Point2D.java。

```
public class Point2D {
private double x, y;
// 整型构造方法
Point2D(int x, int y) {
        setX(x);
        setY(y);
```

```
}
//单精度型构造方法
Point2D(float x, float y) {
    setX(x);
    setY(y);
}
// 双精度型构造方法
Point2D(double x, double y) {
    setX(x);
    setY(y);
}
// 设置和获取  x、y 的值
    double X() { return x; }
    public void setX(double x) { this.x = x; }
    double Y() { return y; }
    public void setY(double y) { this.y = y; }
}
```

13.2.2　SpriteImage 类

SpriteImage 类实现了图片的加载、显示等基本操作。因为小行星、飞船、子弹的位置、角度等会发生变化，所以对于位置、角度的变化需要做出响应，SpriteImage 类也实现了这些操作。我们在程序中使用第 12 章学习的 AffineTransform 类来实现坐标变换。

在 SpriteImage 类中，为 Image 对象读取图像时，既没有使用图像的绝对路径，也没有使用相对路径，而是通过调用 Class 类的 getResource(filename)方法来实现。

当程序正在运行时，Java 运行时环境为每一个对象维护一些运行时类型信息。这些信息记录了对象所属的类型及其相关情况。Java 虚拟机正是通过这些运行时类型信息来选择正确的方法调用。这些运行时类型信息被封装到一个特殊的类里面，这个类就是 Class。每个类都有getClass 方法，调用这个方法会返回一个 Class 对象：

```
SpriteImage image = new SpriteImage(…);
Class imageClass = image.getClass();
```

一个 SpriteImage 对象描述了一个特殊的图像实体，同样，一个 Class 对象描述了一个特殊的类，比如上面的 imageClass 对象就描述了 SpriteImage 这个类。

还有一种更简单的用于获得 Class 对象的方法：

```
Class imageClass = SpriteImage.class;
```

Class 类的另一个特别有用的方法是 getResource(filename)。这个方法专门获得图像或声音的资源位置信息并返回一个 URL 对象，这个 URL 对象里面包含了文件名为 filename 的图像或声音资源的位置信息。然后利用 URL 读取图像或声音。基本过程如下：

```
SpriteImage image;
Toolkit tk = Toolkit.getDefaultToolkit();
String filename = "bluespace5.jpg";
URL url = this.getClass().getResource(filename);
```

```
Image = tk.getImage(url);
```

上述代码段位于 SpriteImage 类中，this 代表程序运行时的当前 SpriteImage 对象，this.getClass()方法返回一个描述 SpriteImage 类的 Class 对象。调用这个 Class 对象的 getResource(filename)方法，在 SpriteImage 类所在的位置搜索名为 filename 的图像或声音。搜索到之后，把位置信息封装到一个 URL 对象里面并返回这个 URL 对象。

由于篇幅所限，例 13-3 给出了 SpriteImage.java 的部分代码，完整的程序代码请从本书指定网站下载。

【例 13-3】SpriteImage.java 的部分代码。

SpriteImage 类的构造方法如下：

```java
public SpriteImage(JFrame f, Graphics g) {
    frame = f;
    g2d = (Graphics2D) g;
    image = null;
}
```

参数 f 接收到的是主类 StarWars 的对象引用，StarWars 继承的 JFrame 类实现了 ImageObserver 接口。当 Image 对象有变动时，这个变动会通知到实现 ImageObserver 接口的类的对象。参数 g 接收到的是从 BufferedImage 对象获得的 Graphics2D 绘图环境，所以在下面使用 g2d 绘图时会把图形图像绘制到缓冲图像中。

load 方法用来加载图像，使用的是 Toolkit 工具，加载完图像，创建仿射变换对象，代码如下：

```java
public void load(String filename) {
    Toolkit tk = Toolkit.getDefaultToolkit();
        image = tk.getImage(getURL(filename));
        while(getImage().getWidth(frame) <= 0);
        transform = new AffineTransform();
}
```

另一个比较重要的方法是 transform，该方法用来对游戏中的小行星、子弹等进行坐标变换操作，代码如下：

```java
public void transform() {
    transform.setToIdentity();
    // 先将坐标系移动到实体所在位置
    transform.translate((int) getX(), (int) getY());
    // 下面三行代码让实体围绕自己的中心旋转一定的角度，此时的坐标原点已经平移
    transform.translate(getWidth() / 2, getHeight() / 2);
    transform.rotate(Math.toRadians(getFaceAngle()));
    transform.translate(-getWidth() / 2, -getHeight() / 2);
}
```

13.2.3 AnimatedSprite 类

AnimatedSprite 类实现了小行星、飞船和子弹的运动功能，也实现了爆炸的动画功能，这个类和主类 StarWars 关系最密切，这两个类分工合作，完成了游戏的大部分功能。

在 13.1 节，我们介绍了主类的结构，其中，使小行星、飞船、子弹等运动起来的线程部分代码主要处理背景图片的显示，GAME_MENU 和 GAME_OVER 状态的控制信息显示，以及 GAME_RUNNING 状态的小行星、飞船、子弹、爆炸动画等 Sprite(Sprite 是在游戏窗口中独立运动的图片)的运动。

再看一下线程部分的 run 方法：

```
public void run() {
    long frameStart;
    long elapsedTime;
    long totalElapsedTime = 0;
    long frameCount = 0;
    long reportedFramerate;
    Thread t = Thread.currentThread();
    while(t == gameloopThread) {
        frameStart = System.currentTimeMillis();
        gameUpdate();
        repaint();
        elapsedTime = System.currentTimeMillis() - frameStart;
        try {
            if(elapsedTime < framerate) {
                Thread.sleep(framerate-elapsedTime);
            }
            else {
                //让垃圾收集器有机会工作
                Thread.sleep(5);
            }
        } catch (InterruptedException e) {
            e.printStackTrace();
        }
    }
}
```

要想使 Sprite 运动起来，上面的 while 循环部分是关键：使用一个独立于程序主线程的线程调用 run 方法。方法体里面的循环首先调用 gameUpdate 方法来更新小行星、飞船、子弹的位置，以及角度、是否继续生存等信息，并且更新爆炸动画的帧和动画的存亡等信息；在这些信息都更新完毕后，绘制更新过的 Sprite；绘制完毕后睡眠适当的时间；如此循环往复，从而产生运动的 Sprite 和动画。

gameUpdate 方法里面更新 Sprite 信息的操作就是通过调用 AnimatedSprite 类的方法来完成的。对应于 gameUpdate 方法，AnimatedSprite 类主要包含下列几部分。

1. 更新 Sprite 位置坐标的代码部分

Sprite 的位置坐标是由 Point2D 对象记录的，如下所示：

```
public Point2D getPosition() {
    return position;
}
public void setPosition(Point2D pos) {
```

```
        this.position = pos;
    }
```

位置的更新由 Sprite 的速度决定，速度被分解为 x 方向速度和 y 方向速度，也由 Point2D 对象记录。更新 Sprite 位置的时候，当 Sprite 的位置已经离开游戏窗口的某一边缘时，让它在这一边缘的对面再次进入，如下所示：

```
public void updatePosition() {
    position.setX(position.X() + velocity.X());
    position.setY(position.Y() + velocity.Y());
    //使 Sprite 在窗口边缘消失后，又在窗口的另一边再次出现
    if (position.X() < 0-getFrameWidth())
        position.setX(frame.getWidth());
    else if (position.X() > frame.getWidth())
        position.setX(0-getFrameWidth());
    if (position.Y() < 0-getFrameHeight())
        position.setY(frame.getHeight());
    else if (position.Y() > frame.getHeight())
        position.setY(0-getFrameHeight());
}
```

2. 更新 Sprite 旋转角度的代码部分

游戏中的小行星是不断自动旋转的，所以这类 Sprite 要不断更新角度。程序中有用于更新角度的速率变量 rotationRate，这是在创建小行星对象时设置好的。当小行星的角度超过 360° 或小于 0° 的时候，让小行星继续旋转下去，代码如下：

```
public void updateFaceAngle() {
    setFaceAngle(getFaceAngle() + rotationRate);
    if (getFaceAngle() < 0)
        setFaceAngle(360 + rotationRate);
    else if (getFaceAngle() > 360)
        setFaceAngle(rotationRate);
}
```

另外，子弹和飞船也有角度，子弹的角度由飞船的角度决定，飞船的角度由游戏玩家通过键盘控制，因此在 gameUpdate 方法里面还应检查键盘输入。如果检测到控制角度的键被按下，也应对飞船的角度进行相应改变，这时 gameUpdate 方法调用的是：

```
public void setFaceAngle(double angle) {
        spriteImage.setFaceAngle(angle);
}
```

其中，spriteImage 是这个游戏窗口中代表小行星等 Sprite 的图片，是 SpriteImage 类型的，Sprite 的角度由图片的角度表示。

moveAngle 表示小行星的运行方向，小行星的运行速度根据 moveAngle 可分解为 x 方向速度和 y 方向速度，所以 Animated Sprite 类里面有关于 moveAngle 的方法，如下所示：

```
public double getMoveAngle() {
    return spriteImage.getMoveAngle();
}
public void setMoveAngle(double angle) {
    spriteImage.setMoveAngle(angle);
}
```

3. 更新 Sprite 的动画帧

如果 Sprite 是爆炸，那它就需要更新自己的动画帧了，根据第 11 章介绍的动画技术，实现动画时需要一张包含所有动画帧的图片，每次绘制动画帧时，先从这张图片中取得合适的一帧，然后绘制。因此，AnimatedSprite 类里面首先要有一个加载这张图片的方法，将这张图片加载到一个类型为 SpriteImage 的对象里面，如下所示：

```
public void loadAnimationImage(String filename, int columns, int rows, int width, int height) {
    animationImage.load(filename);
    setColumns(columns);
    setTotalFrames(columns * rows);
    setFrameWidth(width);
    setFrameHeight(height);
    tempImage = new BufferedImage(width, height, BufferedImage.TYPE_INT_ARGB);
    tempImageG2d = tempImage.createGraphics();
    setImage(tempImage);
}
```

AnimatedSprite 类中有一个帧计数变量 currentFrame，它表示现在要绘制第几帧，每绘制完一帧，就将它的值加 1。另外，为了对动画的显示速度进行控制，引入了 frameCount 变量，它的值超过一定量之后才让 currentFrame 的值加 1，这样做的效果是：每一帧可能被重复绘制若干次，frameCount 的控制量越大：动画显示越慢，frameCount 的控制量越小，动画显示越快；如下所示。

```
public void updateAnimation() {//更新 currentFrame 的计数值
    if (totalFrames > 0) {
        frameCount += 1;
        if (frameCount > frameDelay) {
            frameCount = 0;
            currentFrame += 1;
            if (currentFrame > totalFrames - 1) {
                currentFrame = 0;
            }
        }
    }
}
```

currentFrame 的值被更新之后，需要做的就是根据 currentFrame 的值从 animationImage 保存的图片中找到正确帧的位置。根据第 12 章介绍的公式寻找正确帧的位置，如下所示：

```
frameX = (currentFrame%columns) * frameWidth;
frameY = (currentFrame/columns) * frameHeight;
```

得到帧的起始位置之后，便可以使用 Graphics2D 对象的 drawImage(img, dx1, dy1, dx2, dy2, sx1, sy1, sx2, sy2, observer)方法把这一帧图片保存到 Sprite 的图片对象 spriteImage 中，如下所示：

```java
public void updateFrame() {
        if (totalFrames > 0) {
                //计算当前帧的起始位置
                int frameX = (currentFrame % columns) * frameWidth;
                int frameY = (currentFrame / columns) * frameHeight;
                if (tempImage == null) {
                        tempImage = new BufferedImage(frameWidth, frameHeight, BufferedImage.TYPE_INT_ARGB);
                        tempImageG2d = tempImage.createGraphics();
                }
                //把当前帧保存到一个临时的图片对象里面
                if (animationImage.getImage() != null) {
                        tempImageG2d.drawImage(animationImage.getImage(), 0, 0, frameWidth - 1, frameHeight - 1,
frameX, frameY, frameX + frameWidth, frameY + frameHeight, frame);
                }
                //然后保存到 Sprite 的图片对象里面
                setImage(tempImage);
        }
}
```

4. 对 Sprite 进行坐标变换部分的代码

Sprite 的位置坐标和方向都更新完毕后，需要对 Sprite 的坐标系进行变换，以使 Sprite 能在正确的位置绘制正确的图片，如下所示：

```java
public void transform() {
        spriteImage.setX(position.X());
        spriteImage.setY(position.Y());
        spriteImage.transform();
}
```

对 Sprite 的坐标进行变换实际上是对代表它的图片进行坐标变换，对 Sprite 的图片进行坐标变换的代码被封装到了 SpriteImage 类中。

5. 更新子弹的生存时间

子弹被发射之后，经过一段时间之后应该消失掉，因此需要为子弹设置生存时间。程序中的生存时间并不是真正的计算机时间，而是经过的更新周期数，子弹的位置坐标每经过一次更新，它的生存时间就加 1，达到生存上限之后，将它的生存状态设置为 false，在适当的时机，程序会对生存状态为 false 的 Sprite 进行清除，如下所示：

```java
public void updateLifetime() {
        //只为子弹设置了生存时间，其他 Sprite 的生存时间的初始值为零
        if (lifespan > 0) {
                lifeage++;
                if (lifeage > lifespan) {
                        setAlive(false);
                        lifeage = 0;
                }
```

```
        }
    }
```

6. Sprite 之间的碰撞检测部分

当飞船碰撞到小行星之后，小行星爆炸后消失，飞船的生命值减少，子弹遇到小行星之后，爆炸之后，小行星和子弹均消失。如何检测它们之间是否相撞？程序中使用了一种较简单的方法，首先根据两个 Sprite 的图片大小和位置创建两个围绕图片的矩形，然后调用 Rectangle 类的 intersects(Rectangle) 方法判断两个矩形是否有重叠的地方，如果重叠，就判断发生了相撞，如下所示：

```java
public boolean collidesWith(AnimatedSprite sprite) {
    return (getBounds().intersects(sprite.getBounds()));
}
public Rectangle getBounds() {
    return spriteImage.getBounds();
}
```

以上是 AnimatedSprite 类的主体部分，完整的程序代码请从本书指定网站下载。

13.3　完善 StarWars.java

程序的辅助类介绍完了，而整个游戏目前还只处于游戏开始前的信息提示阶段，让游戏真正运行起来还有大量的工作要做。本节将逐步完善 StarWars.java 程序。

13.1 节介绍过 StarWar.java 的主要结构，再次简列如下：

(1) 类和实例变量定义部分。

(2) StarWars 类的基本构造与背景图片读取部分。

(3) 键盘事件监听部分。

(4) 使小行星、飞船、子弹等运动起来的线程部分。

StarWars.java 还有三部分需要补充，即各个 Sprite 的初始化、键盘事件的处理以及更新 Sprite 信息。其中，键盘事件的处理和更新 Sprite 信息被封装到了 gameUpdate 方法里面。

下面分别介绍这三部分。

13.3.1　各个 Sprite 的初始化

游戏运行之前需要把背景图片、飞船图片、子弹图片和小行星图片等加载到内存中，gameStartup 方法负责完成这些工作。这时保存图片的不再是 Image 对象，而是 SpriteImage 对象，这个对象封装了对游戏有用的操作。

程序运行时，将会有大量的飞船、子弹、小行星等 Sprite。这些 Sprite 如何管理不仅影响到程序的复杂度和可读性，也影响到程序的运行效率。如果所有 Sprite 都是独立对象且单独管理，这样代码写起来会非常复杂，可读性也不好。解决该问题的一种办法是把所有 Sprite 存放于一个数组中统一管理。这样代码既简单，处理也方便，但是因为游戏中的 Sprite 是动态生成和消亡的，所以会频繁地增加或删除 Sprite，这会导致数组元素的频繁增减，而对数组元素进行增减涉及元素的搬移，搬移会占用较多的时间，所以用数组管理 Sprite 的效率不高，尤其当 Sprite

数量非常多的时候，效率会明显降低。

另外一种管理 Sprite 的方法是使用 LinkedList 类。这个类以链表的方式存放和管理其中的元素，增删其中的元素要比对数组增删元素的效率高很多，因此程序中采用 LinkedList 类来管理 Sprite。

LinkedList 类的使用方法一般是这样的：

```
LinkedList<E> list = new LinkedList<E>;    //创建一个 LinkedList 对象，其中的 E 代表链表中元素的类型
list.add(E e);           //向链表的末尾添加一个类型为 E 的元素
list.remove(int index);   //删除特定位置的元素
list.get(int index);      //返回特定位置的元素
list.size();             //返回链表元素的个数
list.clear();            //删除链表中的所有元素
```

下面完善前面的 gameStartup 方法，完整的代码如下：

```
public void gameStartup() {
    // 加载背景图片
    backgroundImage = new SpriteImage(this, g2d);
    backgroundImage.load("bluespace5.jpg");
    while (backgroundImage.getWidth() <= 0)
        ;
    // 创建存放 Sprite 的链表
    spritesList = new LinkedList<AnimatedSprite>();
    // 加载飞船的图片、创建 AnimatedSprite 类型的飞船对象并设置参数
    shipImage = new SpriteImage(this, g2d);
    shipImage.load("spaceship.png");
    AnimatedSprite ship = new AnimatedSprite(this, g2d);
    ship.setSpriteType(SPRITE_SHIP);
    ship.setImage(shipImage.getImage());
    ship.setFrameWidth(ship.getImageWidth());
    ship.setFrameHeight(ship.getImageHeight());
    ship.setPosition(new Point2D(SWIDTH / 2, SHEIGHT / 2));
    ship.setVelocity(new Point2D(0, 0));
    ship.setAlive(true);
    spritesList.add(ship);
    // 加载子弹图片
    bulletImage = new SpriteImage(this, g2d);
    bulletImage.load("bullet.png");
    // 加载小行星图片
    asteroidImage = new SpriteImage(this, g2d);
    asteroidImage.load("asteroid.png");
    // 加载爆炸图片
    explosionImage = new SpriteImage(this, g2d);
    explosionImage.load("explosionspritesheet1.png");
    // 加载显示生命值的图形框和图片
    barFrameImage = new SpriteImage(this, g2d);
    barFrameImage.load("barframe.png");
    barImage = new SpriteImage(this, g2d);
```

```
barImage.load("bar_health.png");
shipHealth = (barFrameImage.getImage().getWidth(this) - 4) / barImage.getWidth();
}
```

13.3.2　键盘事件的处理

　　游戏刚一开始运行就已经通过实现的 **KeyListener** 接口的方法记录了键盘事件，但这时只是通过相应的变量记录了事件的发生，并没有因事件发生而产生进一步的动作。为了让程序能够对事件做出响应，我们在 gameUpdate 方法中检查发生了哪些键盘事件，然后做出响应。修改后的 gameUpdate 方法如下：

```
public void gameUpdate() {
    // 处理键盘事件
    processKeyEvent();
    // 刷新屏幕的控制信息、生命值和得分信息
    refreshScreen();
    if (gameState == GAME_RUNNING) {
        // 游戏每隔一秒添加一个小行星
        if (timeelapsed > 1000) {
            addRandomAsteroid();
            timeelapsed = 0;
        }
        updateSprites();   // 更新 Sprite 的位置坐标、角度、动画帧等信息
        testCollisions();   // 碰撞检测；
        // 从 Sprite 链表中删除已经结束生命的小行星和子弹
        deleteDeadSprites();
        if (spritesList.size() == 1) {
            gameState = GAME_OVER;
        }
        drawSprites();// 绘制 Sprite
    }
}
```

　　上述代码中，首先调用 processKeyEvent 方法处理键盘事件，然后刷新屏幕，接着对 GAME_RUNNING 状态进行一系列操作，期间涉及 4 个重要的方法：updateSprites、testCollisions、deleteDeadSprites 和 drawSprites，这几个方法的作用和实现代码将在后面介绍。

　　处理键盘事件的 processKeyEvent 方法如下：

```
public void processKeyEvent() {
    if (gameState == GAME_MENU || gameState == GAME_OVER) {
        if (keyEnter) {
            // 游戏开始，创建小行星并设置飞船和小行星参数
            initiateGameSprite();
            gameState = GAME_RUNNING;
        }
    } else if (gameState == GAME_RUNNING) {
        // ship 对象始终位于 Sprite 链表的首位
```

```java
            AnimatedSprite ship = (AnimatedSprite) spritesList.get(0);
            if (keyEscape) {
                gameState = GAME_OVER;
            } else if (keyComma) {
                // 逆时针调整飞船角度
                ship.setFaceAngle(ship.getFaceAngle() - SHIPROTATION);
                // 根据飞船的图片特征，faceAngle 和 moveAngle 相差 90 度
                ship.setMoveAngle(ship.getFaceAngle() - 90);
                if (ship.getFaceAngle() < 0)
                    ship.setFaceAngle(360 - SHIPROTATION);
            } else if (keyPeriod) {
                // 顺时针调整飞船角度
                ship.setFaceAngle(ship.getFaceAngle() + SHIPROTATION);
                // 根据飞船的图片特征，faceAngle 和 moveAngle 相差 90 度
                ship.setMoveAngle(ship.getFaceAngle() - 90);
                if (ship.getFaceAngle() > 360)
                    ship.setFaceAngle(SHIPROTATION);
            }
            if (keyFire) {
                bulletDelayCount++;
                if (bulletDelayCount > BULLETDELAY) {
                    bulletDelayCount = 0;
                    fireBullet();
                }
            }
            if (keyUp) {
    double shipX = ship.getPosition().X() + calculateVelocityX(ship.getMoveAngle()) * ACCELERATION;
    double shipY = ship.getPosition().Y() + calculateVelocityY(ship.getMoveAngle()) * ACCELERATION;
                ship.setPosition(new Point2D(shipX, shipY));
            } else if (keyDown) {
                double shipX = ship.getPosition().X() + calculateVelocityX(ship.getMoveAngle() + 180) *
ACCELERATION;
                double shipY = ship.getPosition().Y() + calculateVelocityY(ship.getMoveAngle() + 180) *
ACCELERATION;
                ship.setPosition(new Point2D(shipX, shipY));
            } else if (keyLeft) {
                double shipX = ship.getPosition().X() - ACCELERATION;
                double shipY = ship.getPosition().Y();
                ship.setPosition(new Point2D(shipX, shipY));
            } else if (keyRight) {
                double shipX = ship.getPosition().X() + ACCELERATION;
                double shipY = ship.getPosition().Y();
                ship.setPosition(new Point2D(shipX, shipY));
            }
        }
    }
}
```

　　如果游戏处于 GAME_MENU 和 GAME_OVER 状态，只需要检查回车键是否被按下。如果被按下，就要通过 initiateGameSprite 方法创建若干小行星，然后设置小行星的随机位置、随机自转速率、随机角度、随机运动方向、随机运动速度等参数，设置完毕后把小行星对象添加到 Sprite 链表中。

　　如果游戏处于 GAME_RUNNING 状态，需要检查的键盘事件较多。

- 如果检测到 Esc 键被按下，将游戏状态设置为 GAME_OVER。
- 如果检测到"，"和"．"键被按下，分别顺时针和逆时针调整飞船的角度，调整时要注意，根据图片特点和 Graphics2D 对象的坐标系方向，飞船的 faceAngle 和 moveAngle 可能会相差一定的角度。
- 如果检测到空格键被按下，就要创建子弹 Sprite。
- 如果检测到向上箭头和向下箭头键被按下，将飞船位置向 moveAngle 方向或反向移动一定量。
- 如果检测到向左箭头和向右箭头键被按下，让飞船在水平方向上移动。

13.3.3　更新 Sprite 信息

　　在 gameUpdate()方法中，有一部分代码用于不断更新 Sprite 链表中各个 Sprite 的位置坐标、角度、动画帧等信息。

　　飞船的位置通过键盘控制，在 processKeyEvent()方法中处理飞船位置的改变，并把这种改变保存到 ship 对象的相关变量中。子弹何时被发射也由键盘控制，在 processKeyEvent()方法中为发射出的子弹对象设置运动方向和运动速度。

　　在各种 Sprite 的各个参数都设置完毕后，更新这些 Sprite 的代码就简单多了，因为这些 Sprite 都是 AnimatedSprite 类型的，而且在介绍 AnimatedSprite 类的时候你已经看到，这个类已经完整实现了更新位置坐标、角度、动画等功能，只要在每次循环调用 gameUpdate 方法的时候，直接调用这些 Sprite 对象的用于相应更新参数的方法就行了。这部分代码被封装到了 updateSprites 方法中。

```
protected void updateSprites() {
    for (int n = 0; n < spritesList.size(); n++) {
        AnimatedSprite spr = (AnimatedSprite) spritesList.get(n);
        if (spr.isAlive()) {
            spr.updatePosition();
            spr.updateFaceAngle();
            spr.updateAnimation();
            spr.updateFrame();
            spr.transform();
            spr.updateLifetime();
            // 爆炸动画的所有帧播放完毕后，爆炸对象结束生命
            if ((spr.getSpriteType() == SPRITE_EXPLOSION) && (spr.getCurrentFrame() ==
spr.getTotalFrames() - 1))
                spr.setAlive(false);
        }
```

```
        }
    }
```

13.3.4 碰撞检测

在更新各个 Sprite 的位置坐标之后，就要检测它们是否发生了碰撞。在介绍 AnimatedSprite 类的时候已经介绍了检测两个 Sprite 是否碰撞的一种简单方法：根据两个 Sprite 的图片大小和位置创建两个围绕图片的矩形，然后调用 Rectangle 类的 intersects(Rectangle)方法判断两个矩形是否重叠，重叠则表示发生了碰撞。

testCollisions 方法的代码如下：

```
protected void testCollisions() {
    //链表中的每一个元素都要和其他元素进行碰撞检测
    for (int first=0; first < spritesList.size(); first++) {
        //获得第一个需要进行碰撞检测的对象
        AnimatedSprite spr1 = (AnimatedSprite) spritesList.get(first);
        if (spr1.isAlive()) {
            for (int second = 0; second < spritesList.size(); second++) {
                //同一个元素不必进行检测
                if (first != second) {
                    //获得第二个需要进行碰撞检测的对象
                    AnimatedSprite spr2 = (AnimatedSprite)spritesList.get(second);
                    if (spr2.isAlive()) {
                        if (spr2.collidesWith(spr1)) {
                            spriteCollided(spr1, spr2);
                            break;
                        }
                    }
                }
            }
        }
    }
}
```

因为子弹和子弹之间、子弹和飞船之间的碰撞不应考虑，所以检测到碰撞之后还要看碰撞的两个 Sprite 是什么类型，根据类型决定是否有进一步动作，上述代码中调用的 spriteCollided 方法实现了这一功能：

```
public void spriteCollided(AnimatedSprite spr1, AnimatedSprite spr2) {
    switch(spr1.getSpriteType()) {
    case SPRITE_BULLET:
        if (spr2.getSpriteType() == SPRITE_ASTEROID) {
            //如果子弹击中了小行星，增加游戏得分和飞船生命值
            gameScore += 2;
            shipHealth += 2;
            //子弹生命结束，小行星生命结束
            spr1.setAlive(false);
```

```
                    spr2.setAlive(false);
                    //在小行星图片的中心产生爆炸动画
                    double x = spr2.getPosition().X() - spr2.getFrameWidth()/2;
                    double y = spr2.getPosition().Y() - spr2.getFrameHeight()/2;
                    startExplosion(new Point2D(x, y));
                }
                break;
            case SPRITE_SHIP:
                //如果飞船和小行星相撞
                if (spr2.getSpriteType() == SPRITE_ASTEROID) {
                    //在飞船图片的中心产生爆炸动画
                    double x = spr1.getPosition().X() - spr1.getFrameWidth()/2;
                    double y = spr1.getPosition().Y() - spr1.getFrameHeight()/2;
                    startExplosion(new Point2D(x, y));
                    //相撞后减少飞船的生命值，生命值小于零之后，游戏结束
                    shipHealth -= 1;
                    if (shipHealth < 0) {
                        gameState = GAME_OVER;
                    }
                    //相撞后小行星生命结束
                    spr2.setAlive(false);
                }
                break;
            }
}
```

确定有效的碰撞后，需要产生爆炸动画，因此创建一个 AnimatedSprite 类型的爆炸对象，并且设置好动画所需的包含完整帧的图片、图片中帧的列数和总数、帧的宽度和高度(对取得某一帧非常重要)、爆炸的位置等参数，设置好参数之后把爆炸对象添加到 Sprite 链表中。此时，动画效果就通过循环调用前面介绍的 updateSprite 方法，不断更新当前帧图片完成了。

```
public void startExplosion(Point2D point) {
    AnimatedSprite expl = new AnimatedSprite(this, g2d);
    expl.setSpriteType(SPRITE_EXPLOSION);
    expl.setPosition(point);
    expl.setAnimationImage(explosionImage.getImage());
    expl.setTotalFrames(TOTALFRAMES);
    expl.setColumns(COLUMNS);
    expl.setFrameWidth(FRAMEWIDTH);
    expl.setFrameHeight(FRAMEHEIGHT);
    expl.setFrameDelay(FRAMEDELAY);
    expl.setAlive(true);
    //将爆炸对象添加到 Sprite 链表中
    spritesList.add(expl);
}
```

13.3.5 删除与绘制 Sprite

碰撞之后，小行星和子弹的生命结束，子弹到达预定的生命周期后生命也结束，生命结束之后这些 Sprite 不再需要绘制到游戏窗口中，因此应该把它们从 Sprite 链表中清除，直接调用 LinkedList 类的 remove(index)方法即可。

```
private void deleteDeadSprites() {
    for (int n=0; n < spritesList.size(); n++) {
        AnimatedSprite spr = (AnimatedSprite) spritesList.get(n);
        if (!spr.isAlive()) {
            spritesList.remove(n);
        }
    }
}
```

所有的处理键盘事件、更新 Sprite、删除生命已结束的 Sprite 等工作都结束之后，是把所有 Sprite 绘制到缓冲图像中的时候了。

```
protected void drawSprites() {
    //从链表中逆序取得 Sprite 对象是为了让飞船绘制在窗口的最前端
    for (int n=spritesList.size()-1; n>=0; n--) {
        AnimatedSprite spr = (AnimatedSprite) spritesList.get(n);
        if (spr.isAlive()) {
            spr.draw();
        }
    }
}
```

至此，这款完整的游戏就开发完成了，读者可通过本书指定网站下载完整的程序代码。

13.4 本章小结

本章引入了《星球大战》游戏，综合运行第 12 章介绍的游戏编程知识以及全书所学内容，从无到有讲述了一款小游戏的开发过程。学习一门语言重在实践和应用，本章的《星球大战》游戏只是一个简单的应用，在今后的工作和学习中，读者应多多上机练习，尝试参与更复杂的项目开发，不断进步，早日成长为一名出色的程序员。

13.5 思考和练习

1. 画出本章所开发游戏的状态转移关系图。
2. 简述 Point2D、SpriteImage 和 AnimatedSprite 这 3 个类的功能。
3. 简述游戏程序中是如何让小行星、飞船和子弹运动起来的。
4. 简述 LinkedList 类及其方法。

附录

ASCII 码表

目前使用最广泛的西文字符集及其编码是 ASCII 字符集和 ASCII 码(ASCII 是 American Standard Code for Information Interchange 的缩写)，它们同时也被国际标准化组织(International Organization for Standardization，ISO)批准为国际标准。标准 ASCII 码使用 7 个二进制位对字符进行编码，对应的 ISO 标准为 ISO 646 标准。

基本的 ASCII 字符集共有 128 个字符。前 32 个字符一般用来通信或作为控制之用，它们中的多数无法显示在屏幕上，只有少数能在屏幕上显示(如换行字符、归位字符)。前 32 个字符如表 F-1 所示。

表 F-1　前 32 个 ASCII 字符

十 进 制 值	十六进制值	终 端 显 示	字　　符	备　　注
0	00	^@	NUL	空
1	01	^A	SOH	文件头的开始
2	02	^B	STX	文本的开始
3	03	^C	ETX	文本的结束
4	04	^D	EOT	传输的结束
5	05	^E	ENQ	询问
6	06	^F	ACK	确认
7	07	^G	BEL	响铃
8	08	^H	BS	后退
9	09	^I	HT	水平跳格
10	0A	^J	LF	换行
11	0B	^K	VT	垂直跳格
12	0C	^L	FF	格式馈给
13	0D	^M	CR	回车
14	0E	^N	SO	向外移出
15	0F	^O	SI	向内移入
16	10	^P	DLE	数据传送换码
17	11	^Q	DC1	设备控制 1
18	12	^R	DC2	设备控制 2
19	13	^S	DC3	设备控制 3
20	14	^T	DC4	设备控制 4
21	15	^U	NAK	否定

(续表)

十进制值	十六进制值	终端显示	字符	备注
22	16	^V	SYN	同步空闲
23	17	^W	ETB	传输块结束
24	18	^X	CAN	取消
25	19	^Y	EM	媒体结束
26	1A	^Z	SUB	减
27	1B	^[	ESC	退出
28	1C	^\	FS	域分隔符
29	1D	^]	GS	组分隔符
30	1E	^^	RS	记录分隔符
31	1F	^_	US	单元分隔符

后 96 个字符用来表示阿拉伯数字、大小写英文字母和底线、括号等,它们都可以显示在屏幕上,如表 F-2 所示。

表 F-2 后 96 个 ASCII 字符

Dec	Hex	字符	Dec	Hex	字符	Dec	Hex	字符	Dec	Hex	字符
032	20	SPC	056	38	8	080	50	P	104	68	h
033	21	!	057	39	9	081	51	Q	105	69	i
034	22	"	058	3A	:	082	52	R	106	6A	j
035	23	#	059	3B	;	083	53	S	107	6B	k
036	24	$	060	3C	<	084	54	T	108	6C	l
037	25	%	061	3D	=	085	55	U	109	6D	m
038	26	&	062	3E	>	086	56	V	110	6E	n
039	27	'	063	3F	?	087	57	W	111	6F	o
040	28	(	064	40	@	088	58	X	112	70	p
041	29	)	065	41	A	089	59	Y	113	71	q
042	2A	*	066	42	B	090	5A	Z	114	72	r
043	2B	+	067	43	C	091	5B	[	115	73	s
044	2C	,	068	44	D	092	5C	\	116	74	t
045	2D	-	069	45	E	093	5D	]	117	75	u
046	2E	.	070	46	F	094	5E	^	118	76	v
047	2F	/	071	47	G	095	5F	_	119	77	w
048	30	0	072	48	H	096	60	`	120	78	x
049	31	1	073	49	I	097	61	a	121	79	y
050	32	2	074	4A	J	098	62	b	122	7A	z
051	33	3	075	4B	K	099	63	c	123	7B	{
052	34	4	076	4C	L	100	64	d	124	7C		
053	35	5	077	4D	M	101	65	e	125	7D	}

(续表)

ASCII 码		字符	ASCII 码		字符	ASCII 码		字符	ASCII 码		字符
Dec	Hex		Dec	Hex		Dec	Hex		Dec	Hex	
054	36	6	078	4E	N	102	66	f	126	7E	~
055	37	7	079	4F	O	103	67	g	127	7F	Del

参考文献

[1] Walter Savitch. Java 完美编程[M]. 2 版. 北京：清华大学出版社，2006.

[2] Sharon Zakhour, Scott Hommel. Java 教程[M]. 4 版. 北京：人民邮电出版社，2007.

[3] 张孝祥. Java 就业培训教程. 北京：清华大学出版社，2003.

[4] Herbert Schildt. Java 8 编程参考官方教程[M].9 版.战晓苏，江凌 译.北京：清华大学出版社，2015.

[5] 秦军. Java 程序设计案例教程. 北京：清华大学出版社，2018.

[6] 黑马程序员. Java 基础案例教程. 北京：人民邮电出版社，2017.

[7] 常玉慧，王秀梅. Java 语言实用案例教程. 北京：科学出版社，2017.

[8] 刘兆宏. Java 语言程序设计案例教程. 北京：东软电子出版社，2011.

[9] 张红梅. Java 应用案例教程. 北京：清华大学出版社，2010.

[10] 李兴莹，杨常清，李欣欣. C 语言程序设计基础. 上海：上海交通大学出版社，2016.

[11] *Java: A Beginner's Guide, 5th Edition.*

[12] *Beginning Programming with Java For Dummies.*

[13] *Thinking in Java,4th Edition.*

[14] http://www.runoob.com/java/java-tutorial.html